普通高等教育"十四五"规划教材

产 业 生 态 学

毛建素　李春晖　裴元生　徐琳瑜　编著

U0252086

中国环境出版集团·北京

图书在版编目（CIP）数据

产业生态学 / 毛建素等编著 . —北京：中国环境出版
集团，2022.10（2024.5 重印）
普通高等教育"十四五"规划教材
ISBN 978-7-5111-5344-9

Ⅰ.①产… Ⅱ.①毛… Ⅲ.①产业—生态学—高等
学校—教材 Ⅳ.①Q149 ②F062.9

中国版本图书馆 CIP 数据核字（2022）第 180188 号

出 版 人	武德凯	
责任编辑	宋慧敏	林双双
封面设计	宋 瑞	

出版发行	中国环境出版集团
	（100062 北京市东城区广渠门内大街 16 号）
	网　　址：http://www.cesp.com.cn
	电子邮箱：bjgl@cesp.com.cn
	联系电话：010-67112765（编辑管理部）
	发行热线：010-67125803，010-67113405（传真）
印　　刷	北京建宏印刷有限公司
经　　销	各地新华书店
版　　次	2022 年 10 月第 1 版
印　　次	2024 年 5 月第 2 次印刷
开　　本	787×1092　1/16
印　　张	16.75
字　　数	318 千字
定　　价	58.00 元

中国环境出版集团郑重承诺：
中国环境出版集团合作的印刷单位、材料单位均具有中国环境标志产品认证。

前　言

20 世纪下半叶以来，伴随人类社会经济快速发展，资源短缺、环境质量恶化日趋明显，如何协调人类与环境间的关系成为科学研究领域及管理领域的重大议题。

产业系统是人类与环境发生作用关系的界面。如果从产业系统着手，通过优化产业系统的结构、功能、运行与演进模式，可能使得产业系统与外部环境关系得到极大改善，进而可能获得协调人类与环境关系的效果。本着这一设想，20 世纪末，若干研究者尝试仿照自然系统进化，按照生态学方法来优化管理产业系统，从而诞生了"产业生态学"。耶鲁大学 T. E. Graedel 院士于 1995 年出版的 *Industrial Ecology* 一书中曾明确指出"产业生态学是为可持续发展服务的一门学科"，明确了这一新学科的服务目的。

近年来，伴随可持续发展战略的持续推进，产业生态学获得了长足发展，也在科研、教学、应用与管理中发挥了重要作用。然而，产业系统的运行交织着人为因素与自然因素间复杂的作用关系，涉及资源学、生态学、环境学、工程技术等。特别是近年来开展的诸多产业革新和技术进步，不仅推动了产业系统的演进，也改善了人类与环境的关系，形成了新时代背景下的产业系统新特征，带来了诸多新的科学议题，有待进一步探索，为系统梳理产业生态学诸多议题提供了重要契机。

本教材充分结合我国新时代社会经济发展和资源环境基本特征，响应教育部创新人才培养的号召，努力体现《教育部关于全面提高高等教育质量的若干意见》（教高〔2012〕4 号）所倡导的"启发式、探究式、讨论式、参与式教学"，以问题为导向，按照科学研究基本过程整体设计，包括科学问题提出、基本理论研究、实践应用三层结构，并且各章节均按科研逻辑顺序嵌套特定议题、子议题，构架节次层级体系。演示从议题提出、方案制订，到科研过程及成果整理的整个过程，凸显科研思维过程的逻辑性，隐知识于逻辑推理，形成知识点间跳跃式动态关系，引导学生究其所以然；借助学生议题研讨和实践，引导学生开展案例研究，跟进国际进展，力图集"教、学、研、用、管"于一体，有效促进学生思考力、创新力、执行力"三力合一"。

在内容上，以 T. E. Graedel 主编的第二版 *Industrial Ecology* 为初始框架，响应教育部"把科研成果转化为教学内容"的号召，凝练编著者 20 余年科研成果，突出编著者在物质流动分析、产业生态规划与管理等方面的优势，依此凸显教材内容特色。同时将生命周期评价 ISO 14044 等系列国际标准中的核心内容纳入教材，使教材内容更具规范性、实用性。本教材由 13 章组成，第一章、第二章从环境问题的形成追溯产业在人类与环境关系中的角色，并引出产业生态学的概念和任务目标；第三章简要回顾相似论、生态学，以此作为本教材学科基础；在基本理论部分，以产品生命周期评价（Life Cycle Assessment，LCA）（第四章~第六章）和物质流动分析（Material Flow Analysis，MFA）（第七章~第九章）为核心内容，分别阐述评估产业系统环境影响的核算方法，以及产业系统内部与外部间物质联系的核算方法；然后由第十章、第十一章从教材的理论分析过渡到实践应用；在实践应用部分（第十二章、第十三章），则重点围绕产业系统多尺度管理、产业生态规划、管理指标体系等依次展开，并辅以若干科研案例。

从教材服务目标看，本教材可用于满足通识型学科知识的基本需要，也可用于学术型科研素养实训，分别对应教材中的基础核心知识和科研引导与拓展两类内容。其中，基础核心知识类表现为各章节知识点，帮助学生"知其然"，并获得通识型学习基本学分；科研引导与拓展类则是按照科学研究规律，结合科学问题提出、科研方案设定，分享科研过程和结果，以使学生"知其所以然"，并具备进一步开展科研活动的能力。前者较适合高校本科生和社会学员，而后者更适合学术型研究生和科研院所工作人员。

在教材编著过程中，相关内容曾得到国家重点基础研究发展计划（"973"计划）、国家科技支撑计划、美国亨利鲁斯基金会（The Henry Luce Foundation）等的支持；本教材的出版得到北京师范大学学科交叉项目资金支持，在此表示衷心的感谢！也感谢余广杰、唐元元等同学在教材编写中的鼎力支持！

本教材旨在从文、理、工多角度展示产业生态学的多种学科属性，并对产业系统管理实践有所借鉴，但由于编著者水平所限，书中存在诸多不足。真诚欢迎广大读者提出宝贵意见，共同推进产业生态学的不断发展，并为我国环境质量改善和生态文明建设发挥应有的作用。

编著者

2022 年 4 月，北京

目　录

第一章 为什么聚焦产业系统

本章重点：产业系统在人类与环境关系中的核心角色。

基本要求：理解产业系统连接人类与环境关系的桥梁作用，以及诸多环境问题产生的源头作用；了解产业系统的概念与组成；引导学生构架特定环境问题与特定产业/行业间的定性关系，明确研究产业系统的必要性。

第一节 核心议题的提出

当大家看到"产业生态学"这个名字时，首先映入眼帘的是"产业"二字，不难设想，这门课程要研究"产业"的相关内容，那为什么要研究"产业"呢？

众所周知，资源短缺、环境质量恶化仍是制约人类持续发展的重要因素。而寻求应对这些环境挑战的科学方法正是当今科研工作者的重要使命。那么，"产业"与环境挑战又有什么关系？如果能厘清这一关系，就可能找到聚焦产业应对环境挑战的依据。

本着这一目标，本章将从环境问题入手，通过剖析环境问题的产生过程，辨识出产业在环境问题中所起的作用；在此基础上，明确产业系统的概念和组成，进而辨析产业系统在人类与环境关系中的角色。最后，通过课堂讨论与作业，研讨各地的典型环境问题及其与区域产业间的定性关系。

第二节 什么是环境和环境问题

尽管大家对"环境"和"环境问题"并不陌生，但回顾并更清楚地理解这些概念，将有助于理解产业系统的概念并辨识产业系统与环境的边界，进而厘清两者间的作用关系。

一、什么是环境？

环境泛指某一事物的外部世界，是影响该事物生存与发展的各种外部要素的总和。例如，养鱼时，鱼缸、鱼缸中的水和水草、投放的鱼饵等都可称作鱼的环境。环境是相对于某一中心事物（又称主体）而言的。当研究主体不同时，环境的含义也会发生变化。例如，当以水草为研究主体时，由于鱼的数量、代谢活动会影响水草生长，鱼又成了水草的环境要素。

在本教材中，不同章节可能会涉及多种不同研究主体，因此环境的含义也会相应变化。主要涉及以下几种：①研究对象为整个人类时，环境是指以人类为主体的外部世界，即人类赖以生存和发展的物质条件的综合体。《中华人民共和国环境保护法》中明文规定，"本法所称环境，是指影响人类生存和发展的各种天然的和经过人工改造的自然因素的总体，包括大气、水、海洋、土地、矿藏、森林、草原、野生生物、自然遗迹、人文遗迹、自然保护区、风景名胜区、城市和乡村等"。②研究对象为产业系统时，环境就是影响产业系统运行的外部条件，如社会需求及其消费模式、经济政策与商业运作、资源与环境现实条件等。③针对产业系统内部某一产品生命周期阶段，或某一子系统（如能源子系统、特定物质子系统等），或某一生产工序开展研究时，环境将分别是该阶段、子系统、工序的上下游或并行的其他阶段、子系统、工序，以及以某种方式对该研究对象产生其他影响的外部条件，如地域差异、市场与贸易等。不难看出，这里提到的产业系统和其内部子系统或某一阶段，都属于与人类生存和发展密切相关的人类活动系统，因此当无特别限定的研究主体时，环境泛指人类系统以外的外部条件因素。

二、什么是环境问题？

环境科学中将人类外部环境中出现的不利于人类生存与发展的现象称为环境问题。从成因看，尽管环境问题可能源于自然力（如火山喷发、地震、洪涝、干旱、滑坡等），也可能源于人类活动（如过度放牧、森林砍伐、废水排放等），但自然力通常远超出人类干预能力，因此从管理角度看，管理者更关心人类能够干预的环境问题，即把人类活动所导致的全球环境或区域环境中出现的不利于人类生存和社会发展的各种现象作为本教材拟解决的环境问题。

通常，根据环境问题侵损的环境对象不同，又进一步将环境问题分为资源短缺或耗竭、环境污染和生态破坏三种基本类型。资源短缺或耗竭型环境问题主要表现为自然资源的供应难以满足人类的生产和生活需求，影响国民经济建设，包括水资源短缺、土地资源短缺、能源短缺、矿产资源短缺等。例如，某些地区曾出现因矿产资源短缺，传统企业倒闭或转型；因能源不足而定时供电、拉闸限电等。环境污染型环境问题是指环境中某些有害物质含量过高，影响整个环境系统的结构和功能，出现了不利于人类和其他生物生存和发展的现象。按照环境介质不同，环境污染可进一步分为水污染、大气污染、土壤污染、噪声污染等。例如，人类曾深受其害的重污染天气问题严重影响人体健康和生活质量。生态破坏型环境问题则是指自然生态系统结构改变和生产能力下降，包括生物多样性减少、植被破坏、水土流失等。例如，具有"华北之肾"美誉的白洋淀湿地曾从 20 世纪 60 年代起日渐萎缩，世纪之交濒临消失。不同类型的环境问题又相互联系、相互影响。例如，水资源短缺既是资源短缺型环境问题，又是生态破坏型环境问题；而生态环境破坏又会降低环境吸纳与消解污染物的能力，从而加剧环境污染程度。

第三节 环境问题是如何产生的

为了厘清环境问题与产业间的关系，可采用多种研究方法，如从观察现象着手，抽丝剥茧逐步深入，直至揭示事物本质；又如采用科学假设、实证模拟、数理分析等方法。这里采用枚举法，从个案推演共性规律，也就是先从若干特定环境问题着手，分析其产生过程，获取其成因，然后借助众多个案研究结果，推演环境问题成因的普遍答案。

一、追溯环境问题诱因示例 1：生物多样性丧失

人类作为特殊的生物物种之一，生物多样性丧失将可能深度威胁人类的生存。因此选择生物多样性丧失作为第一个示例。

根据世界自然基金会（World Wildlife Fund，WWF）的研究，2014 年全球约有 8 700 万种生物。而自 1970 年以来，在不到半个世纪的时间内，全球生物多样性就丧失了 52%，平均每年约丧失 14 万个物种[1]。生物多样性丧失十分严重，多达 100 万种植物和动物物种正面临灭绝[2]。

进一步研究发现，造成生物多样性丧失的主要威胁来自生物栖息地破坏、生物资源过度开发利用、外来物种入侵、生物基因污染等[3]。若进一步针对栖息地破坏来追溯其主要影响因素，将会发现社会发展中人口膨胀、消费扩大、土地使用功能改变等一系列变化。据报道，1970—2014 年，全球人口从约 37 亿人增长到约

---

[1] 引自 https://en.wikipedia.org/wiki/Biodiversity#Species_loss_rates。

[2] 引自 https://www.britannica.com/science/biodiversity-loss。

[3] 引自 https://en.wikipedia.org/wiki/Biodiversity#Species_loss_rates。

73 亿人。到 2018 年，人类及其牲畜的生物量已大大超过野生哺乳动物和野生鸟类的生物量，世界上一半的可居住土地（约 5 100 万 km²）已转化为农业用地①，而这些变化又进一步溯及人类为满足其生存与发展的各类活动。例如，为保障人类食物供应，开山造田、围海造田；为治疗病患，使用珍稀动植物炮制药物；为满足人类住房需求，开展工业材料制备和批量房屋建设。从环境端的生物多样性丧失可顺藤摸瓜地追溯到多种人类活动形式，如图 1-1 所示。从图中不难看出，"围海造田""制药""房屋建设"等都属于为满足人类特定需要而开展的生产活动。由此可推论，生物多样性丧失可较大程度地归因于人类活动，特别是人类生产活动。

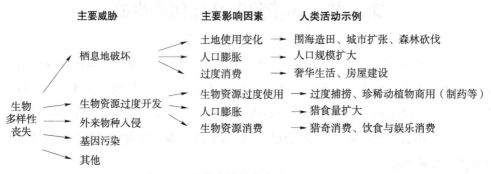

图 1-1　生物多样性丧失成因追溯过程

二、追溯环境问题诱因示例 2：不可再生资源耗竭

类似地，我们再看第二个示例，以不可再生资源（若干重要金属矿产资源）耗竭为例。

根据美国地质勘探局（United States Geological Survey, USGS）的调查统计数据，可获得铜、锌等几十种金属资源的储量，也可获取历史上各年度的矿产开采量。如果记录金属矿产资源储量、矿产量两组数据，并以资源储量除以矿产量得到该资源的保证使用年限，将获得不同时期的金属资源储量和保证使用年限情况。当前情况示例如表 1-1 所示。从表可见，世界范围内，铜、锌、银等重要金属资源仅可保证使用二三十年，而在我国更短，只能保证使用一二十年。资源短缺十分严重，甚至濒临耗竭。

---

　　① 引自 https://www.britannica.com/science/biodiversity-loss。

表 1-1　若干金属资源储量与保证使用年限

金属元素符号	储量 /Mt 金属含量		矿产量 /Mt 金属含量		保证使用年限 /a	
	世界	中国	世界	中国	世界	中国
Zn	230	43	13.4	5	17	9
Cu	700	30	18.3	1.6	38	19
Ni	81 000	3 000	2 630	95	31	32
Pb	87	14	5.49	2.9	16	5
Ag	530	43	26	4.1	20	10

数据来源：http://minerals.usgs.gov/minerals/pubs/commodity/。

当我们进一步追踪这些金属矿产资源向人类提供的最终服务所历经的基本过程时，不难发现，这些金属矿产资源要经过开采、冶炼、加工与制造等一系列生产过程，最终变成人类可以居住的房屋、可转移不同活动地点的交通工具等，可称为人类"生产活动"。在人类使用房屋、交通工具的过程中，房屋、交通工具的服务功能得以呈现并发挥，同时人类的特定需求也得到满足，称为人类"消费活动"。不难看出，人类需求是不可再生资源耗竭的源头因素，由人类需求带动了人类消费活动，并进一步拉动了人类生产活动，形成了"人类需求—消费—生产—资源耗竭"链状驱动关系。而中间环节"消费"与"生产"承接了人类与环境两个终端，是人类活动的重要形式。由此也可推论，不可再生资源耗竭也较大程度地归因于人类活动。

三、追溯环境问题诱因示例 3：环境污染

环境污染直接影响人们的生产、生活。特别是近年来的重污染天气、重金属污染危害。由于环境中过量的重金属会造成土壤中污染物超标，进一步影响所种植农作物的质量，威胁人体健康，因此这里以若干重金属环境污染为例，分析其污染超标诱因的产生过程。

重金属环境污染主要表现为环境中的某些重金属污染物含量偏高，如土壤中 Pb、Cr 等重金属含量超出农用耕地质量标准，导致所种植的稻米、蔬菜等食品危害人体健康。通过追溯这些污染物的来源，发现其主要来自人类大量的资源转换生产与消费活动。若把为满足人类需要而产生的物质在人类社会经济系统中的流动过程称作物质人为流动（详见第七章），则不难设想，这些环境污染物可以看作主要来自物质的人为流动。而自然界中任何物质都有其在地表各自然圈层间的循环流动，这一循环被称为物质的生物地球化学循环或自然循环。物质自然流动和人为

流动的快慢反映人类活动对环境质量的干扰程度。通常，单位统计期（通常采用年）内物质运转的数量为流动速率，简称流率，单位为 t/a。不难设想，如果某物质的人为流率高于该物质的自然流率，其高出的部分物质就将积累在所排放的环境中，致使环境中该物质的浓度上升，甚至超过环境质量标准，造成环境污染型环境问题。

有学者将若干重要金属元素的人为流率与其自然流率进行了对比（如表1-2所示），发现早在20世纪末，Pb、Hg等多种金属元素的人为流率已较其自然流率高出十余倍，其中所高出的部分被积累在环境中，并导致环境污染物浓度上升。因此，在环境质量尚好的区域，未来环境污染物可能超标；而在环境质量已经恶化的区域，环境质量将更加恶化。由此推论，环境污染也归咎于人类活动。

表1-2　金属元素人为循环与自然循环的速率对比

金属元素符号	土壤中含量 /（mg/kg）	人为流率 / 自然流率
Al	72 000	0.048
Fe	26 000	1.4
Mn	9 000	0.028
Ti	2 900	0.096
Zn	60	8.3
Cr	54	4.6
Cu	25	24
Ni	19	4.8
Pb	19	12
Mo	0.97	8.5
Cd	0.35	3.9
Hg	0.09	11

数据来源：KARLSSON S. Closing the technospheric flows of toxic metals-modeling lead losses from a LAB system for Sweden[J]. Journal of Industrial Ecology, 1999, 3(1): 23-40。

仍有许多其他环境问题实例，如果逐一追溯，也将发现其成因主要是人类活动。虽不胜枚举，但从诸多个例可推演如下共性结论：环境问题主要是由人类活动干扰而造成的。

从人类活动方式看，通常分为生产活动和消费活动。由前述"人类需求—消费—生产—资源耗竭"链状驱动关系不难看出，人类生产出怎样的产品，就隐含地决定了人类将如何使用（或消费）产品，因此生产活动决定了消费活动，在人类活动中起着主导作用。而人类的生产活动大多从属于人类产业活动，是人类产业系统运行过程的客观体现。由此推论，环境问题主要起源于人类生产活动，而从产业源头出发，将更有可能获得解决环境问题的有效方法。

第四节　什么是产业系统

一、产业系统的概念

"产业系统"由"产业"和"系统"两个词汇组成。其中，"产业"泛指经济中商品或服务的企业生产活动的集合。在国民经济中，又进一步分成第一产业、第二产业、第三产业，分别反映具有某种同类属性的企业活动。产业是社会分工和生产力不断发展的产物。例如，以农耕、种植为主的农业，以自然资源开采并进一步加工生产为主的工业。在同一产业中，内部各行业间具有利益相关性和不同社会分工，并表现为不同的行业形态，包括经营方式、企业模式、流通环节等。但它们的经营对象和经营范围大都是围绕共同产品或服务而展开的。而"系统"一词来源于系统论，一般系统论创始人贝塔朗菲定义系统为"相互联系、相互作用的诸元素的综合体"。我国学者钱学森认为，系统是由相互作用、相互依赖的若干组成部分结合而成的，具有特定功能的有机整体，而且这个有机整体是它从属的更大系统的组成部分。这里将"产业"与"系统"组合到一起称为"产业系统"，则是从系统论的视角来看待产业，从以下几个方面来理解"产业系统"。

（1）产业系统是由诸多要素（部分）组成的。这些要素可能是一些行业、企业、生产部门、生产过程等，各组分本身既可称为某一特定层次的系统，又可称为更高层次系统的子系统，还可称为更低层次系统的母系统。

（2）产业系统具有一定的结构。产业系统的各组分间相互联系、相互制约，形成特定的内部各要素间联系方式、组织秩序及特定量化约束关系。例如钢铁生产中，当以铁矿石为主要生产原料时，将配置以高炉炼铁为主的生产流程；而以废钢为主要生产原料时，则将配置以电炉为主的生产流程。由此，铁矿资源和废钢资源的供应和配比就决定了钢铁生产中不同炉型的选择，也影响后续精炼、轧压等加工生产工艺。

（3）产业系统有一定的功能，或者说产业系统具有一定的服务目的。产业系统的功能是其系统内部各组分间、系统与外部环境之间相互联系、相互作用的结果。例如，钢铁系统对外表现为消耗铁矿石、焦炭、石灰等自然资源，并把铁矿石逐步转变成为型钢、板材等工业材料；金融信息系统通过信息收集、传递、储存、加工、使用，辅助管理者制定决策并实现金融目标。

（4）产业系统具有一定的稳定性、动态性和适应性。其中，稳定性是指在特定条件下，产业系统的结构、功能基本保持不变。动态性则是指产业系统自身各要素将随着时间、地域等条件因素不断变化。当外部环境发生变化时，产业系统将发生内在变化，以适应新的环境状况。例如，近年来干旱地区削减耗水行业，矿产资源丰富地区增设矿产开采与冶炼重工业，新冠肺炎疫情期间许多企业转产酒精、口罩等防疫产品。这些都体现了产业系统随外部需求和环境条件而发生变化。

二、产业系统的组成

通常，不同国家和地区有着不同的产业系统组成，也有着不同的产业分类标准。产业系统的组成可基于其分类标准进行分析。

在我国，根据现行《国民经济行业分类》（GB/T 4754—2017）和《三次产业划分规定》，将整个产业系统分成第一产业、第二产业、第三产业。其中，第一产业是指农、林、牧、渔业（不含农、林、牧、渔专业及辅助性活动）；第二产业是指采矿业，制造业，电力、热力、燃气及水生产和供应业，建筑业；第三产业即服务业，是指除第一产业、第二产业以外的其他行业。在此基础上，进一步细分为20个门、97个大类、473个中类、1 382个小类。

在诸多产业中，第二产业中除建筑业以外的其他部分又称为工业，工业不仅对国民经济发展举足轻重，而且是诸多环境问题产生的源头，因此尤其值得关注。根据《中国统计年鉴2021》中的指标解释，工业是指从事自然资源的开采，对采掘品和农产品进行加工和再加工的物质生产部门。具体包括：①对自然资源的开采，如采矿、晒盐等（但不包括禽兽捕猎和水产捕捞）；②对农副产品的加工、再加工，如粮油加工、食品加工、缫丝、纺织、制革等；③对采掘品的加工、再加工，如炼铁、炼钢、化工生产、石油加工、机器制造、木材加工等，以及电力、燃气、水的生产和供应等；④对工业品的修理、翻新，如机器设备的修理等。我国工业行业的名称及其代码如表1-3所示。

表 1-3 工业行业的名称及其代码

行业类别	GB/T 4754—2002 行业名称	代码	GB/T 4754—2011 行业名称	代码	GB/T 4754—2017 行业名称	代码
采矿业	煤炭开采和洗选业	CMW	（同）		（同）	
	石油和天然气开采业	PGX	（同）		（同）	
	黑色金属矿采选业	FMM	（同）		（同）	
	有色金属矿采选业	NFM	（同）		（同）	
	非金属矿采选业	NOM	（同）		（同）	
			开采辅助活动	AMA	开采专业及辅助性活动	AMA
	其他采矿业	OOM	（同）		（同）	
制造业	农副食品加工业	AFP	（同）		（同）	
	食品制造业	FOM	（同）		（同）	
	饮料制造业	BEM	酒、饮料和精制茶制造业	BEM	（同）	
	烟草制品业	TOM	（同）		（同）	
	纺织业	TXM	（同）		（同）	
	纺织服装、鞋、帽制造业	TWM	纺织服装、服饰业	TWM	（同）	
	皮革、毛皮、羽毛（绒）及其制品业	LFM	皮革、毛皮、羽毛及其制品和制鞋业	LFM	（同）	
	木材加工及木、竹、藤、棕、草制品业	WBP	（同）		（同）	
	家具制造业	FNM	（同）		（同）	
	造纸及纸制品业	PAM	（同）		（同）	
	印刷业和记录媒介的复制	RMP	印刷和记录媒介复制业	BMP	（同）	
	文教体育用品制造业	ARM	文教、工美、体育和娱乐用品制造业	ARM	（同）	
	石油加工、炼焦及核燃料加工业	FUP	（同）		（同）	
	化学原料及化学制品制造业	CMM	（同）		（同）	
	医药制造业	MEM	（同）		（同）	
	化学纤维制造业	CFM	（同）		（同）	
	橡胶制品业	RUM	橡胶和塑料制品业	RPM	（同）	
	塑料制品业	PLM	（合并）		（同 2011）	
	非金属矿物制品业	NMM	（同）		（同）	

续表

行业类别	GB/T 4754—2002 行业名称	代码	GB/T 4754—2011 行业名称	代码	GB/T 4754—2017 行业名称	代码
制造业	黑色金属冶炼及压延加工业	FMS	（同）		（同）	
	有色金属冶炼及压延加工业	NFS	（同）		（同）	
	金属制品业	MPM	（同）		（同）	
	通用设备制造业	GMM	（同）		（同）	
	专用设备制造业	SMM	（同）		（同）	
			汽车制造业	VMU	（同）	
	交通运输设备制造业	TRM	铁路、船舶、航空航天和其他运输设备制造业	TRM	（同）	
	电气机械及器材制造业	EEM	（同）		（同）	
	通信设备、计算机及其他电子设备制造业	CEM	计算机、通信和其他电子设备制造业	CEM	（同）	
	仪器仪表及文化、办公用机械制造业	ICM	仪器仪表制造业	ICM	（同）	
	工艺品及其他制造业	AOM	其他制造业	AOM	（同）	
	废弃资源和废旧材料回收加工业	WRD	废弃资源综合利用业	WRD	（同）	
			金属制品、机械和设备修理业	MPR	（同）	
电力、热力、燃气及水生产和供应业	电力、热力的生产和供应业	EHP	电力、热力生产和供应业	EHP	电力、热力、燃气及水生产和供应业	EHP
	燃气生产和供应业	GPS	（同）		（合并）	
	水的生产和供应业	WPS	（同）		（合并）	

　　由表 1-3 可知，目前我国工业行业分为采矿业，制造业，电力、热力、燃气及水生产和供应业三大类，并分别由 7 个、32 个、1 个行业组成。

　　需要注意的是，产业系统的构成以及遵从的行业分类标准都不是一成不变的。我国国民经济行业分类相继经过了 2002 年版、2011 年版、2017 年版的变化。自

2002 年版至 2011 年版发生了 15 项变化，表现为新增了 3 个行业，即"开采辅助活动""汽车制造业""金属制品、机械和设备修理业"；合并了 1 个行业，即"塑料制品业"与"橡胶制品业"合并为"橡胶和塑料制品业"；更名了 11 个行业，其中，"饮料制造业"改为"酒、饮料和精制茶制造业"，"纺织服装、鞋、帽制造业"改为"纺织服装、服饰业"，"皮革、毛皮、羽毛（绒）及其制品业"改为"皮革、毛皮、羽毛及其制品和制鞋业"，"废弃资源和废旧材料回收加工业"改为"废弃资源综合利用业"，等等。自 2011 年版至 2017 年版则发生了 2 项变化，即"开采辅助活动"改名为"开采专业及辅助性活动"；"电力、热力的生产和供应业""燃气生产和供应业""水的生产和供应业" 3 个行业合并为"电力、热力、燃气及水生产和供应业" 1 个行业。为帮助同学们了解行业相关变化，将我国不同时期的行业构成汇总入表 1-3。同时，为便于后续章节的定量分析，对各行业赋以英文字母表示。

鉴于学员来自不同国家或地区，请大家查询所在国家或地区行业分类标准，并了解其行业组成和重点行业。

第五节　产业系统具有怎样的角色

为弄清产业系统在人类与环境关系中承担着怎样的角色，本教材分别从"环境侧"和"人类侧"出发，分析人类与环境相互作用的关系，从中辨识产业系统的作用。以此展示从不同观察角度开展科学研究的主要过程。

一、分析方法示例 1：从环境问题追溯人类活动

这里以全球变暖环境问题为例，展示寻求产业系统在人类与环境关系中角色的发展过程。

首先，确认出现了全球变暖环境问题。通过观察北极冰山逐年融化现象，推测大气温度呈现上升趋势。由此开展大气温度变化实证科研工作，研究者从长期大气温度监测数据中发现并证实自 1860 年以来北半球环境温度急剧上升的事实，如图 1-2 中曲线右端明显高出其他部分，从而锁定全球变暖嫌疑时期，进一步详细研究 1880 年以来的气温变化，获得图 1-3，由此确认该期间出现了全球变暖环境问题。

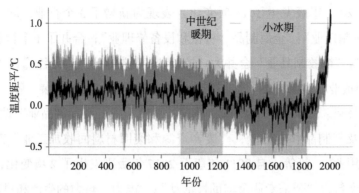

图 1-2　过去 2 000 年全球平均温度的变化

数据来源：Temperature record of the last 2000 years, https: //en.jinzhao.wiki/w/index.php?title= Temperature_record_of_the_last_2, 000_years&oldid=1104828653。

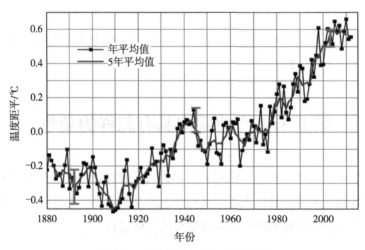

图 1-3　全球土地 – 海洋温度指数

数据来源：NASA Goddard Institute for Space Studies, https: //www.climate–change–guide.com/evidence– of–climate–change.html。

　　其次，弄清全球变暖的机理。为解释上述温度急剧变化，科学家开展了大气中热交换过程的定量估算研究。通过核算大气中热量收支及不同成分的热量吸收能力，如定量估算从太阳抵达地表的热量、从地表返回到大气中的热量、被大气吸收的热量等，从中发现了大气中某些气体具有吸收大气热量并维持大气温度的能力，这些气体被称作温室气体（greenhouse gases，GHGs），如 CO_2、N_2O、CH_4 等。如果大气中这类物质的含量增多，将可能破坏原有大气中的平衡，导致更多的热量被吸收并储存在大气中，致使大气温度上升。图 1-4 为温室效应形成机理。

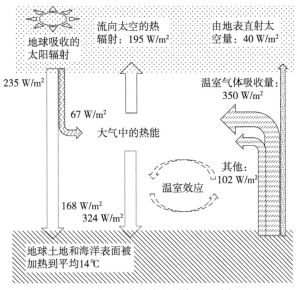

图 1-4 温室效应形成机理示例

再次，需要证实大气中温室气体含量上升与大气温度上升发生在相同历史时期。为此，研究者开展了核定大气中 CO_2 含量历史变化趋势的科研工作，并获得如图 1-5 所示的研究结果。图 1-5 表明，大气中 CO_2 含量的大幅上升期恰好起始于 1860 年前后，与大气温度出现明显上升的时间正好一致。

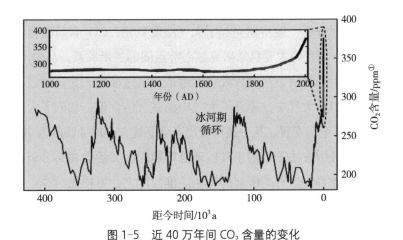

图 1-5 近 40 万年间 CO_2 含量的变化

数据来源：https://en.wikipedia.org/wiki。

最后，还需要证实导致大气中温室气体含量上升的温室气体来自人类活动。为此，有人估算了 1850 年以来全球化石燃料燃烧和水泥生产过程中的碳排放量，得

---

① 1 ppm=10^{-6}。

到图 1-6，表明自 1850 年以来全球碳排放确实出现了快速增长趋势，这也恰好与大气 CO_2 含量急剧上升期、大气温度急剧上升期处于同一时期。而化石燃料燃烧大多发生在二次能源生产（如电力生产、热力生产等）、工业基础材料（如钢铁、水泥）等生产中，这些将一次资源或能源转变为满足人类特定生产或生活需求产品的过程恰是国民经济中的产业生产活动，也正是近 300 年来人类工业化、城市化建设进程中的典型产业活动方式，是产业系统运行的表现形式。

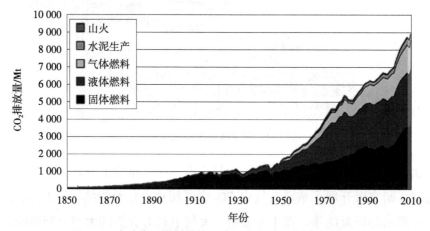

图 1-6   全球化石燃料燃烧和水泥生产过程中的碳排放量

数据来源：https://cdiac.ess-dive.lbl.gov/ftp/ndp030/global.1751_2011.ems。

基于上述一系列分析，逐步建立起了大气温度变化、CO_2 含量变化、人为碳排放、产业能源生产与消费等主要科学研究核心节点间的逻辑关系。从中不难辨识出：产业系统中的能源生产与消费活动较大程度地造成了过多的人为碳排放，使得越来越多的温室气体累积在大气中，提升了大气中温室气体含量，加剧了大气层温室效应，并进一步导致了全球变暖。从中还可看出产业系统在全球变暖问题中的作用。

类似地，上述分析方法还可用于其他环境问题的人类活动源头分析，从中辨识产业活动（又称产业系统运行）所起的作用。推而广之，可得出结论：从环境问题到人类活动，产业系统运行架起了人类与环境相互作用的桥梁，在诸多环境问题中都承担了重要角色。

二、分析方法示例 2：从人类活动追踪环境后果

我们还可从人类出发，按人类活动到环境后果的顺序，梳理人类与环境的关系，从中分辨产业系统运行所起的作用。

以衣为例。为了御寒、保护身体，人类从最初利用树叶遮体，进化到发明纺织

技术，利用布料缝制衣服，实现更为舒适、美观、适合人类各种肢体活动的着衣需求目标；与此同时，为了获得布料的生产原料，可能需要种植棉、麻或养殖牛、羊、蚕等，然后纺线织布，形成衣服制作所需的工业原料，再经过量体裁衣、缝合制作，形成规格众多、色彩各异的衣服。不难设想，种植棉麻势必需要耕地；养殖羊、蚕也势必需要草地、林地，同时还要消耗大量水资源等。而在纺织、衣物制作过程中，还需要经历清棉、梳棉、纺纱、织造、印染、漂洗等诸多工艺，不仅消耗大量工业原料，还会排放大量含有 COD、盐类、油脂类的工业废水，造成严重的水污染隐患。整体看来，上述过程中涉及多种产业，如棉麻种植、蚕和羊养殖等，都属于第一产业；而纺织业、衣物制作等都属于第二产业中的制造业，其在满足人类穿衣的需求中起到了供应或提供服务的作用，但也成为相关土地、水资源占用和废水污染环境问题的产业源头。

类似地，如果考察食、住、行其他需求，也可找到对应的主要产业行业，以及可能的主要资源消耗、环境污染排放等问题，其中隐含着产业活动在人类与环境关系中的作用。

三、产业系统的角色

基于前述分别从"环境侧"和"人类侧"的分析，可见产业系统架起了人类与环境的桥梁，是人类经济社会与资源环境复合系统的核心。它既向社会服务系统提供产品或服务，如提供四季适宜、规格各异的衣物，满足人类特定需要，又要经过物资商品的市场交换，呈现物资、工业原料、半成品、成品的商业价值，从而影响经济系统；还从自然资源系统中获取原始材料，以及向地表环境排放各种废物、污染物，从而与自然地表发生作用，并影响资源环境系统（如图 1-7 所示）。由此推断，聚焦产业系统，我们将找到协调人类与环境关系并解决环境问题的有效方法。

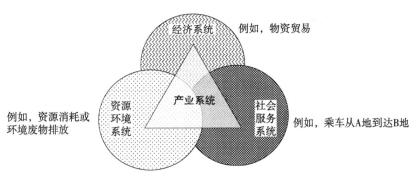

图 1-7　产业系统与社会经济系统间的关系框架

　　为了更清楚地了解产业系统的角色，我们从"全环境"的角度分辨产业系统的位置。将地球表面环境系统分为大气圈、土壤圈、水圈、岩石圈和人类活动圈。人类活动圈是指与人类生产、生活密切相关的圈层，是各种人为要素和自然要素相互作用最为强烈的部分，它与地表其他圈层不同程度地交融于一体，如人类活动圈中的自然资源是满足人类生产需要而开采或可能开采的那部分资源，它可能从形态上属于岩石圈（如金属矿产资源）或水圈（如水资源）。又根据作用对象或主体的差异，进一步将人类活动圈分为社会服务系统、经济系统、产业系统、资源环境系统（如图1-8所示）。由此从多系统层次上，建立起产业系统与人类、自然的有机联系。

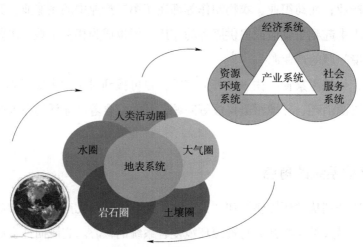

图1-8　产业系统与地表其他圈层的关系框架

推荐阅读

［1］GRAEDEL T E, ALLENBY B R. Industrial Ecology [M]. 2nd ed. 北京：清华大学出版社，2004.

［2］中华人民共和国国家质量监督检验检疫总局，中国国家标准化管理委员会. 国民经济行业分类：GB/T 4754—2017[S]. 2017.

［3］陆钟武. 穿越"环境高山"——工业生态学研究 [M]. 北京：科学出版社，2008.

参考文献

［1］AYRES R U. Industrial Metabolism: Theory and Policy[M]//ALLENBY B R,

RICHARDS D J. The Greening of Industrial Ecosystems. Washington D C: National Academy Press, 1994: 23-37.

［2］AYRES R. Turning Point: An End to the Growth Paradigm [M]. London: Earthscan Publication Ltd, 1998.

［3］DALY H E, FARLEY J. Ecological Economics: Principles and Applications [M]. Washington DC: Island Press, 2004.

［4］Ecological Economics [EB/OL]. http://www.journals.elsevier.com/ecological-economics.

［5］GRAEDEL T E, ALLENBY B R. Industrial Ecology [M]. 2nd ed. Upper Saddle River: Prentice Hall, 2003.

［6］GRAEDEL T E, JENNIFER A, GRENVILLE H. Greening the Industrial Facility: Perspectives, Approaches and Tools [M]. New York: Springer, 2005.

［7］Journal of Cleaner Production [EB/OL]. http://www.journals.elsevier.com/journal-of-cleaner-production.

［8］Journal of Industrial Ecology [EB/OL]. http: //onlinelibrary.wiley.com/journal/15309290/.

［9］LEAKEY R E, LEWIN R. Biodiversity [EB/OL]. (2020-12-20) https://en.wikipedia.org/wiki/Biodiversity#Species_loss_rates.

［10］Resource Conservation & Recycling [EB/OL]. http://www.journals.elsevier.com/resources-conservation-and-recycling.

［11］The United Nations World Commission on Environment and Development. Our Common Future [M]. Oxford: Oxford University Press, 1987.

［12］World Wildlife Fund [EB/OL]. (2014-08-20) https://en.wikipedia.org/wiki/Biodiversity#Species_loss_rates.

［13］林爱文, 胡将军, 章玲, 等. 资源环境与可持续发展 [M]. 武汉: 武汉大学出版社, 2005.

［14］陆钟武. 工业生态学基础 [M]. 北京: 科学出版社, 2009.

［15］毛建素, 徐琳瑜, 李春晖, 等. 循环经济与可持续发展型企业 [M]. 北京: 中国环境出版社, 2016.

［16］钱易, 唐孝炎. 环境保护与可持续发展 [M]. 2版. 北京: 高等教育出版社, 2010.

［17］钱易. 清洁生产与循环经济: 概念、方法和案例 [M]. 北京: 清华大学出版社, 2007.

［18］杨志峰，刘静玲 . 环境科学概论 [M]. 2 版 . 北京：高等教育出版社，2010.

［19］中国国家统计局 . 中国统计年鉴 2021. [EB/OL]. http://www.stats.gov.cn/tjsj/ndsj/2021/indexch.html.

课堂讨论与作业

一、课堂讨论议题

同学们来自不同地区或国家，而各地具有不同的资源环境和社会经济发展特征，也面临着不同的环境问题及其相应的产业活动。基于此，请同学们针对自己所熟悉的地区，思考以下议题：

1. 识别典型环境问题，并分析该环境问题是如何发生的，从而建立当地环境问题与人类活动的定性关系。

2. 选定当地典型产业或行业，分析其运行中可能产生的环境问题。

基于选题，自由组合成立兴趣小组，草拟研究提纲和任务分工。

二、课下作业与课堂汇报

基于课堂讨论，以兴趣小组为单位，自拟题目、完成科研工作并形成研究报告PPT，由小组代表进行课堂汇报。要求同学们在汇报中体现地域特色、环境问题典型性、产业活动代表性；同时，注意报告题目准确性、各部分内容间逻辑性、表达方式规范性。每组汇报 8～10 分钟。评分标准参见表 T1-1。

表 T1-1　课堂小组汇报评分表

报告题目	一般性要求			特殊性要求		
	题目是否准确（满分10分）	逻辑是否清晰（满分10分）	表达是否规范（满分10分）	地域是否明确（满分10分）	问题是否典型（满分10分）	是否代表产业（满分10分）

三、若干作业示例

1. 课堂议题 1 示例

针对课堂议题 1，建议采用以下三个主要步骤：识别环境问题、环境问题分级、问题与产业活动关联分析。

在耶鲁大学 T. E. Graedel 等编写的 *Industrial Ecology* 中，首先基于可持续发展战略，如要求人类使用可再生资源的速度不得超过其再生的速度、使用不可再生资源的速度不能超过找到可替代其的可再生资源的速度等，最终制定了 4 类环境服务大目标：目标 1，维持人类物种存续；目标 2，维持人类系统稳定和可持续发展能力；目标 3，维持生命多样性；目标 4，维持地球审美丰富性。然后，针对每一个大目标，列出相关的环境问题，由此完成全球层面的环境问题识别。

为了对各种环境问题的重要性进行定级，需要制定分级准则。例如，根据环境问题影响空间规模、人类暴露程度、可能受害的严重性和（或）持久性、受害的不可逆转程度、错误判罚损失等，进行等级评分，再根据分值高低对环境问题重要性进行排序，并分成重大、重点、重要、非重要环境问题等级。基于上述分级准则，研究者对环境问题的重要程度进行评级。例如列入重大环境问题的事项有全球气候变化、人类健康危害、水资源数量和质量、化石燃料耗竭、生物多样性消失、臭氧层耗竭、土地利用方式转变等，而非重要环境问题的事项如放射性废物、垃圾填埋场空间耗竭、热污染、石油泄漏、恶臭等，这些问题的影响范围通常仅局限于某特定区域。

科研中还可采用其他方法辨识环境问题并确定其重要程度，如通过实地考察获得特定区域环境问题类型清单，再开展广泛的问卷调查、评分，根据评分高低确定环境问题的等级。

最后，我们将选取的重要环境问题与当地具体产业活动联系起来。例如，全球气候变化可能与化石燃料燃烧、水泥制造、煤矿开采等密切相关，从而聚焦到特定产业活动。

2. 课堂议题 2 示例

针对课堂议题 2，建议从当地某特定行业或工业部门出发，如矿产开采业、制造业，然后分析其产业活动方式、内部工作过程和外在环境行为，从中辨识出产业系统运行中潜在的环境影响。例如可能表现为消耗矿产资源、能源，排放大量矿渣等固体废物、硫化物等大气污染物。

第二章 可持续发展与产业生态学概念

本章重点：人类与环境的定量关系，即 IPAT 方程和 ISE 方程；产业生态学概念及其在可持续发展战略中的服务目标。

基本要求：了解可持续发展管理基本要求；掌握环境负荷、生态效率等基本概念，熟悉 IPAT 方程、ISE 方程及其各符号含义并熟练应用；了解产业生态学概念和工作目标，明确产业生态学拟研讨科学议题和拟采用的研究方法、内容和应用领域。

第一节 核心议题的提出

第一章研究发现，产业系统是环境问题产生的重要人为源头之一，因此研究者从产业系统入手，希望找到协调人类与环境关系的有效途径。那么，怎样的学科才可能做到这一点呢？

为回答这一议题，我们将先从人类与环境的关系入手，从可持续发展战略角度，辨识期望的产业系统所能完成的任务目标；然后介绍"产业生态学"概念，分析该学科实现上述目标拟采用的基本思路和主要科研议题、研究方法、技术措施，以及对相关各方分别有哪些可能用途。

第二节 如何进行可持续发展管理

一、人类与环境存在怎样的关系？

充分认识人类与环境之间的关系，是改善人类活动进而促进人类与环境协调发展的重要前提。科学研究过程中，经历了从定性到定量的认识过程。

1. 定性分析：人与自然对立统一

从定性角度看，人类是地表生态系统不断进化的产物，人类与其生存环境长期地、动态地相互作用、相互制约，存在既对立又统一的特殊关系（如图 2-1 所示）。

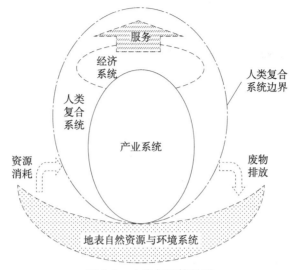

图 2-1　人类与环境关系

对于人类而言，为满足其生存、生活、发展等基本需求，不可避免地需要开展生产活动，将自然资源转变为具有特定服务功能的产品，不仅这种资源转变活动加工转变的物质对象来自自然系统，而且加工转变中所需要的能量也来自自然系统，还有那些不能转变成产品的物质和能量将以环境废物的形式排放到环境中。整体上，自然系统既是人类生存发展的物质来源，简称"源"；又是人类活动代谢废物的排放场所，简称"汇"。人类的这些资源消耗、废物排放活动势必会干扰自然系统的结构与功能，影响自然系统的正常运行与演化，从而形成了人类复合系统与自然系统的对立关系。

另外，人类系统是自然系统长期演化的产物，它是自然系统中的有机组分，人类的生存和发展依赖于其自然系统的供应和收纳，与自然系统存在密切的物质与能量交换，形成相互制约的有机整体。同时人类又是推动自然系统演化的最活跃因素，可承担环境管理的责任。当人类发展受到环境制约时，可通过调整自己的行为来协调与环境的关系。

2. 环境压力与承载力的基本关系

为了更好地理解人类和环境相互作用的定量关系，这里采用物理学中力学分析方法，将地表系统看作自然系统和人类复合系统两部分（如图 2-2 所示）。图中下半部分表示自然系统，上半部分表示人类系统。自然系统承载着人类社会经济发展，对人类系统起到支撑作用；而人类活动产生对自然系统的影响，形成了环境压力，其大小将深刻影响人类与环境关系的好坏。

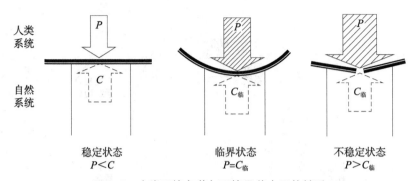

图 2-2　人类环境负荷与环境承载水平的关系

　　注：P 表示人类环境压力；C 表示环境承载力，下标"临"表示环境刚好不被破坏时所能承载最大压力的临界状态。

　　图中，符号 C 反映自然系统对人类复合系统的支撑能力，表示在维持环境系统相对稳定的前提下，环境资源所能支撑某一时期特定技术水平下的人口与经济规模的大小，称为环境承载力（environmental carrying capacity）；而符号 P 反映人类复合系统对自然系统的干扰水平，通常是指一定人口与经济规模、技术条件下人类产生的环境影响（environmental impact）的大小，是人类活动施加给自然系统的压力（pressure）。它们是人类与自然交互作用界面上一对方向相反的作用力。

　　从两者的数值对比关系看，当人类环境压力 P 小于环境承载力 C 时，自然系统处于稳定状态；当环境压力与承载力相当时，自然系统处于临界状态，稍有来自人类系统或自然系统的某种干扰，就可能打破平衡，失去稳定关系；当环境压力大于环境承载力时，自然系统将可能出现故障，甚至遭到损坏，形成环境问题，进而也将制约人类系统的社会经济发展。上述人类环境压力与环境承载力之间的相对大小基本关系是认识人与环境定量关系的初级表达方式。

　　3. 环境库兹涅茨曲线

　　为了厘清人类发展与环境之间的定量关系，有不少人采用统计分析方法，实证研究了若干环境废物的人均污染物排放量与人均收入之间的关系，得到了人均污染物排放量随人均收入先增长后下降的倒"U"形曲线，如图 2-3 所示。

　　这一曲线与经济中的库兹涅茨假说（Kuznets hypothesis）非常相似。1955 年，美国著名经济学家库兹涅茨（Kuznets）在研究人均收入分配状况与经济发展之间的变化关系时，发现了人均收入伴随经济增长先增后降的倒"U"形曲线，因此提出了库兹涅茨假说，并将该倒"U"形曲线称为库兹涅茨曲线（Kuznets curve）。它是发展经济学中的重要概念。由于发现的人均污染物排放量随人均收入的倒"U"形变化与经济学中的库兹涅茨曲线十分相像，1993 年，Panayotou 首次将这种人均污染物排放量与人均收入间的关系称为环境库兹涅茨曲线（Environmental Kuznets Curve，EKC）。

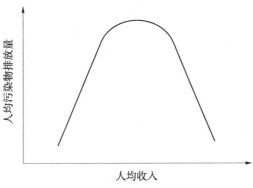

图 2-3　环境库兹涅茨曲线

而近年来大量实证表明，仅有少数几种环境污染物在部分地区呈现了与经济增长的倒"U"形曲线，大多数环境污染物尚未出现倒"U"形变化。究其原因，可能隐含着不同地区的社会经济结构、技术水平、生态环境状况等多重因素的复杂关系。尽管如此，这一环境污染物的倒"U"形假说也为环境质量改善带来了美好期盼，也推动了更为广泛的环境负荷与经济发展间的定量变化关系研究。不仅由环境污染物扩展到了能源消费、资源消费等其他环境影响，还引入人类获得社会服务量（Social Service）、社会发展指数（Human Development Index，HDI）等指标来表征人类发展水平，由此可能参透更深入的人类与环境的内在关系。

4. IPAT 方程

1971 年，美国斯坦福大学著名人口学家埃利希（Ehrlich）和哈尔顿（Holdren）提出了一种定量关系，表达为

$$\text{Environmental Impact=Population} \times \text{Affluence} \times \text{Technology} \qquad (2\text{-}1)$$

该方程又因其中所含的 4 个变量名称而被称为 IPAT 方程。

表示为

$$环境影响 = 人口 \times 富裕水平 \times 技术 \qquad (2\text{-}2)$$

若各参数分别以英文单词首字母表示，又可简化为

$$I = P \times A \times T \qquad (2\text{-}3)$$

式（2-1）中，环境影响（Environmental Impact）是人类对外部环境系统所产生的影响。如人类种植过程会开垦土地，改变区域物种结构和地容地貌；人类建造房屋，需要开采多种矿产、沙子、木料等自然资源以便生产建筑材料。应用中，又

常采用单位统计期内的自然资源的开采数量、环境污染物排放数量等来定量表征人类对外部环境的影响大小，称作"环境负荷"（environmental load）。如全球 2018 年开采 20.4 Mt 铜矿石；据统计，我国 2017 年消耗约 45 亿 t 标准煤的能源，同时还要排放 700 亿 t 工业废水。这些都反映出不同区域尺度下特定时期内人类社会经济系统对自然环境系统的干扰强度。但也常常将"环境影响"等同于"环境负荷"。

式（2-1）的右侧分别是人口、富裕水平和技术。其中，"人口"代表特定地区的人口规模，用人口数量表示；"富裕水平"则表示人类所享受的社会福利水平，用人均享受的服务量表示，如人均住房面积、人均车辆等；"技术"则反映人类获得上述福利过程中所采用的技术水平，用单位福利所涉及的环境影响表示，如单位 GDP 的温室气体排放量、单位住房面积的铁矿石消耗量。

需要特别注意的是，IPAT 方程是针对某特定研究主体系统而言的，式中各个参数都要对应同一主体系统。例如针对全球人类活动圈或某一特定区域的某一产业系统或某一生产环节。由其中各参数间的定量关系反映该特定系统的运行状况。

5. 生态效率与 ISE 方程

伴随可持续发展战略的推进，衡量人类与环境关系的方法也得到不断改善。在 21 世纪初，世界可持续发展工商理事会（World Business Council for Sustainable Development，WBCSD）提出了"生态效率"的概念，将其作为衡量人类与环境基本关系的重要指标，并纳入环境综合管理。

生态效率（eco-efficiency）泛指某一产业或经济系统在造成单位环境负荷时所能提供的社会服务量，反映该系统为获得人类特定服务所采用的技术水平。若分别用符号 e、I 和 S 表示该系统的生态效率、环境负荷和社会服务量，则生态效率的定义式可表达为

$$e = \frac{S}{I} \tag{2-4}$$

式中：社会服务量 S 可表达为研究系统在某统计期内的产品产量、社会 GDP（或 GNP）等形式。环境负荷 I 则指该系统在指定统计期的环境负荷。由于环境负荷可表达为资源消耗量、环境污染物的排放量等多种形式，相应地，生态效率将因环境负荷类别的不同而有不同类型，如当环境负荷为资源消耗量时，生态效率可称为资源效率（resource efficiency）；环境负荷取环境污染物排放量时，生态效率可称为环境效率（environmental efficiency）。不同类型生态效率的物理含义及单位也不同。

式（2-4）可变形为

$$I = \frac{S}{e} \tag{2-5}$$

对比式（2-3）和式（2-5）不难发现，当用社会服务量 S 来表征 IPAT 方程中的社会服务量［式（2-3）中 P 与 A 的乘积］时，T 反映某系统获得单位服务所产生的环境负荷，从定义上看，这恰与生态效率在数值上互为倒数关系。式（2-5）可看作 IPAT 方程的另一种表达式，称为 ISE 方程。

应用中，常选择 GDP 作为某个国家（或地区）的社会服务量，这时资源效率的含义变成该国家（或地区）消耗单位资源所对应的经济产出量，而环境效率变成系统排放单位环境污染物所对应的经济产出量。

需要注意的是，与 IPAT 方程类似，生态效率定义式［式（2-4）］、IPAT 方程变形式［式（2-5）］是针对同一研究对象而言的，其中所涉及的各参数都应是所选定的研究系统的参数。

二、可持续发展规划管理目标

1. 可持续发展战略目标与发展设想

为应对环境危机，1987 年，世界环境与发展委员会在 *Our Common Future* 中提出了可持续发展战略。挪威首相布伦特兰夫人定义可持续发展为"既满足当代人的需求，又不损害子孙后代满足其需求的发展"。资源环境是人类赖以生存和发展的基础，因此，实施可持续发展战略必须维持自然资源永续可用，特别是有效地保护不可再生资源、稀缺资源。其保护原则就是努力使人类生产生活对自然资源的消耗速度不超出自然资源的再生速度或开发其替代资源的速度，以使自然资源可以在当代人以及后代人的生产生活中得到科学利用。与此同时，还要努力将环境中污染物数量控制到环境容量以下，以便维持土地、水体等自然环境系统的服务功能稳定。

由于自然资源地理分布差异，以及社会、经济、技术等人为因素等的差异，世界各地所面临的环境问题不同，而各地人类社会与区域环境间的关系也不尽相同，使得管理目标也因地而异。这里分别回顾发达国家和发展中国家的定性管理目标。

（1）发达国家

发达国家通常是指那些经济和社会发展水平较高的国家，其特征之一是已经完成了工业化过程。在其工业化过程中，大多经历了环境负荷伴随经济增长也快速增长的过程。如图 2-4 所示，其中横坐标是"发展状况"，反映社会经济发展水平，可用经济增长、人类发展指数（Human Development Index，HDI）或其他指标表示；纵坐标是"资源消耗"，强调的是产业系统外部资源的来源。

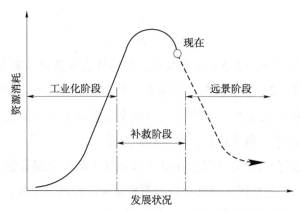

图 2-4　发达国家社会经济发展与资源消耗的升降过程及未来趋势

资料来源：GRAEDEL T E, ALLENBY B R. Industrial Ecology[M]. Upper Saddle River: Prentice Hall, 1995。

由图 2-4 可知，发达国家社会经济发展与资源消耗的变化过程可分为以下三个阶段：在工业化阶段，资源消耗不断上升；在补救阶段，资源消耗上升速度变缓，资源消耗达到顶点后，逐渐下降；未来远景中，资源消耗不断下降，直到实现人类所希望的水平。在前两个阶段的部分时间里，有些国家的环境问题十分严重，甚至出现过诸多污染事件，如 20 世纪中叶相继在比利时、美国、英国、日本等发达国家发生的八大公害事件。发达国家今后的任务是不断降低环境负荷，沿着图中的虚线往前走。因此，其环境管理重点应是借助技术开发和进步，获得有效降低整体环境负荷的重要措施与途径。

（2）发展中国家

与发达国家显著不同，发展中国家表现在经济发展水平、发展速度的变化、经济结构等多个方面。如果仍沿袭发达国家曾经历的发展路线，将不可避免地进一步加剧全球环境质量的恶化，因此必须认真吸取发达国家经验教训，不去重复发达国家的错误。

我国东北大学陆钟武院士把图 2-4 中描绘发达国家环境负荷随人类发展而变化的曲线形象地看作一座"环境高山"，把人类发展过程描绘成一次翻山活动。陆钟武在指导毛建素博士研究经济增长与环境负荷变化关系基础上，于 2003 年郑重地提出了"发展中国家要走穿越'环境高山'的新型工业化道路"的战略思路，也就是说，要在"环境高山"的半山腰上开凿一条"隧道"，从其中穿过去，如图 2-5 所示。这样，翻山活动变成了穿山活动，付出的代价（环境负荷）较低，而前进的水平距离（经济增长）却没变。

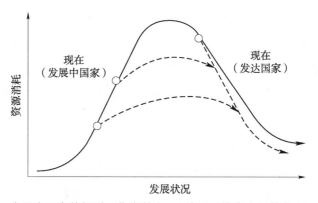

图 2-5 发展中国家的新型工业化道路——在"环境高山"的半山腰穿过去

资料来源：陆钟武，毛建素.穿越"环境高山"——论经济增长过程中环境负荷的上升和下降 [J].科技和产业，2003, 3(11): 27-36。

2. 可行性示例：能源消费与经济增长之间关系的实证研究

这种穿越"环境高山"的设想是否可行？为验证该设想，2003 年，毛建素博士分别选择商用能源消费量和 GDP 作为一个国家经济系统的资源负荷和发展水平，研究了日本、美国和中国 1960—1996 年能源消费与经济增长之间的定量关系，最终得到图 2-6 的结果。

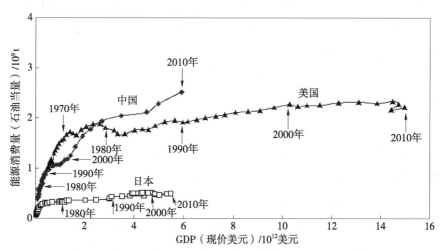

图 2-6 中国、美国、日本三国能源消费量 -GDP 关系曲线

数据来源：陆钟武，毛建素.穿越"环境高山"——论经济增长过程中环境负荷的上升和下降 [J].科技和产业，2003, 3(11): 27-36。孙梦瀛更新。

由图 2-6 可知，对于美国来说，在 1980 年以前，能源消费快速增长，之后能源消费增长变得非常缓慢，几乎保持不变。对于中国而言，能源消费量增长很快。如果将中国、美国两国的曲线结合起来看，中国还正在往"环境高山"上爬。这归因于我们正经历工业化过程。而对于日本而言，能源消费量自 1970 年以来几乎保持不变，可以认为日本曾经走过穿越"环境高山"的路子。

虽然这个示例是以能源消费作为环境负荷的，毋庸置疑，对于其他类型的环境负荷，不同国家或地区也会出现不同的环境负荷随经济变化的曲线。而造成这些不同结果的内在原因仍归究于特定区域国民经济系统内部的结构、发展水平等人为因素。

3. 环境管理目标与规划

（1）历史上管理目标设定方法示例

20 世纪末，Friedrich Schmidt-Bleek 组织了一个 10 倍因子俱乐部，曾将 IPAT 方程用于可持续发展管理中。他们选用人均 GDP 代表社会富裕水平，并用人均 GDP 的环境影响来表示技术，那么 IPAT 方程式（2-1）、方程式（2-2）将被转化成如下形式：

$$环境影响 = 人口 \times 人均 GDP \times 单位 GDP 的环境影响 \qquad (2\text{-}6)$$

式（2-6）是 IPAT 方程的又一变形式，被称作控制方程（master equation）。

在该俱乐部研究中，曾估算出当时的环境影响水平已达环境承载力的 2 倍，并设想在未来半个世纪的管理中恢复环境质量。基于未来两代人的时间内世界人口可能翻一番，人均 GDP 将增至 3～5 倍，为将环境影响降低到当时的一半，将需要在一代人时间内将单位 GDP 环境影响降低至 1/10～1/6。为此，1997 年，该俱乐部发布了著名的《卡诺勒斯宣言》，明确提出了 "A ten-fold leap in energy and resource efficiency in one generation"，即"在一代人的时间内，将资源、能源和其他物质的利用效率提高 10 倍"的管理目标。可参见 http://www.factor10-institute.org/publications.html。

（2）环境管理核心参数

基于前述式（2-5），环境负荷、社会服务和生态效率 3 个参数是环境管理的核心参数，彼此间的约束关系常用于环境规划与管理中。

为了更清楚地看出环境管理核心参数间的变化关系，不妨将 ISE 方程变成无因次的形式，即 ISE 方程中的每个参数都采用某年度数值与基准年份数值的比值，得到下式：

$$\bar{I} = \frac{\bar{S}}{\bar{e}} \qquad (2\text{-}7)$$

由式（2-7）可知，无因次社会服务量大于无因次生态效率时，无因次环境负荷大于 1，意味着呈现增长趋势。对于大多数环境质量已经恶化的区域，其恶化程度将进一步加剧；而对于环境质量尚好的区域，可能在未来某一时期出现环境恶化的状况。反之，无因次社会服务量小于无因次生态效率时，环境负荷呈下降趋势。

但须注意的是，这并不意味着环境质量开始好转，因为环境负荷仍可能高于环境承载力，其超出环境承载力的部分仍将加剧环境质量的恶化。只有将环境负荷降低到环境承载力以内，原有积累在环境中的"负荷"才会逐步消纳，环境质量才可能逐步改善。基于以上分析，可制定不同规划期的环境管理目标，并结合特定区域社会经济和资源环境状况，提出各期具体管理措施。

（3）管理参数随时间的变化

不难设想，各环境管理参数随时间不断变化。为了更清楚地看出式（2-7）中 3 个参数随时间的定量变化关系，不妨假定社会服务按年均增长率为 ρ 线性增长，则基准年份后第 t 年的社会服务变化倍数为

$$\bar{S} = 1 + \rho t \qquad (2-8)$$

而规划管理中，希望规划初期环境负荷能与社会服务增长"脱钩"，如图 2-7 中 A 点所示，以更低的速率增长；在规划后期环境负荷能有实质性下降，直到降低至环境承载力（图中 C 点）以下；整体上，环境负荷呈现随时间变化的抛物线，即图中 $ABCDE$ 曲线。不妨假定环境负荷年增长率为 $(1-\varphi t)\rho$，其中，φ 为环境负荷的变化率系数。这种条件下，环境负荷变化倍数可表达为

$$\bar{I} = 1 + \rho t - \varphi \rho t^2 \qquad (2-9)$$

若给定 φ、ρ 某一数值，按式（2-8）、式（2-9）作图，将得到社会服务、环境负荷随时间变化的曲线，如图 2-7 所示。图中取 $\rho=0.1$，$\varphi=0.02$。

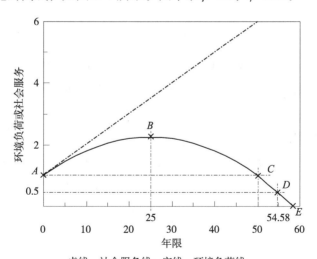

虚线—社会服务线；实线—环境负荷线。

A—分离点；B—涨停点；C—下降点；D—恢复点；E—中和点。

图 2-7　环境负荷、社会服务随时间变化的特征曲线

图中假定：基准年份环境负荷超出环境承载力 2 倍，社会服务按年均 0.1 线性增长，环境负荷变化系数为 0.02。

由图 2-7 可知，环境负荷的变化大致要经历以下 4 个特殊的点：

①A 点，环境负荷开始以较经济增长更低的速率缓慢增长，环境负荷线开始与经济增长线"分离"，称为分离点。A 点位于环境管理的起始年份处。

②B 点，是环境负荷线上的最高点，称为涨停点。在该点处，$\dfrac{\partial \overline{I}}{\partial t}=0$。由于在 B 点以前，环境负荷随年份不断增长，而 B 点以后，环境负荷随年份不断降低，因此，B 点是环境负荷的转折点。

③C 点，是环境负荷经过上升和下降过程以后，返回到基准年份数值的临界点，$\overline{I}_C=\overline{I}_A=1$。此后，环境负荷将低于基准年份的环境负荷，该点称为下降点。

④D 点，是环境负荷经过长期下降到达环境承载力的临界点。若设基准年份环境负荷超出环境承载力 k_I 倍，则 D 点的环境负荷应为 $\overline{I}_D=1/k_I$。该点以后，原来环境中过剩的环境负荷将得以消释，环境质量趋于好转，因此该点称为恢复点。

⑤E 点，是环境负荷降低到 0 的点，$\overline{I}_E=0$。意味着人类某些子系统产生的环境负荷能被另一些子系统完全消纳，环境负荷得以中和，该点称为中和点。

A 点、B 点、C 点、D 点、E 点 5 个点的环境负荷的大小是表征环境质量变化趋势的重要指标，对环境管理具有极其重要的意义，称为环境负荷特征点。

实现上述环境负荷各期规划目标的过程不是社会经济系统的自然转变过程，将受到式（2-7）约束，需要生态效率按下式变化：

$$\overline{e}=\dfrac{1+\rho t}{1+\rho t-\varphi\rho t^2} \tag{2-10}$$

若在给定 φ、ρ 数值时按式（2-10）作图，则可得到该条件下无因次生态效率随时间变化的曲线，如图 2-8 中实线。它将是一条随时间上扬并且斜率不断增大的曲线，意味着生态效率的持续大幅增长。

（4）管理参数间综合变化关系

环境管理应用中，需要弄清环境负荷随社会服务变化的关系曲线。将式（2-9）与式（2-10）联立，消去时间 t，可得到环境负荷随社会服务变化关系式：

$$\overline{I}=\left(1+\dfrac{2\varphi}{\rho}\right)\overline{S}-\dfrac{\varphi}{\rho}\overline{S}^2-\dfrac{\varphi}{\rho} \tag{2-11}$$

若仍取 ρ=0.1，φ=0.02，按式（2-11）作图，则可得到图 2-9，其中各个特征点的含义分别与图 2-7 和图 2-8 中一致。

环境负荷随时间的变化曲线、环境负荷随社会服务变化的曲线都常用于环境管理与规划中，可称为环境管理特征曲线。

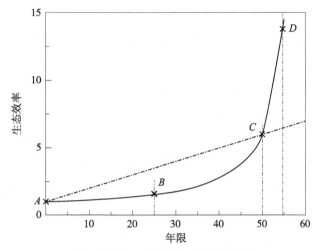

虚线—社会 GDP 线；实线—生态效率线。

A、*B*、*C*、*D* 分别对应环境负荷线的分离点、涨停点、下降点、恢复点。

图 2-8 生态效率随时间变化的特征曲线

图中假定：基准年份环境负荷超出环境承载力 2 倍，社会服务按年均 0.1 线性增长，环境负荷变化系数为 0.02。

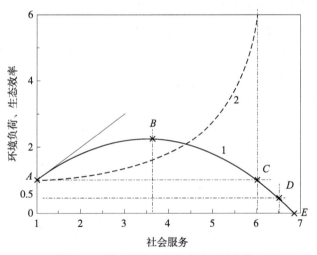

曲线 1—环境负荷线；曲线 2—生态效率线。

A—分离点；*B*—涨停点；*C*—下降点；*D*—恢复点；*E*—中和点。

图 2-9 环境负荷和生态效率随社会服务变化的曲线

图中假定：基准年份环境负荷超出环境承载力 2 倍，社会服务按年均 0.1 线性增长，环境负荷变化系数为 0.02。

三、需要怎样的一门学科？

基于上面分析可以发现，我们急需一门学科，能够寻求既允许人类社会经济不断发展却又不造成严重环境后果的有效方法。这种方法应能满足以下几个方面的要求：

（1）以降低人类对外部环境的影响为工作目标，寻求并获得改善人类活动的有效技术措施；

（2）反映人类技术圈的水平，与 IPAT 方程中的"技术"或 ISE 方程中的"生态效率"相对应，以提升人类圈的技术水平为工作目标；

（3）表征人类与环境的基本关系，便于监管人类与环境之间的相互作用水平、作用方式，反映社会经济发展状况、环境承载力、环境影响强度等，与 IPAT 方程和 ISE 方程中的"环境影响"、"社会服务"或"福利"等基本要素相对应；

（4）反映技术水平的内在影响机理，包括技术圈的基本组分、结构、功能，以及技术圈的运行与演进机理，最终能够通过重组或优化内部技术要素，实现整体技术水平的全面提高；

（5）能建立与人类活动管理策略间的联系，可将宏观管理目标落实到不同尺度、不同类型的人类活动管理过程中，从而保障环境影响按照既定的路径达到所希望的环境管理目标。

第一章中关于产业系统的阐述表明，它不仅是连接人类与环境关系的桥梁，而且较大程度地兼具上述后4条属性。如果能针对产业系统，找到改善人类活动、减少人类环境影响的措施，则就可发展某一以产业系统为研究对象的新学科，服务可持续发展管理战略。但如何通过产业系统减少人类环境影响呢？为找到这一答案，研究者经过长期摸索，观察到生态系统与其环境已经产生了协同进化、和谐统一的关系，如果将其中的"奥妙"用于规划管理产业系统，将较大可能获得预期结果。而研究生态系统与其环境"奥妙"关系的学科是生态学，于是学者们萌生出一个新想法，将"产业"与"生态学"嫁接为一体，围绕产业系统，并按照生态学原理来优化、改善产业系统，从而形成一门新学科，称为"产业生态学"（Industrial Ecology，IE）。由于该学科是为可持续发展服务的，在 1995 年由 T. E. Graedel 和 B. R. Allenby 编著的 *Industrial Ecology* 中称其是"为可持续发展服务的一门学科"。

第三节　"产业生态学"是怎样的学科

一、什么是"产业生态学"？

曾有多名研究者描述过"产业生态学"，这里列举几个经典的定义。

1994 年，Robert White 把"产业生态学"定义为研究产业和消费活动中物质和能量的流动，以及这些流动对环境的影响，对经济、政治、法规的影响的学科。1995 年，T. E. Graedel 和 B. R. Allenby 把"产业生态学"描述为通过人类精心策划、合理安排，在可使人类经济、文化和技术不断进步的条件下，实现并维持可持续发展的方法。要优化的主要因素包括资源、能源和资本。本教材中沿用这一定义。

这一定义有以下几个特点：①调整了人类与环境的优先关系，改变了以往人的中心地位，甚至把人的需求后置于环境需求之后，把环境系统放到更为优先的地位，体现了"生态优先"思想；②强调了未来规划中要精心策划和合理安排，这与以往无计划的、鲁莽的、过度追求奢华生活的常规规划大不相同；③采用了系统论的研究方法，把产业系统看作其周围环境的有机组分，与人类活动圈的人类社会系统、经济系统，以及地表资源系统、环境系统相互联系、共生共存。

尽管还有其他专家对"产业生态学"有着不同描述，但共识性的看法是产业生态学是研究产业系统生态进化的科学，通过优化整个产业系统，包括从原材料攫取到产品的加工与制造、产品使用，再到产品报废，以及废物处置整个人类活动过程，支撑人类更高生活质量并全面降低人类环境压力，从而实现人类与环境协同发展的目标。

二、如何理解产业生态学的多学科性？

为了更好地理解产业生态学，我们可以从多种学科角度来分析其学科属性。

第一，产业生态学具有产业属性。因为它以产业系统为研究对象，无论农业、林业、牧业、渔业，还是工业、建筑业，该学科都将围绕产业系统，研究其基本组成（如企业）、各组分间相互关系（如由企业构成的行业部门），乃至整个产业系统内部不同层次间的关系。既要考虑产业内部各企业所生产产品的构思与设计，还要考虑这些产品的加工与制造，甚至这些产品的维护、报废回收运营模式。这些活动分别隶属《国民经济行业分类》第三产业中的专业技术服务业、第二产业中的制造业等，都是产业活动。

第二，产业生态学具有生态属性。因为产业生态学以自然生态系统作为学习和模仿的榜样，采用生态学研究方法，借鉴生态系统的结构、功能、演化规律，来规划、管理、改善人类产业系统，特别是学习自然生态系统高效利用资源、能源的模式，实现各类物质资源、能源在人类社会经济系统中的循环流动、梯级利用，从而降低人类对外部自然环境系统的干扰水平。

第三，产业生态学具有工程技术属性。因为产业系统在向人类提供某特定服务的过程中，不仅需要设计服务的体现方式，将其呈现在具有特定结构、特定材质、特定服务功能的产品中，而且需要设计其生产过程，借助多个生产工序、生产设备、基础设施的特定运行，把该产品生产出来，而这些产品、工序、设备、设施等的设计、生产、运行都属于工程技术范畴。甚至借鉴工程力学原理，将产业系统活力水平与环境承载力、环境生态恢复能力等联系起来，通过对比不同类型的能力水平，寻求各系统间均衡、稳定相处的关系，获取人类与环境协同发展的动力学基本规律。

第四，产业生态学还具有社会属性。因为产业系统用于向人类提供特定服务，从而满足人类某种需求。而人的需求、服务形式都反映着人的消费偏好，具有社会属性。比如，在出行中，有人愿意选择自行车，既锻炼身体又不受道路拥堵限制；另一部分人则更愿意选择私家车，享受其舒适、奢华的体验。在住宿方面，传统上，我国人民普遍喜欢拥有自己的房子，先安居而后乐业，但房价通常远高于需求者收入水平，近年来不少地区陆续推出共有产权住房、共享公寓等及房屋租赁业务。以上需求与服务的提供模式，分别涉及第三产业中交通运输业、房地产业的运行模式，甚至房地产业中的房地产租赁经营、物业管理等行业细类。

第五，产业生态学还具有管理属性。产业系统通过转变自然资源、满足人类需求，并代谢环境废物，成为有效连接人类与环境关系的桥梁，也因此可能建立涉及双方的定量关系，从而揭示内在规律，建立协调人与环境关系的管理指标体系，承担起服务人类活动、改善环境质量的管理任务。

三、产业生态学与其他学科具有怎样的关系？

如前所述，产业系统是人类社会、经济、资源、环境复合系统的核心，因此，产业生态学也将经济学、社会学、资源学、环境学等多种学科紧密联系起来，这是一门将自然科学、人文科学、工程技术有机交叉的学科。

对于自然科学而言，产业生态学的理论基础主要涉及系统论、生态学；而研究对象中涉及地质学、资源学、环境学、工程学、地理学等。对于人文科学而言，产业生态学与社会学、管理学、经济学密切相关。对于工程技术而言，产业生态学与工程设计、施工、生产和制造、设备安装和运行等密切相关。而每一类学科又可进一步细分，如图2-10所示。

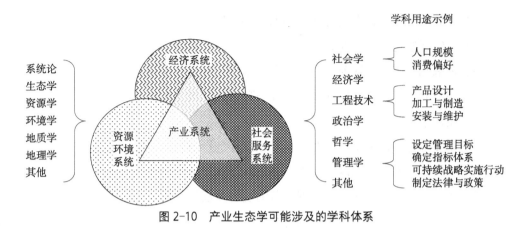

图 2-10　产业生态学可能涉及的学科体系

例如，对于汽车产业，当汽车在工厂生产时，将涉及钢铁、玻璃、橡胶等多种工业材料加工、成型，汽车零配件、部件的制造，汽车组装等多种生产部门的一系列汽车制造过程。而人们在购买汽车时，不同人又会对汽车的款式、颜色、动力水平、用途、价格等进行权衡，涉及诸多社会文化和经济因素。在汽车使用过程中，涉及道路、桥梁、燃油供应等基础设施。

四、产业生态学拟解决哪些关键的科学问题？

在 T. E. Graedel 和 B. R. Allenby 编著的 *Industrial Ecology* 中列举了若干关键科学问题，这里摘引若干关键科学问题及其子议题，并根据当前科研进展补充如下。

（1）现代技术中，产业基础物质、能量如何实现人为流动？该流动可能产生怎样的环境效应？该科学问题下主要子议题如下。

①哪些技术的物质、能量流动受到了环境因素的限制？

②不同产业部门之间有着怎样的内在联系？

③如何才能使现代社会使用的物质、能量得以高效循环利用？

④技术圈中的物质与能量人为流动将产生怎样的环境影响和后果？

⑤如何综合优化技术圈中的物质与能量的人为流动？

⑥有哪些技术可促进物质与能量的人为循环？其发展速度如何？

（2）在人文层面，如何促进产业系统的生态升级？该生态进化将对社会、经济产生怎样的影响？该科学问题下主要子议题如下。

①产业系统与社会、经济等系统的基本关系如何？

②如何通过文化导向和消费偏好来促进物质与能量的人为循环？

③产业系统如何实现生态升级？

④企业应如何管理其与环境的相互作用关系？

⑤企业如何发挥其在人类与环境间的核心作用？

⑥产业生态进化系统需要哪些管理保障？

（3）未来几十年的发展前景中，产业技术圈与环境间关系将如何演变？

①哪些产业技术可能实质性改善人类与环境之间的关系？

②产业技术将如何促进环境改善？

③产业技术将如何演变，并对环境产生怎样的影响？

④环境抑制因素（如气候、水等）将怎样影响产业技术的进步？

⑤如何进行产业技术的综合管理，其演变与发展情景怎样？

（4）如何界定并实现产业系统的可持续发展？

①如何界定产业系统的可持续性？

②如何确保产业系统与其他环境系统的和谐统一？

③如何实现产业系统的可持续发展？

（5）如何将产业生态建设融入中国特色社会主义建设中？

①我国的产业系统具有哪些特征？

②新时代中国特色社会主义建设对产业系统建设有着怎样的期盼？

③如何因地制宜地促进我国产业系统升级改进？

④如何将产业系统生态进化与我国生态文明建设协调统一？

第四节　产业生态学研究内容与用途

一、产业生态学研究内容

根据国际权威刊物 *Journal of Industrial Ecology*（JIE）所设置的栏目，当前产业生态学标志性研究内容如下。

（1）生命周期评价（Life Cycle Assessment，LCA），它是一种用于评估产品或服务整个生命周期的环境影响大小的技术，详见第四章～第六章；

（2）产品导向的环境管理与政策，主要针对产品提出面向环境性能改善的管理策略，详见第十二章；

（3）物质与能量流动分析（Material and Energy Flow Analysis，MEFA），又称"社会经济代谢"（socio-economic metabolism），主要用于定量分析技术圈中典型物质、能量在人类社会经济系统中的流动过程，以便寻求改进的机会，详见第七章～第九章；

（4）产业共生（industrial symbiosis），研究产业系统中各产业子系统间、部门间物质和能量的链状、网状关系，促进物质、能量高效利用；

（5）生态效率（eco-efficiency），针对特定系统研究其运行效率的基本规律，即各影响因素对其运行的作用关系，反映产业系统技术水平，详见第五章；

（6）物质减量化与低碳化（dematerialization and decarbonization），详见第十二章。

二、产业生态学有哪些主要用途？

产业生态学自诞生以来，在技术革新、环境管理、社会就业等方面发挥着重要作用。

1.产业生态学促进了产业技术革新

产业生态学按照生态学的原理优化产业系统中的物质流动、能量流动，对产业系统内部基本单位——企业的资源、能源的使用方式、利用水平提出了工作目标，也为其技术革新指明了方向，引导企业开展资（能）源节约、高效利用的技术升级改造。例如通过新技术替代，改善生产工艺、设备的环境性能；通过开发生态材料，用于制造绿色产品，来提升企业的服务质量；通过开发资源再生技术，用废物资源替代自然资源；通过清洁生产，产品小型化、产品模块化等技术，实现节资、减排。

2.产业生态学提升了环境管理水平

产业生态学从系统论的角度，借助产业系统，将人类社会经济活动有效纳入地表系统，不仅建立不同层次系统间物质、能量的内在联系，而且将人类与地表系统、地表不同区域、人与人不同行为与活动有机联系在一起，从而使其按照产业系统运行规律，建立综合管理指标体系，提高整体管理水平。例如针对企业，按照 ISO 14000 管理标准实施环境管理认证；针对全球气候变化，设定不同国家或区域的减排任务和应对策略；针对耗竭型资源，制定资源保护政策和资源替代技术措施。制定废物再生技术政策，用废物资源替代自然资源；从管理上推动清洁生产，产品小型化、模块化，实现节资、减排。

3.产业生态学提供了许多工作岗位，促进了社会就业与经济发展

产业生态学作为 20 世纪末兴起的新学科，正相继建立关键科学问题的研究方法框架，其理论与应用体系仍在不断完善中，并创造了诸多科学研究的机遇。就从事产业生态学研究的人员规模而言，从 1995 年全球几百人开始，目前已经发展到几十万人。在我国，清华大学与耶鲁大学于 2004 年合作举办首届产业生态学国际

会议，迄今已由当初清华大学、东北大学等几个学校发展为上百所学校都开设了产业生态学课程。与此同时，产业生态建设也成为企业升级改造的重要动力，既推动了产业生态学进一步向企业、管理等各应用领域扩散，又为产业生态学专业人才就业创造了多重契机，还为培养我国生态文明建设人才提供了学科支撑。

最后，产业生态学是一门快速崛起的学科。根据 Web of Science 的 *Journal Citation Reports* 统计数据，其国际权威刊物 JIE 自 1997 年创刊，2006 年纳入 SCI 检索，影响因子不断攀升，2021 年已经成为环境类一区刊物、绿色与可持续科学技术类二区刊物，影响因子已升至 7.356。可以预见，在人类应对全球环境问题挑战中，产业生态学势必发挥越来越重要的作用。

推荐阅读

［1］GRAEDEL T E, ALLENBY B R. Industrial Ecology [M]. 2nd ed. 北京：清华大学出版社，2004.

［2］ISIE. Rising to global challenges: 25 years of industrial ecology [EB/OL]. (2020−10−26). http://www.is4ie.org.

［3］陆钟武. 穿越"环境高山"——工业生态学研究 [M]. 北京：科学出版社，2008.

参考文献

［1］MAO J S, et al. The relationship between industrial development and environmental impacts in China[J]. Acta Scientiarum Naturalium Universitatis Pekinensis, 2007, 43(6): 744−751.

［2］Publications by Prof. Dr. Friedrich Schmidt−Bleek [EB/OL]. (2020−05−20). http://www.factor10−institute.org/publications.html.

［3］GRAEDEL T E, ALLENBY B R. Industrial Ecology [M]. Upper Saddle River: Prentice Hall, 1995.

［4］GRAEDEL T E, ALLENBY B R. Industrial Ecology [M]. 2nd ed. Upper Saddle River: Prentice Hall, 2003.

［5］The United Nations World Commission on Environment and Development. Our Common Future [M]. Oxford: Oxford University Press, 1987.

[6] MAO J S. Planning of industry system; Eco-city Baotou Plan [M]// YANG Z F. Eco-Cities: A Planning Guide. Boca Raton: CRC Press, 2012.

课堂讨论与作业

一、课堂练习

假定 2020 年一辆私人轿车在其生命周期中向环境排放的废气量是 1980 年的 1/10，其间人口数量增加了 1 倍，且 2020 年平均每 5 人拥有 1 辆轿车，而在 1980 年每 50 人拥有 1 辆轿车。请估算，目前轿车废气环境负荷是 1980 年的几倍？请根据 IPAT 方程进行估算。

二、研讨议题与作业

基于第一章学生研讨中关注的环境问题，从中选择某一种典型的环境负荷；并在若干合理假定条件下，按照 IPAT 方程或 ISE 方程，进行区域环境管理规划。环境管理规划研究结果以表 T2-1 的形式统计。

表 T2-1　环境管理规划研究结果表达方式示例——以 SO_2 环境负荷为例

时间	环境影响	人口	富裕水平	技术
	SO_2 排放量 / 万 t	人口数量 / 万人	人均 GDP/ 万元	每万元 GDP 的 SO_2 排放量 /kg
目前	100		10	0.1
2025 年				
2030 年				
2035 年				
2040 年				

要求课堂上完成讨论，包括落实具体地区的特定环境负荷种类、制定研究方案和小组成员分工等。课下完成研究过程，并整理成 8～10 分钟的 PPT 汇报。在报告中，写明为什么选择该环境问题，其主要环境影响是什么，将选择哪个系统来开展研究，分析中使用哪些参数，然后请以足够多的数据来反映变化趋势、主要研究成果和结论。

自愿以 PPT 汇报方式，向同学们分享下面的论文。

ANNA R G, ALAN P K, ANGELO C.On the existence and shape of an environmental crime Kuznets Curve: A case study of Italian Provinces[J]. Ecological Indicators, 2020, 108: 105686.

评分表见表 T2-2。

表 T2-2　课堂小组汇报评分表

报告题目	一般性要求			特殊性要求		
	题目是否准确（满分10分）	逻辑是否清晰（满分10分）	表达是否规范（满分10分）	地域、问题、负荷选择是否得当（满分10分）	规划设定条件是否合理（满分10分）	估算方法、结果、结论是否科学（满分10分）

三、延伸议题

针对全球变暖环境问题，选定某一区域尺度，研讨 CO_2 减排规划。结合我国"碳达峰""碳中和"，分析区域环境管理特点。

第三章 产业系统与生态系统的类比

本章重点：产业系统与生态系统的共性与差异。

基本要求：了解事物间形成相似关系的前提条件，掌握可从生态学中借鉴、用于产业生态学研究的基本方法；弄清产业系统与生态系统间的主要相似点和差异，明确推动产业生态进化的工作思路和任务目标。

第一节 核心议题的提出

在前面的学习中我们已经知道，产业系统的主要功能是将自然资源转变为特定产品，以满足人类特定需求，从而创造经济价值。与此同时，这一过程也不可避免地要向环境排放废物、污染物。由此，产业系统成为人类与资源环境复合系统的核心。产业生态学以产业系统作为研究对象，试图通过优化产业系统，来减少人类对环境的影响，改善人类与环境的关系。但如何才能优化产业系统呢？首先需要找到适宜的科学方法。

日常生活中，当我们遇到问题时常用到两种方法：一是基于自身现有知识和以往经验，自己寻求并获得解决办法；另一种则是询问他人，借鉴他人处理类似问题时的成功经验。第二种方法更为便捷、有效，也因此在大多情况下会被采用。而优化产业系统的方法是什么？是否有可借鉴之处呢？如果有，为什么可以借鉴？哪些方面可以借鉴？哪些又不可借鉴？如果不能借鉴，需要我们进行怎样的创新来促进产业系统的优化呢？

为回答以上问题，本章将通过回顾相似论，寻求产业系统与生态系统进行类比的可能性；借助简要回顾生态学中生态系统的组分、结构、功能、进化等基本理论，对比产业系统与生态系统的主要差异与共性，推演产业生态学中应该关注的产业系统的核心要素与环节。在此基础上，刻画产业系统的基本特征，并引导学生研讨不同地域特定环境条件下的产业系统发展特点。

第二节　产业系统与生态系统间是否具有可比性

两个事物间具有某种相似性是两者能够相互借鉴的基础。什么是相似性？不同的事物间需要具备什么条件才能相似？如果两个事物相似，它们彼此又能互相学习什么？为此，这里将简要回顾相似论。

一、什么是"相似现象"？

自然界中的物体都是由一定的要素组成，在不同类型、不同层次的系统之间可能存在共有的物理、化学、几何、生物学等方面的特定属性或特征。当不同事物在外观、特点、功能或性质等方面具有共同属性时，可被称为相似性现象。通常，当不同系统具有共同起源时，或者起源于某些共有物质时，它们的结构、功能和演变过程之间就会存在一些相似性。

相似现象广泛存在于不同领域、范围和过程中。按照评判客体不同，可以分为不同事物之间、事物的整体与部分之间、同一事物的不同方面之间具有相似现象。例如，几何图形间有几何相似，相似三角形、相似立体图形常用于模型设计中；动物间也有某些形状或特征的相似，如人与猿的直立行走、取食等行为相似；地球磁场的南极和北极与磁铁的 N 极和 S 极相似；森林"呼吸"助力了氧气、二氧化碳等的自然循环，对土壤、大气起到保育作用，森林被称为"地球之肺"，呈现出与人体器官功能的相似性；在太阳系中，不同的行星系统大都存在若干卫星围绕行星运动的相似结构。

人们通过对观察到的相似现象进行思考和拓展，衍生出了类比的方法论。通过类比能够提高学习的效率，有助于理解相似事物之间的特征。从一些耳熟能详的成语（如"举一反三""照猫画虎""触类旁通"等）中也能洞察人们利用事物之间相似性解决问题的智慧。人类社会产业发展之初的产业结构是比较离散的，不同产业之间的联系比较弱，这种状态的产业发展不仅需要消耗大量的资源和能源，还会产生很多废弃物。随着人们对自然生态系统认识的不断深化，要维持产业生态系统的稳定和可持续发展，就需要借鉴自然生态系统的某些特征，帮助提高产业生态系统的稳定性和运作效率，使产业生态系统更加和谐有序地发展。从表观来看，产业生态系统的结构和功能会越来越完善、稳定、复杂和有效。

二、"相似"有哪些基本类型？

相似有多种类型。

第一种是特征相似，当不同的系统或事物间具有共同特征时，我们称其为特征相似。例如大多金属物质坚硬且坚固、能承受较大压力，所以它们有一个共同的刚性特征。

第二种是要素相似，当不同的系统或对象具有反映其属性的共同对应元素时，我们称其为要素相似。例如，桌子通常具有相似的形状，我们有放置书籍的地方，也有可使我们的腿感到舒适的地方等。

第三种是系统相似，当一个系统与另一个系统整体相似（包括组成、结构、运行模式、进化机理）时，我们称其为系统相似。这种相似广泛用于流体力学中，当我们想要设计一艘船时，可首先设计模型并在水洞中进行模拟实验，再设计船只。

三、"相似"的基本定律

从本质上说，相似性反映特定事物间的属性和特征的共同性与差异性。相似性分析一般是建立在系统特性基础上的，不同系统在空间尺度、时间间隔、物理状态和化学组分方面有很多共有的特性，从而产生相似性。但究竟造成事物间相似的根本原因是什么呢？可从序结构共性、信息作用相关共性、同源性等方面来加以解释。

1. 相似学第一定律

任何一个能发挥功能的系统都有一定的序结构。系统间相似性的出现是由于对应系统的序结构存在共性。将自然界视为一个整体，处于其中的各种系统在演化中保持和谐运动，形成一定有序的结构，是自然界经济优化的选择。各种工程技术也要形成有序结构，才能使动能得以良好发挥和运行。在和谐有序运动中，当对应系统序结构存在共性时，系统之间形成相似特性。这种基于序结构共性形成相似性的原理称为序结构定律或相似学第一定律。

2. 相似学第二定律

信息作用促进序结构的形成。自然界和谐有序，形成、维持和变动序结构依靠的是信息作用。系统与系统之间可以发生信息作用。由于信息场结构和信息的性质以及信息作用方式存在共性，因而在不同类型、不同层次系统之间出现一定的相似性。信息对系统序结构的形成和演变起作用，系统对于相似信息的反应会引起系统序结构形成相似性，信息作用相关共性可形成系统间相似性。

当不同系统中信息场的信息内容与分布规律、信息作用方式与过程存在共性时，系统间形成相似特性。这一由信息作用相关共性形成相似性的原理可称为信息定律或相似学第二定律。

3. 相似学第三定律

相似现象或相似特性受本质相似规律支配，当支配系统本质的规律有共性时，系统间形成相似性，系统相似度的大小与支配系统本质规律的共性程度相关联，这一相似性支配原理又称相似学第三定律。也就是说对于两个系统，如果支配其运转或作用的规律本质具有共性，那么这两个系统就会在某些方面具有相似性。以产业生态系统和自然生态系统为例，二者均被物质守恒定律、能量守恒定律等基本定律所支配，故二者之间必然存在相似性。

四、相似性原理

形成不同事物间的相似现象，通常遵从以下基本原理。

第一个是有序性原理。当不同的系统或对象具有相似的序结构或序结构转换模式时，我们主要关注微观结构。例如，磁铁的 N 极和 S 极具有特定的微观结构，以及在我们身体中的 DNA 也有特定的微观结构。如果结构相似，两个对象或系统就可能相似。

第二个是同构原理。不同的系统或对象具有相似的结构和组成时，可形成两者间的相似。例如，不同的植物具有相似的结构，即根、茎、枝和叶，而每一部分所含主要元素都包括碳、氮和氢等。

第三个是同功性原理。当不同系统间存在相似的某种功能时，可将其称为同功性相似。例如，不同的鸟类想要采食同种昆虫时，它们可能具有相同形状的捕食器官，即长而细的喙。

第四个是同源性原理。当不同的系统或对象具有共同起源时，我们称其为同源性相似。例如，同一个家庭成员的体形、脸庞非常相似。

虽然有多种相似原理，但是对于特定系统或事物，它们通常主要受到某一特定相似原理支配，这取决于系统与其环境间强烈的长期交互作用。但整体看来，相似理论为不同系统间的模拟、类比奠定了理论基础。

五、产业系统与生态系统间相似性推理

基于相似论，我们可推断，由于产业系统和人类系统恰恰都起源于地球生物系统，因此产业系统应受到与生态系统相同的某种规律的支配，与生态系统具有某些

相似之处。

　　基于此，我们可以向生态系统学习，借鉴生态系统的进化来优化产业系统。根据生态学中研究生态系统的方法以及所认识的生态系统的基本规律，类比地分析产业系统的结构、组分、演化、功能。例如，通过模拟生态系统"生产者—消费者—分解者"的物质循环途径和食物链、食物网，建立产业系统中的资源供应链、生态产业链、能源利用网络；通过模拟生态系统的物质循环流动，开展废物交换、废物再生等循环经济活动，通过努力推动物质在人类社会经济系统中的循环流动来节能减排。

　　尽管将产业系统与生态系统进行类比仍有不够准确之处，但有所选择地"取其精华"，将惠及产业系统的有效管理。这也是"产业生态学"中附有"生态"二字的缘由。

第三节　生态系统有哪些值得效仿

　　我们从生态系统及其研究学科说起，然后分享所取得的值得借鉴的用于产业系统管理的若干知识要点。

一、什么是"生态系统"？

　　生态系统是指自然界一定空间内，生物成分和非生物成分之间互相作用、互相依存而构成的统一整体，这个整体各成分之间通过物质循环和能量流动连接起来，一定时期内处于相对稳定的运动状态，并具有特定的生态功能。

　　生态系统具有明显的系统属性，具有层级结构，每一个系统既是上层系统的子系统，又是下层系统的母系统。地球最大的生态系统是生物圈，又根据自然环境条件的不同，分为陆地生态系统、水域生态系统等，而每一个生态系统又进一步细化为生物群落、种群、物种、生物个体等。

　　在生态系统中，不同物种间可通过捕食关系相互作用，并形成复杂的生物网络关系（如图 3-1 所示），由此维持了生态系统的稳定。

二、什么是"生态学"？

　　生态学是研究生态系统结构与功能的学科。经过长期的发展，根据研究对象所在的系统层级，又进一步分为生物生态学、种群生态学、生态系统生态学等多种分支。例如，生物生态学以生物个体为研究对象，主要研究生物分布、数量，以及生物与其环境之间的相互关系。而同种生物在特定环境空间内又进一步形成生物集群，称为生物种群（population）；以动植物种群为研究对象，研究其分布、数量及其与环境关系的学科称为种群生态学。以此类推，一定地段或一定生境里各种生物种群及其环境相互联系、共同形成生物群落（biotic community），而同一地域中的生物群落和非生物环境又进一步构成更大的生态系统（ecosystem），相应地发展成为生态系统生态学等分支。

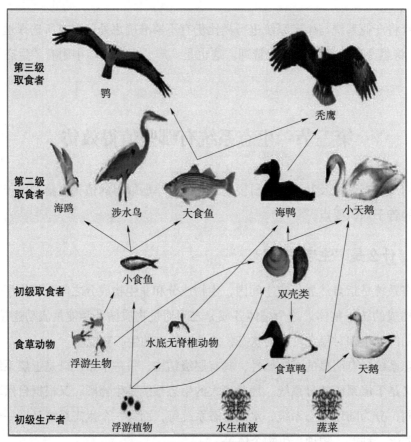

图3-1　某水域生态系统不同物种间食物网示例

资料来源：维基百科。

尽管不同类型生态学关注不同的生态组分，但共性是都研究生态组分内部结构及其各影响要素间的关系，试图弄清以下基本问题：

（1）一定区域内生物的种类、数量、生物量、生活史和空间分布；

（2）生物间、生物种群间、生物群落之间的作用关系；

（3）生物与环境因素间的由物质与能量流动连接起来的作用与反作用关系；

（4）生态系统的演替规律；

（5）生命过程、相互作用和适应关系。

例如，生态系统生态学以生态系统为研究对象，研究其结构、功能、动态与演替，以及人为影响与调控机理。

三、生态系统知识要点

现在我们回顾一下生物生态学中的知识要点。主要分享生态系统基本单元及其生存特征、生态系统进化形式、生态系统结构与功能、生态系统评价方法几个方面。

1. 生物及其特性

在生态系统中，维持生命活动的最基本单元是生物个体，它由内在有机组织构成，是生物生态学的研究对象，也是生态系统中最小的基本单元。通常，生物个体具有以下基本特征：能够独立活动、觅食或选择自己的栖息地；能够摄取能量和物质资源以维持自身生产并代谢废物；具有繁殖能力并生产出同种另一个生命个体；当外部环境发生变化或受到外部刺激时，生物个体会做出反应来应对，如遭遇天敌攻击时选择迎战或逃跑；对于多细胞生物而言，大多始于单个细胞，经过从幼年到成年的发育成长过程；此外，生物个体还都具有特定的寿命，不同种类长短不一，如可短存几天或长达数年甚至上百年。

2. 三类生态系统

生态系统经过了漫长的进化过程。根据系统内部各组分之间利用能源和物质资源的方式，可分为以下三类生态系统，如图 3-2 所示。在生态系统初始阶段，生态系统非常简单，仅有极其少量的简单生物，而资源却十分丰富，生物可从自然系统中自由地获取资源，并将代谢废物任意地排放到环境中，物质资源"线性"流过生态组分，这类生态系统称为 I 级生态系统。随着生态组分越来越多，各生态组分间关系日渐复杂，逐渐形成了不同生态组分间的物质、能量连接关系，这类生态系统称为 II 级生态系统。在这个阶段，它们可消费有限的资源，并向环境排放有限的废物。对于发育完整的生态系统，一种生态组分的代谢废物又是另一种生态组分的摄食资源，其中的每一组分都有机连接在一起，系统中的所有物质都可被各生态组分完全使用，这类生态系统称为 III 级生态系统。这种情况下，只需要能量来驱动生态系统运行，不再需要任何系统以外的资源，也不再向其环境排放任何废物。

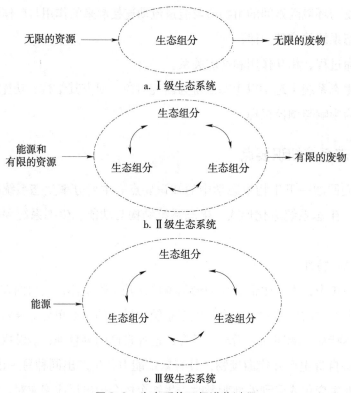

图 3-2　生态系统三级进化过程

3. 食物链、食物网、营养级

在发育良好的生态系统中，不同物种的生物间形成特定的物质、能量传递关系，表现为各种生物之间捕食关系的链状、网状等形式。其中食物链意味着生态系统中的不同成分由物质流一个个串接在一起，如图 3-3 所示，植物是昆虫的食物，而昆虫是老鼠的食物，老鼠是猫头鹰的食物，由此形成了 4 种不同物种间的链状捕食关系；而食物网则意味着来自某一生态组分的物质将被转移到多个其他生态组分中，如图 3-1 中，小食鱼既是大食鱼的食物，也是海鸥、涉水鸟的食物。

猫头鹰的食物链

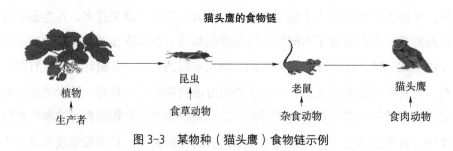

图 3-3　某物种（猫头鹰）食物链示例

注：食物链展示了物质在生物间的转移路径，细菌等分解者对所有食物链都是必需的。

资料来源：http://cn.bing.com/images/。

尽管生态系统中生物之间的关系十分复杂，但通常多种不同生物可用相同或类似的方式捕食另外一类以相同食物为生的生物，这样的植物类群或动物类群可归类到一起，称作一个营养级（trophic level），它可反映某种生物在生态系统中所占的位置。生态系统中可有多个营养级，其中处于最底层的是第一营养级，该级的生物从太阳能中获取能量，通过光合作用把环境中无机物转化为有机物，主要是绿色植物、自养微生物等，又称为初级生产者。处于第二营养级的生物被称为初级消费者，它们以初级生产者为食物，是初级生产者的消费者，称作初级消费者；但同时又是更高营养级生物的食物，承担着次级生产者的角色。以此类推，直到顶级营养级，只捕食其他生物，成为名副其实的顶级消费者。

4. 生态系统的功能

生态系统各生命体活动过程中有着特定的功能，主要表现为生态组分之间的物质流动、能量流动和信息传递。

当一种生物食用其他生物时，物质就从其他生物转移进入这种生物体内。就整个生态系统而言，形成了物质在不同生态组分间的封闭循环流动。与此同时，物质又是能量的载体，伴随物质在不同营养级各生命体之间的流动，能量也被传送到生态系统的其他组分及其内部组织。而在每个生物体中，资源将经历生物体的摄取、同化等基本过程，一部分用于维持生命体征，一部分通过代谢、呼吸排出体外，如图 3-4 所示。

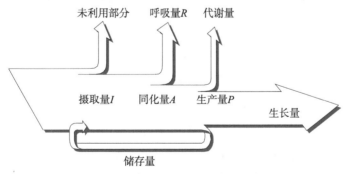

图 3-4　生态系统中的能量流动示意图

与物质自然流动相比，能量的自然流动具有以下典型特征。

（1）单向性：生态系统中能量沿营养级从低到高单向流动。例如太阳能一次性进入生态系统，并流经生态系统各个营养级，而不会返回到原来的生物体。这与物质自然流动中可再次返回到某一生态子系统的循环流动截然不同。

（2）递减性：能量流经生态系统各个营养级时，其数量逐级递减，形成能量金字塔（pyramid of energy）。而物质无论自然流动还是人为流动，其数量都是守恒的，只是分配到不同系统组分中。

（3）能量数量的动态性：对于特定生态系统，其能量数量和品质是不断变化的，随能量输入、输出和内部系统组分、生物消耗量的变化而不断变化。对于热力学系统下的物质流动，由于系统由特定的物质质点组成，而物质的数量遵循物质守恒定律，因此系统内部的物质总量不变。

伴随不同生物间的资源和能源流动，在生态系统中，还存在生物信息在生态系统中的流动。生物信息泛指反映生物生命活动的信号，如生物体发出的声音、气味、颜色等，对生物体的生存、繁殖都起着重要作用。例如，当蛇想要捕食鸟时，鸟的形状、大小和飞行速度将是蛇做出捕食判断的重要依据，也决定着蛇的捕食行动方式。这里鸟和蛇的形状、大小、运动速度、所处位置等，都是鸟与蛇之间发生捕食关系的重要信息。信息流支配着生态系统的作用方式。

5. 生态系统评估

资源或能量进入生态系统，要经过生物摄取、同化等多个过程，而每一过程的物质或能量并非都能被其吸收、转化成为生态组分，也并非完全传递给其消费者，都会因为代谢、呼吸等活动而损失部分物质或能量。

例如，能量在生态系统各个营养级传递的过程中，其数量和表现形式不断变化。首先，绿色植物通过光合作用，把太阳辐射能转化为化学能，并以有机物的形式贮存于植物体内；其次，食草动物以绿色植物为食物，摄取其中一部分能量，食肉动物又以食草动物为食物，也摄取其中一部分能量，由此能量在食物链中不断传递，并且每一步传递过程都会损耗大量能量。整体看来，每一营养级的生物都只能利用所食用的低一级生物所提供的部分能量。

为评估生态系统的资源、能源的有效利用水平，诞生了"生态效率"（ecological efficiency）的概念，指食物链的各个营养级实际利用的部分占可利用部分的百分率。而针对不同层次，还具有多种类似的概念。例如，在生物个体层面，定义被光合作用所利用的那一部分日光能占入射到植物体上能量的比率，或被动物同化的能量占其摄食能量的比率为同化效率（efficiency of assimilation）；从图3-4中的关系来看，可用摄取量（I）、同化量（A）、呼吸量（R）、生产量（P）这4个参数来计算生态系统中能流的生态效率。其中，摄取量表示生物所摄取的能量，对于植物来说是所吸收的光能量，对于动物来说是所摄入的食物的能量；同化量是生物在所摄入的食物中吸收的食物能量，对于植物来说是光合作用所固定的能量，对于动物来说是消化道中吸收的食物能量，对于分解者来说是细胞外产物的吸收能量；呼吸量指生物在新陈代谢等各种活动中所消耗的全部能量；生产量指生物呼吸消耗后所净剩的同化能量，对于植物来说是净初级生产量（NP），对于动物来说是同化量减去呼吸量剩下的能量。各营养级之间的生态效率用来衡量营养级之间的转化效率和能流通道的大小；营养级内部的生态效率则可以揭示同化能量的有效程度。在生态系统、群落、种群等层面，还针对物质、能量的转移水平定义不同的生产效率（productive efficiency）；水产养殖应用中，常用水产量与给饵量的比值作为生产效率。这里的同化效率、生产效率都可看作生态效率的特定类型。总之，生态效率泛指生态系统或其某一生命过程中生物个体、种群、群落对资源、能源的有效利用水平，是实际利用部分与摄入部分的比值。例如，吸收效率是生物吸收量与摄入量的比值；总生产效率是生产量与摄入量的比值。

第四节　产业系统与生态系统有哪些异同

我们首先引入"类比"的概念，然后对比产业系统与生态系统，分析两者间的异同。

一、类比的概念

所谓类比，就是对两个不同事物进行比较，根据它们之间存在的相似性，将已知的某一事物所具有的属性，推理到另一个事物应具备的属性中。类比是将源对象（已知事物）的基本信息或意图转移用于目标对象（未知事物）的认知过程。类比是一种主观的似真推理过程，普遍应用于科学发现过程中。例如，哥白尼提出太阳中心说后，曾遭到许多人的质疑，直到伽利略借助望远镜观察到了木星的四颗卫星围绕木星的旋转现象，于是把太阳系与木卫系统进行类比，将观察到的木星系统运行关系推理用于解释哥白尼的太阳中心说。

当我们针对不同事物进行类比时，需要首先将事物要对比的各种属性识别出来，如结构、性质、功能、位置等，然后分析两个事物间的对应关系，在此基础上进行比较、推理。

本教材中，将生态系统作为"源对象"，产业系统作为"目标对象"，将两个系统中的基本单元、结构、功能，演化过程和评估方法作为对比的"属性"，重点分析生态系统和产业系统的共性与差异，从中获得两者相似或类比的可能性。

二、产业系统基本单元

产业生态学以产业系统为研究对象，产业系统中的最基本单元是企业，企业是否有着与生态系统中生物类似的性质呢？

在《辞海》中，"企业"被定义为"从事生产、流通或服务活动的独立核算经济单位"。企业是否具备与生态系统中生物类似的特征？下面一一分析。

（1）企业能独立活动吗？由于每家企业都有管理者，有特定的经营范围、生产方式和运作策略，具有经营自主权，因此该问题答案显然为"是"。

（2）企业是否消耗能量和物质并排放废物和废热？企业大多生产具有特定服务功能的产品，或提供某特定服务，而产品或服务是由物质组成或承载的，企业活动的本质是资源的转换、转移过程，而这种过程中，物质的组合方式、赋存形态、所处位置等都要经历多种变化，不仅需要能量驱动，而且物质也不能完全转入目标产品中，因此要消耗物质资源和能量，并将残余物、余能排放到环境中，因此该问题答案可以为"是"。

（3）企业是否具有"繁殖"能力？经济活动中经常看到一家企业不断壮大，孵化出多家子公司的情景。有时子公司从事与母公司相同的生产活动，如超市、蛋糕店等；有时企业业务拓展，让子公司开展与母公司不同的生产活动，如某电器公司以空调起家，曾主营家用空调、中央空调等系列产品，后扩展至手机、热水器、冰箱等多种电器，也因而衍生出多个不同于母公司的新企业。因此该问题答案只能部分为"是"。

（4）企业是否具有应对外部环境变化的能力？新冠肺炎疫情初期，口罩短缺、消毒液短缺、防护用具短缺；为了应对新冠肺炎疫情，多家企业快速改装生产线，临时转产防疫急需物资，显示出企业超强的应变能力。除此之外，企业还将受到资源可得性、价格等因素的影响。因此该问题答案为"是"。

（5）企业是否具有生长过程？许多企业起源于生产某一特定产品，然后陆续形成产品系列，甚至扩大生产范围，涉足多个领域，形成企业集团。这样一来，企业的不断壮大可一定程度地象征企业"生命体"发展的不同阶段。可以回答部分为"是"。

（6）企业是否具有特定寿命？从时间维度上看，任何一家企业都有从无到有、从小而大、由盛而亡的过程，表现为长短不一的企业寿命，或短短几个月，或长达几百年。根据 2017 年的统计数据，我国 90% 以上的企业寿命不超过 3 年。但也有不少企业寿命长达百年，我国闻名世界的纺织业、金属冶炼业都有几千年的历史；

同仁堂、六必居等企业也都超过百年经久不衰。可以回答部分为"是"。

三、产业系统演化过程

如同生态系统，产业系统也经历了漫长的演化过程。

在产业系统形成初期，由于人烟稀少，地表资源十分丰富，人类通过简单的刀耕火种，自给自足，来满足人类最简陋的衣、食、住基本需求，所形成的产业系统表现为从自然资源直接获得所需食物（如野果、鱼）或其他生活用品（如树皮、枝叶），未被使用的部分则直接被抛弃在活动场所，如图 3-5a 所示，这类产业系统为Ⅰ级产业系统。

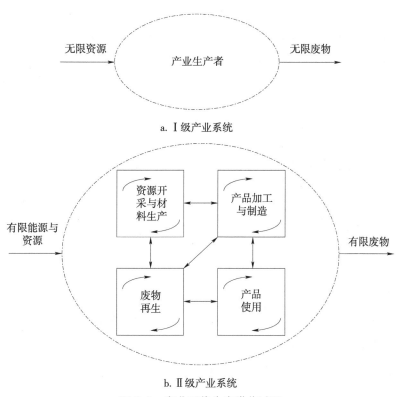

图 3-5　产业系统生态进化过程

伴随人口增多，人类需求日渐丰富，社会经济技术水平得到快速发展，产业分工也越加细化，逐渐形成了多种门类的产业类型。从人类对资源的加工先后顺序和程度来看，将顺次经过资源开采与材料生产、产品加工与制造、产品使用和废物再生等产业类型，并且在废物再生阶段，废物又成为生产原料返回生产部门，从而减少了自然资源消耗，也降低了环境废物排放数量，使得产业系统中不同类型的企业彼此联结在一起，在一定程度上形成了物质在人类社会经济系统中的循环流动。如

图 3-5b 所示，这类产业系统为 II 级产业系统。在这类产业系统中，需要有限的能源和资源，并且向环境排放有限的废物。

四、产业系统层次结构

在生态系统中，不同物种的生物间可形成特定的物质、能量传递关系。类似地，在产业系统中，各产业部门不会独立存在，会由物质、能量连接形成特定的产业系统层次结构。

1. 产业链与产业层级

在发育良好的产业系统中，也将形成类似于生态系统食物链、食物网的产业关系。以人类穿衣需求所引发的各种产业内部不同部门间基本关系来看，从棉麻种植开始形成产业系统中的初级生产者，再到以棉麻为原料进行纺线制纱形成棉麻种植业的初级消费者，又是下一步织布厂的二级生产者，以此类推，直到加工成衣物，购买者成为顶级消费者，由此形成了产业系统中的层级结构，如图 3-6 所示。

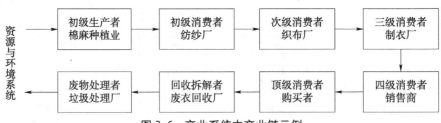

图 3-6　产业系统中产业链示例

2. 产业群与产业群落

在生态系统中，同类生物形成生物种群，并依类集聚进而形成生物群落、生态系统。在产业系统中，也类似地具有产品和产品群、产品群落，相应地，其生产部门构成了产业、产业群、产业群落等，如表 3-1 所示。

表 3-1　产业系统与生态系统组分对比

生态系统	产业系统			
	产品形式	产业类型	含义	示例
个体	某种产品	某一企业	生产某特定产品	某品牌笔记本电脑生产商
种群	同种产品	某一种企业	生产同种产品的企业总体	各种品牌的笔记本电脑生产商
群落	产品群	某一类企业	生产同类产品的企业总体	电脑主机、配件等相关电子产品生产商

续表

生态系统	产业系统			
	产品形式	产业类型	含义	示例
某区域生态系统	某区域产业系统	多种行业集合	由目标产品的全生命周期各上下游企业构成的企业总体	如经济活动产品体系
景观生态	产品布局	产业布局	由物质、能量等连接起来的各种企业的空间分布	生态工业园区，或者循环经济示范园区

五、产业系统与生态系统的主要差异

我们从系统的基本单元、资源使用、潜在环境影响、与外部自然世界交互作用的方式等几个方面，来分析产业系统与生态系统的主要差异。

在基本组成层面，生态系统的基本单元是生物，而产业系统的基本单元是企业。两者的主要差异体现在：①生物有机体通常繁殖出与自身相同的生物个体，但企业并非如此，很可能生产其他类型产品，衍生出与原企业截然不同的新企业。②同种生物体的发育和生长基本过程都大体相同，而企业的发展过程往往难以预测，甚至大相径庭。例如，同为口罩生产厂家，传统公司大多面向卫生、保暖、防护等基本功能进行生产制作，但近些年为应对大气污染、新冠肺炎疫情等现实挑战，企业开发生产 N95 特殊功能口罩，企业发展模式受到病毒类型、传染模式、受害规模等因素影响，难以预知未来企业发展的形势。③生物会因生命力衰退而变老、死亡，但对于企业而言，常因为其产品过时或市场需求量锐减、政策因素等原因失去用户而消亡。例如，疫情期间各地推出防疫规定，减少人口流动，住宿业、旅游业等服务业都受到较大冲击，甚至不少企业不得不关门停业。

在资源与能源使用方面，生态系统中的生物大多通过物种间的捕食关系获得物质与能量，当一种生物食用另一种生物时，被捕食的生物个体将消失，并进入捕食者躯体，经过生物消化等生命过程转化成为捕食者的有机组成，使得捕食者获得能量和自身成长。而未能有效转化成捕食者自身肌体的那部分物质和能量将散落或排放到捕食者活动环境中。与此相对，产业系统中尽管不同企业间也通过物质、能量等联系起来，但下游企业获取生产原料时，只是使用了上游企业所提供的物质原料，却不会"吃掉"上游企业，因此上游企业仍然存活；各企业依靠对资源材料进行加工转换等生产活动，赋予物质材料新的服务功能和更高的服务价值，从而使企业获得利润，促进企业成长。类似地，企业也会将未能转换成为其目标产品的物质作为企业废物进行后续处理或以环境废物的形式释放到环境中。

从能量进入系统的方式看，生态系统中的能量流动起始于生产者的光合作用，是从最低营养级生物进入生态系统的，并沿着营养级单向流动，能量的形式大多呈现为油脂等生物能，能量的数量逐级递减，形成"能量金字塔"。而产业系统中，能量可从系统中任一环节流入，而且能源的表现形式更加丰富多彩。例如，道桥基础设施建设对于钢铁行业而言是下游产业，而对于道桥维护管理行业而言是上游产业；在钢铁行业中，能源以煤、焦炭、热力、电等多种形式进入炼铁、炼钢、轧钢等不同生产工序；在道桥修建中，也以电力、热气等形式用于压制模具、焊接部件等制作过程；在道桥维护养护中，还以电力、油品等形式用于修补缺陷和养护。除此之外，能源在产业系统中也不再像生态系统中那样单向流动，而是可能出现循环流动，也就是下游企业或部门的废热、废能返回到上游企业或部门进行能源二次利用。例如在供热系统中，散热后的低温水通常回到锅炉房进行加热、变成高温水，然后泵入供水管路，从而利用了大量余热，达到节能效果。

从系统对外部变化的适应能力看，产业系统中各部门对外部的适应性更多地受到人类活动的影响，包括人类主观意识（如消费偏好）、活动模式（如不同的资源转换生产类型）、活动强度（如生产规模）等，也接受着人类的管理与调控作用。与生态系统的自适应能力相比，产业系统具有更好地适应环境变化的能力，表现在更敏锐地发现外部环境变化，并以更快的速度做出适应环境变化行为，还表现在针对环境变化，经过一系列逻辑推理、判断，做出理性的、科学的抉择。例如，当某种生产原料遭遇供应商垄断隐患时，企业可能提前寻求替代材料；当某种产品市场萎缩、销售不利时，企业可能改变生产计划并生产具有市场前景的其他产品。

最后，产业系统与生态系统的最大不同是产业系统是人为系统，而生态系统是自然系统。产业系统以人类需求为原始驱动力，是为了满足这些需求而形成的表现各异的生产方式，是以获得具有不同服务性能的产品为生产目的的生产活动，是以人类活动为主导的特殊系统形式。

六、产业系统评价

当我们评估一家企业或产业系统时，会引入一个与生态系统类似的概念，即"生态效率"，它被定义为产生单位环境影响下系统所能提供的服务。

当资源进入产业系统后，所流经的每一过程或子系统都有若干损失。所流经的路径也有所不同。通常可分成两种基本模型：①所有资源"单行道"顺次经过多个产业子系统或产业部门，称为串联式，如图 3-7a 所示；②所有资源"多行道"并行，同时经过多个产业子系统或产业部门，称为并联式，如图 3-7b 所示。

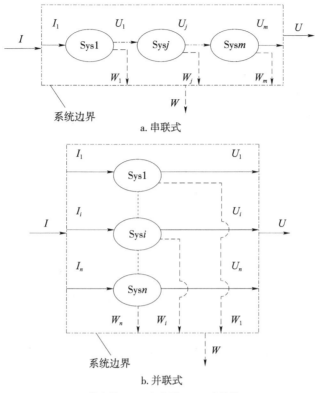

a. 串联式

b. 并联式

I—输入量；U—产生量；W—废物量。

图 3-7　产业系统资源流动过程

对于串联式产业系统，某一子环节 j 的物质输入量为 I_j，这部分来自上一个环节的有用物质，数值上等于 U_{j-1}，因此该环节的物质利用效率可表达为

$$e_j = \frac{U_j}{I_j} \equiv \frac{U_j}{U_{j-1}} \tag{3-1}$$

对于整个串联式产业系统，由于各环节首尾相接，其总资源效率可表达为各环节物质利用效率的乘积，即

$$e_{\text{串}} = \frac{U}{I} \equiv \prod_{j=1}^{m} e_j \equiv \prod_{j=1}^{m} \frac{U_j}{U_{j-1}} \tag{3-2}$$

式（3-2）表示串联式产业系统的资源效率与资源流动所经历的阶段数量及各阶段物质利用效率两个参数有关。因此，若予以提升，既需要减少经历的环节数量，又要提升各阶段的物质利用效率。

对于并联式产业系统，其任一子系统 i 的物质利用效率仍可表达为式（3-1）左侧等式，只是将下标 j 换为 i。与串联式不同的是，对于整个并联式产业系统，其资源总输入量和有效利用总量都将是各子系统资源量的和，即

$$U_{并} = \sum_{i=1}^{n} U_i \qquad (3-3)$$

$$I_{并} = \sum_{i=1}^{n} I_i \qquad (3-4)$$

为了反映并联的某一子系统资源输入量占输入总量的比例，定义资源结构系数（φ）：

$$\varphi_i = \frac{I_i}{I} \quad 且 \quad \sum_{i=1}^{n} \varphi_i = 1 \qquad (3-5)$$

经推导整理，得到整个并联式产业系统的资源效率为

$$e_{并} = \sum_{i=1}^{n} (\varphi_i \cdot e_i) \qquad (3-6)$$

式（3-6）表示并联式产业系统的资源效率与资源结构系数及子系统的资源效率两个参数有关。若予以提升，既要改善资源消费结构，又要提升各子系统的资源效率。

并联式产业系统中，若侧重关注产业系统的产出构成，还可定义产业的产出结构系数（φ^U）：

$$\varphi_i^U = \frac{U_i}{U_{并}} \quad 且 \quad \sum_{i=1}^{n} \varphi_i^U = 1 \qquad (3-7)$$

相应地，可推导整理得到反映产出结构的整个并联式产业系统的资源效率，表达为：

$$e_{并} = \left[\sum_{i=1}^{n} \left(\varphi_i^U \cdot e_i^{-1} \right) \right]^{-1} \qquad (3-8)$$

式（3-8）与式（3-6）相比较，主要差异体现在：式（3-8）体现产业系统内在产出结构，而式（3-6）体现产业系统内在资源结构；同时，结构系数和子系统资源效率对产业系统资源效率的定量影响关系也有所不同。

实际应用中，对于某一特定资源，进入产业系统后将相继经历多个生产部门，这时常把产业系统整体上看作串联式分布，而每一串联的子系统里又可能分支生产多种不同产品，形成多个并联的次级子系统。这种情况下，若关注资源消费结构，产业系统的资源效率可表达为

$$e_{总} = \prod_{j=1}^{m} \sum_{i=1}^{n} (\varphi_{ji} \cdot e_{ji}) \qquad (3-9)$$

若关注产业的产出结构，产业系统的资源效率则表达为：

$$e_{总}=\prod_{j=1}^{m}\left[\sum_{i=1}^{n}(\varphi_{ji}^{U}\cdot e_{ji}^{-1})\right]^{-1} \tag{3-10}$$

由式（3-9）、式（3-10）可知，资源效率与产业系统内部各子系统间连接方式、系统结构及其关注的结构属性、各子系统的资源效率有关。为了提高整个产业系统的资源效率，既需要提高各子系统的资源效率，又需要调整总系统的结构，尽量缩短流经的时间，提高具有较高资源效率的子系统在整个产业系统中的占比。

另外，根据目前行业统计方法，还常把产业系统整体上看作并联式分布，而每一并联的子系统里又有多个顺次连接的次级子系统。各部门间的联系方式不同，所得的计算公式不同，特别是常常形成远比并联或串联更为复杂的网络关系，这时需要采用另外的计算方法。这些都是资源效率管理的重要依据。

第五节　如何刻画产业系统

如同其他系统，产业系统通过"边界"将其自身从环境中分离出来，系统边界以内的部分属于产业系统本身，而边界以外的部分就成了产业系统运行的环境。这里从内部和外部两个方面来分析产业系统的主要特征。

一、产业系统内部特征

从产业系统内部来看，它是由许多产业组分构成的，各组分之间的连接方式反映出系统内部关系，是产业系统的结构特征。这部分可参照本章第四节中的内容进行分析。比如，分析其构成的最基本单元，即企业类型；按某重要资源的使用方式或加工转变的先后顺序，分析产业系统的连接关系；按照国家的行业分类标准，将不同企业进行归类；按照产业系统内部组分连接关系的物理属性，将产业系统剖析为物质流动关系网络或能量流动关系网络等。以上都是刻画产业系统内部特征的有效方法。

二、产业系统外部特征

从图1-7中产业系统与外部资源环境和社会经济系统的关系来看，根据子系统的属性，可将产业系统的外部环境分成资源子系统、环境子系统、社会子系统和经济子系统。产业系统与这些子系统的联系方式主要表现为资源消耗、环境排放、社会服务和经济产出。在分析产业系统外部特征时，可重点围绕以上四个方面进行分析。

这里以钢铁厂为例。对于钢铁厂，资源消耗主要表现为自然资源的使用，如铁矿石、煤、石灰石和水等；环境排放则主要表现为废水、固体废物、废气等；社会服务将显示为不同类型的钢铁产品（如型钢、板材）以及就业岗位；经济产出将显示为工业产值或工业增加值或主要利润。可将其外部特征汇入表 3-2。类似地，可分析其他各行业的外部特征。

表 3-2 产业系统外部特征示例

产业类型	资源消耗	环境排放	社会服务	经济产出
钢铁业	铁矿石、煤炭、石灰石、水、其他	尾矿废渣、冶炼废渣、废水、废气（SO_2、NO_x、CO_2 等）	就业岗位、钢铁产品、其他	企业效益、增加值、产值、销售额、其他

基于产业系统外部特征参数，可定义产业系统的生态效率。由于系统提供的服务和环境影响通常有多种表现形式，对应某特定服务或环境影响，就可形成某种特定生态效率，如选择钢材产量和铁矿石消耗量分别作为钢铁业所提供的社会服务量和资源负荷时，就可定义某统计期的钢材产量与该统计期所消耗的铁矿石量的比值为其资源效率，这时的生态效率单位可能是 t 钢材 /t 铁矿石；当将环境负荷替换为 SO_2 排放量时，生态效率变成了排放单位数量的 SO_2 所能产出的钢材量，是一种环境效率，单位可能是 t 钢材 /kg SO_2。以此类推，可定义多种不同类型的生态效率，使得某产业系统的生态效率可表现为生态效率矩阵。

推荐阅读

[1] 周美立 . 相似系统论 [M]. 北京：科学技术文献出版社，1994.
[2] 周美立 . 相似性科学 [M]. 北京：科学出版社，2004.

参考文献

[1] ENGER E D, SMITH B F. 环境科学——交叉关系学科 [M]. 9 版 . 北京：清华大学出版社，2004.

[2] Journal of Industrial Ecology[EB/OL]. http://onlinelibrary.wiley.com/journal/15309290/.

[3] JOSEF K. Similarity and Modeling in Science and Engineering[M]. Cambridge: Cambridge International Science Publishing Ltd., 2012.

[4] FROSCH R A, GALLOPOULOS N. Strategies for manufacturing[J]. Scientific

American, 1989, 260(3): 144.

［5］STEPHEN J K. Similitude and Approximation Theory[M]. Berlin: Springer-Verlag, 1986.

［6］GRAEDEL T E, ALLENBY B R. 产业生态学 [M]. 2 版 . 施涵, 译 . 北京: 清华大学出版社, 2004.

［7］GRAEDEL T E, ALLENBY B R. Industrial Ecology[M]. Upper Saddle River: Prentice Hall, 1995.

［8］VICTOR J S. Similitude: Theory and Applications[M]. Scranton: International Textbook Company, 1967.

［9］陈永生 . 相似论并演三论 [M]. 北京: 石油工业出版社, 2003.

［10］江洪龙, 张艳, 赵坤 . 生态工业园设计规划思路探究与实践经验总结 [J]. 资源节约与环保, 2021(2): 139-140.

［11］李博 . 生态学 [M]. 北京: 高等教育出版社, 2003.

［12］杨持 . 生态学 [M]. 3 版 . 北京: 高等教育出版社, 2014.

［13］中国大百科全书总委员会《环境科学》委员会 . 中国大百科全书: 环境科学 [M]. 北京: 中国大百科全书出版社, 2002.

课堂讨论与作业

一、课堂练习

选择你熟悉的某一典型行业或企业, 分析其外部特征。列出行业或企业名称, 及其利用的主要资源消耗、环境排放和社会服务、经济产出等, 并将研究结果以图表形式表达出来。也可将研究过程整理成研究报告, 在课程中进行交流展示。

二、课堂讨论

在你所熟悉的行业或企业中, 有哪些重要信息? 这些信息将如何影响企业或行业的发展? 请举例说明。

三、作业

基于课堂讨论, 针对所熟悉的某一行业或企业, 开展基本特征研究。课下完成研究过程, 并整理成 8～10 分钟 PPT 汇报, 下一次课和同学们分享。

第四章 产品生命周期评价概述

本章重点：产品生命周期评价基本概念、研究目的与范围。

基本要求：了解产品生命周期评价的用途，掌握产品与服务、生命周期、环境影响等基本概念，弄清产品生命周期评价研究目的与范围的界定方法。

第一节 核心议题的提出

在前面的学习中得知，产业系统架起了人类与环境之间的桥梁，通过将自然资源转变为具有特定服务功能的产品，来满足人类的最终需求。但这一过程中不可避免地要消耗自然资源，同时还要向环境排放废物、污染物，从而造成对外部环境的影响。在第二章中已经提到，产业生态学的工作目标就是要努力减少产业系统对环境的影响。但要做到这一点，就需要知道这些环境影响发生在产业系统的哪些组分中？是如何发生的？环境影响的大小如何？在弄清这些问题的基础上，才能找到减少环境影响的途径和方法。

从产业系统的服务目的与表现形式看，产业系统常借助某特定产品来承载满足人类需求的服务，而从自然资源到其被转变为某一特定产品，将经历多个不同产业部门，把这些部门汇总起来将得到与该特定产品或服务密切相关的特定产业系统。围绕这一基于特定产品或服务的产业系统开展研究，将可能更有效地获得上述问题的答案。这种针对产品或服务开展的用于识别和评估环境影响的技术被称为产品生命周期评价（Life Cycle Assessment, LCA）。

不难看出，环境影响可发生在人类将资源转变为最终产品及产品使用的任何过程中，这意味着环境影响不仅与资源转变过程有关，也与产品使用过程有关，而且还与最终产品的表现与服务形式、人类消费需求等因素有关。这就需要厘清产品与服务间的关系，以及从自然资源到最终满足人类需求的整个过程，进而评价其环境影响。为此，本章将重点介绍"服务"和"产品"的概念，以及研究目的和范围的界定，并通过一些示例帮助同学们理解和认识这一研究方法。

第二节　如何界定"产品"和"服务"

一、什么是产品和服务？

俗话说"好记性不如烂笔头"，我们日常生活中常常需要借助笔来帮助增强记忆，这里的增强记忆是人类某一特定需求，而笔可用来写字，记录下重要信息，是可以满足人类该特定需求的产品；在笔的使用中，呈现为记录信息，是笔的使用功能，也是笔向人类提供的特定服务形式。推而广之，人类大多数需求都将借助形式各异的产品的使用来得以实现，在人类需求、产品和服务之间有着必然联系。

在经济活动中，产品是用于市场交换的能满足人类需要的任何事物。例如我们购买食物充饥，购买衣物保暖，购买房屋居住。按照产品的表现形式，产品可分为有形产品和无形产品。有形产品是可以通过触摸感知的物理对象，如建筑物、汽车、衣物等；无形产品则是只能间接感知的产品，如购买的人身保险、股票交易等。但无论产品是否有形，都可满足人类某特定需要，而且也都需要人类的技术转变才能实现其服务目的，因此都是人类产业活动的产物。

通常，产品只有在其投入使用后，才能发挥其满足人类需要的服务功能。例如，购买的空调如果放置不用，它并不会制冷或制热，房间用户仍会感到炎热或寒冷。只有空调在正常运行时，房间才会达到预期的温度，住户才获得舒适的感觉。可见，服务是产品使用中表现出来的性能，是满足人类需求的表现形式。

现实中并非所有需求都必须借助产品得以实现。例如，当大家需要复印文件时，常常前往复印室支付复制费用，而不必购买复印机；当从某地到另一地时，仅需购买一张火车票或机票，而不必购买火车或飞机。但这样的活动也经过了市场购买交易活动，并满足了人类的特定需求，因此也具备了产品的基本属性。我们把它看作特殊的一类产品，是市场上购买的但不能"称量"的任何事物，并称之为"服务"。不难看出，购买服务的市场交易中，买卖双方之间转移的不再是产品所有权，而只是使用了产品或使用结果所呈现的某种属性。这与购买产品截然不同。

二、服务的基本类型

服务商在向用户提供服务的过程中，常因两者所在地、设施服务地的不同而产生较大环境影响差异。根据用户与服务商、服务地点之间的关系，可将服务分为以下 3 种基本类型：

（1）α 型服务，指用户前往服务提供场所以获得服务。例如，当生病时前往医院进行诊治；购物时前往商场选购商品；理发时前往理发店进行护理等。

（2）β 型服务，指的是服务商前往用户所在地进行服务。例如，当冰箱、空调出现故障时，用户致电服务商，服务商会派专业服务人员登门进行电器维修。

（3）γ 型服务，指的是服务商和用户无须在同一地点会面而进行的服务。它是一种远程服务。例如，在线购物时，无须前往商场，仍能完成用户与服务商间的商品交易，满足用户购物需求；日常亲友间的在线视频聊天、在线会议等都属于这类服务。

从以上服务中不难发现，服务通常与多个不同产品相关。例如，理发时将用到剪刀、吹风机、盥洗盆等多种产品，同时还将涉及一系列操作过程，如理发中经历洗发、修剪、焗色、吹烫等处理过程。这明显较某单一产品（如剪刀）更为复杂，甚至涉及多种不同的产品子系统。

尽管产品和服务仍有所不同，但在产品生命周期评价中，常把服务和产品广义地统称为"产品"，泛指市场上交易获得的任何有形的或无形的商品或服务。例如，婚庆活动中的喜悦氛围，学习过程中的文字在线翻译、在线课程等，都称为"产品"。

第三节　LCA 概述

1993 年，由国际标准化组织（International Organization for Standardization, ISO）成立环境管理技术委员会，编制生命周期评价国际标准。1997 年，颁布了生命周期评价的原则与框架，此后相继推出 ISO 产品生命周期评价系列标准。本教材依照以上国际标准进行讲述。

一、什么是产品生命周期评价？

在产品生命周期评价国际标准 ISO 14040 中，定义研究产品整个生命周期的潜在环境影响的技术为 LCA；其中，从原材料获取到产品生产、使用和废后处置的整个过程称为产品的"生命周期"（life cycle），所经历的每一阶段称为生命周期阶段（life-cycle stage）。例如，轿车的生命周期主要包括原材料获取（如铁矿开采等），形成钢材、玻璃、橡胶等多种制备轿车各个部件的工业材料，轿车各部件加工、组装成为轿车，轿车被运送给用户后投入使用，以及使用若干年后报废、回收、拆解、再生处置等环节，完成轿车整个生命周期过程。这意味着开展 LCA 研究，将针对产品"从摇篮到坟墓"（cradle-to-grave）的整个过程，而不仅是关心产品的生产或使用过程。

从技术角度看，开展产品生命周期评价将经历以下两个基本步骤：一是要编制产品系统相关的输入和输出清单，二是评估与这些输入和输出有关的潜在环境影响，从而弄清获得某特定服务或产品可能造成的环境影响大小。例如，某 100 m² 居所将消耗 5 t 钢筋、20 t 水泥，进而造成 25 t 铁矿石和 100 t 石灰石的使用。

通过 LCA，可以了解环境影响是如何并在哪个生命周期阶段或工序形成的，各种环境影响的大小是多少，从而可以识别出薄弱环节或重点环节，实施技术革新，改善产品的环境性能。如曾发现汽车以含铅汽油为燃料时，燃料燃烧后会排放铅污染物，铅污染物进入大气，是人体健康隐患，21 世纪初各国遂更新汽油防爆技术，陆续禁用了含铅汽油。通过 LCA 研究结果，还可为企业或政府管理者提供有价值的数据信息，以帮助其进行战略规划或公共政策制定，如企业淘汰环境性能差的产品或更换旧仪器与生产设备，开发环境友好产品；通过 LCA，可了解环境影响大小的影响因素，从而建立产品环境性能评价指标，提升环境管理水平；还可根据 LCA 结果，针对环境影响较小的一类产品，制定产品环境标志，引导社会公众消费，增强产品的市场竞争力。

二、若干基本概念

为便于更好地理解 LCA，这里将其概念中涉及的若干重要术语分别描述如下。

1. 产品系统

产品系统是实现某特定服务功能所需的、由物质和能量连接起来的产品生命周期中各个过程（又称工序）的集合，包括从原材料采掘到最终废物处理的所有环节，以实现某一或多个预期的服务功能（如图 4-1 所示），这意味着产品系统将包含许多由物流和能流连接起来的工序。产品系统以系统边界与其他系统或其环境系统分开。系统边界以内部分用于描述产品系统的组分、结构、功能等自身属性，产品系统运行会对环境系统产生影响，该影响大小是 LCA 研究预期结果之一。

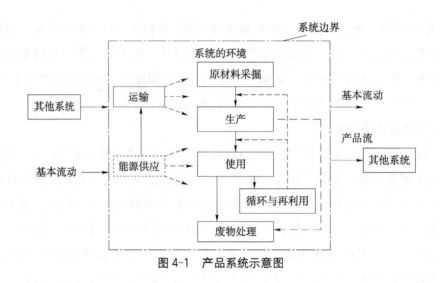

图 4-1 产品系统示意图

产品系统是开展 LCA 的研究对象,也是进行环境影响评价的主体事物。

2. 生命周期阶段

不难设想,产品的整个生命周期中将包括许多不同阶段。其中最主要的基本阶段通常包括原材料采掘与材料生产、产品加工制造、产品使用和报废处置。

不同生命周期阶段具有不同生产特征或服务能力特征。原材料采掘与材料生产阶段通常看作第一阶段,涉及从自然资源系统中获取原材料,如矿石、原木、棉花等,然后通过选矿、冶炼、轧制、切割等生产过程,将其转变为生产材料,如钢板、铜线、棉线等。产品加工制造阶段通常看作第二阶段,将涉及半成品、部件加工和产品组装基本过程,如先将不同型钢裁剪、压制成汽车的车身、底盘等汽车部件,再将其组装成为汽车,从而形成具有预期运输功能的、可满足最终用户需求的工业终产品;此后,借助包装、运输等过程,将产品交付给用户,但这一过程与其他阶段相比,所造成的环境影响相对较小,通常 LCA 研究中不予考虑。产品送达用户后将投入使用,如驾车行驶、冰箱存储食物等,直到其报废前都称为产品使用阶段,又称第三阶段。若干年后,产品将报废不再使用,这时将被拆解,回收仍能使用的零部件进行再利用,而不能再利用的其他有用废弃物则送回材料生产企业进行循环再生,对其余不能再生的部分将进行废物无害化处理,排放到环境中,这个过程统称为报废处置阶段,又称为第四阶段。以上四个阶段常被作为产品系统重要组成,以此开展 LCA 研究。

3. 工序、输入与输出

工序是产品系统中用于收集 LCA 输入与输出数据的最小单元。工序是在产品形成服务能力和满足需求功能的过程中,针对某一特定资源转变功能而设定的生产或使用过程，如轴承添加润滑剂、钢板的镀锌过程等。不同工序由物质和能量流动连接起来（如图4-2所示）。对每一道工序而言，进入的物质或能量称为"输入"，而离开的物质或能量称为"输出"，如衣物洗涤过程中投入的水、洗涤剂、脏衣服、电力等都是该工序的输入，而干净的衣物和废水都是输出。针对各工序编制输入与输出数据，是 LCA 重要内容之一，将在第五章详述。

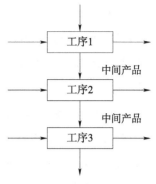

图 4-2　产品系统中的工序示例

4. 环境影响

LCA 中的环境影响（environmental impact）是指产品系统运行中对外部环境系统产生的干预。LCA 国际标准中将其分为资源使用、人类健康和生态破坏三大类。其中资源使用尤指自然资源的使用，因为形成产品或服务的所有物质材料归根结底都来源于自然资源系统。第二类环境影响是人类健康，关心产品生产或使用过程中，人类可能因为接触某些有毒有害物质而威胁到身体健康。第三是生态破坏，因为产品系统运行中难免将生产和使用过程中的各类废物排放到环境中，致使生态环境系统被动接纳经过人类活动转变的废物、污染物，改变了环境组分甚至结构，影响生态环境质量。

三、LCA 国际标准

1993 年，由 ISO 成立环境管理技术委员会，编制生命周期评价国际标准。1997 年以后，ISO 相继颁布、修订 LCA 系列国际标准，具体如下。

ISO 14040：2006/Amd1：2020　Environmental management—Life cycle assessment—Principles and framework—Amendment 1，替代 2006 年版 ISO 14040。

ISO 14044：2006/Amd2：2020　Environmental management—Life cycle assessment—Requirements and guidelines—Amendment 2，替代 2017 年版和 2006 年版 ISO 14044。其中 2006 年版 ISO 14044 曾替代 ISO 14041（1998 年）、ISO 14042（2000 年）、ISO 14043（2000 年）。

ISO/TR 14047：2012 Environmental management—Life cycle assessment—Illustrative examples on how to apply ISO 14044 to impact assessment situations，替代 ISO/TR 14047：2003 Environmental management—Life cycle impact assessment—Examples of application of ISO 14042。

ISO 14048：2002 Environmental management—Life cycle impact assessment—Data documentation format。

ISO/TR 14049：2012 Environmental management—Life cycle assessment—Illustrative examples on how to apply ISO 14044 to goal and scope definition and inventory analysis，替代 ISO/TR 14049：2000 Examples of application of ISO 14041 to goal and scope definition and inventory analysis。

ISO/TS 14071：2014 Environmental management—Life cycle assessment—Critical review processes and reviewer competencies：Additional requirements and guidelines to ISO 14044：2006。

ISO/TS 14072：2014 Environmental management—Life cycle assessment—Requirements and guidelines for organizational life cycle assessment。

ISO/TS 14074：2022 Environmental management—Life cycle assessment—Principles，requirements and guidelines for normalization，weighting and interpretation。

四、LCA 基本框架

进行产品生命周期评价，主要包括研究目的与范围的界定、清单分析、环境影响评价和研究结果的解释与讨论四项基本内容（如图 4-3 所示），上述四个研究阶段共同构成了生命周期评价框架。

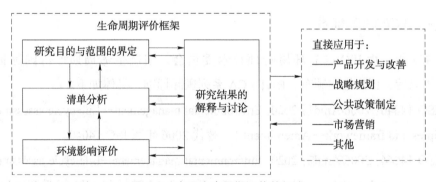

图 4-3　产品生命周期评价的组成

提醒大家注意，这里的 LCA 四个阶段是 LCA 研究过程中的四个阶段，切记不要与产品系统中的四个生命周期基本阶段混淆。

第四节　研究目的与范围的界定

开展 LCA 研究，首先要界定研究目的与范围，这是整个 LCA 研究的第一阶段。

一、如何界定研究目的？

进行产品生命周期评价，首先要明确研究目的。这时必须清楚地陈述 LCA 研究的应用意图、进行该项研究的理由以及其服务对象。也就是要回答为什么要开展 LCA 研究，研究结果将用于什么，为谁服务。例如，企业管理者想知道产品的性能，或者想要比较相同用途的两种工艺，弄清哪个对环境更加友好、哪个更适合环境改善。研究结果的服务对象可以是企业管理者、政府职能部门、产品消费者或科研机构。

二、如何界定研究范围？

为保证 LCA 研究的广度、深度和详细程度能够达到研究目的，需要根据设定的研究目的来界定 LCA 研究范围。主要明确产品系统提供的服务功能与表征单位、产品系统及其边界、拟用于环境影响评价的环境影响类型、研究中所做的假设、数据的质量要求、数据分摊的方法等内容。

（一）产品系统的功能、功能单位、参考流

1. 功能、功能单位、参考流的概念

产品系统的功能（function）是指产品系统向用户提供服务的性能特征，可称服务功能。例如，涂料可以保护墙壁免受风雨侵蚀，也可以为墙壁着色，这里"保护"和"着色"就是涂料的服务功能。当研究的产品具有多种服务功能时，通常根据已经界定的 LCA 研究目的，选择其中某一特定服务功能开展研究。

为了定量表征产品服务功能，定义产品系统所提供的某特定服务数量作为产品系统的功能单位（Function Unit, FU），以此作为产品系统服务的计算基准单位，功能单位的总数就是产品系统满足人类需求的服务总量。例如，当需要擦干手臂时，可以选择纸巾或干手机两种不同的产品来完成这一服务，但若想知道哪种产品造成的环境影响更小，则可定义擦干一定数量的手次，如"擦干 1 000 双手次"作为其 LCA 时的功能单位，而举行某次国际会议可能需要擦干 2 万双手次，其服务总量就可记为 20FU。由此可见，功能单位通常由若干个不同的物理单位一起使用，是一种复合单位，这与传统物理单位有很大不同。

在产品系统中，从最初的资源采掘，到加工转变为最终能满足用户需求的产品，将经历多个阶段，每个阶段所生产的中间产品表现各异，但都与最终的服务有着必然联系。为了定量地表征各阶段中间产品与最终服务数量的关系，定义与功能

单位服务量对应的给定产品系统中各工序所需的产出量为该工序的参考流（reference flow），以此找到实现功能单位数量的服务所对应的产品系统内各阶段、各工序的不同中间产品或产品的数量。例如，对于擦干手臂这一服务，如果一张纸巾可擦干一双手臂一次，那么要想擦干 1 000 双手次，就需要 1 000 张纸巾，对应的纸巾重量为 1 kg（假设一张纸巾重 1 g）；而某造纸厂采用木材造纸技术，主要经历制浆（将木材转变为纸浆）、调制（调整纸张的强度、色调、印刷性等性质）、抄造（调和稀纸料交织并脱水干燥）、加工（裁切、选别、包装）等工序，该厂每生产 1 t 纸巾需要 1.1 t 干纸浆，对应地需用 0.88 t 木材，则在伐木和制浆工序，对应于 1 kg 纸巾的中间产品数量分别为 0.88 kg 木材和 1.1 kg 干纸浆，这里的"1 000 张纸巾"或"1 kg 纸巾"是终产品（不再进行其他生产加工活动，具有最终服务功能）加工阶段的参考流，而 0.88 kg 木材和 1.1 kg 干纸浆分别是伐木和制浆工序的参考流。

2. 如何辨识产品系统的服务功能、功能单位和参考流？

当开展 LCA 时，需要针对产品系统辨识并界定其服务功能、功能单位和参考流。通常采用图 4-4 中三个步骤：首先，针对研究中满足人类特定需求的服务，找到承载该服务的产品，并识别该产品所具有的所有功能，例如，曾提到的涂料具有保护墙壁和着色等功能。其次，根据 LCA 研究目的，选择某一功能作为 LCA 研究中的产品功能，并界定与 LCA 相关的功能单位，如选择为墙壁着色作为某涂料涂色与某壁纸涂色的对比性 LCA 研究中的产品功能，定义"粉刷 20 m² 墙壁并维持 5 年使用"作为某 LCA 研究的功能单位。最后，需要了解相关产品的使用性能，并基于该性能，估算实现功能单位数量的服务所需的产品量，也就是最终产品的参考流数量。在涂料着色示例中，假定 1 L 涂料可涂刷 8.7 m²，并可使用 2.5 年，则若实现涂刷 20 m² 并维持 5 年的服务量，需要涂料 A 的数量是 $[20\ m^2 \div (8.7\ m^2/L)] \times (5\ 年\ /2.5\ 年) \approx 4.6\ L$，这里的 4.6 L 涂料就是终产品的参考流数量，代表着实现拟定服务的终产品制造阶段的产出量。不难看出，这里产品的使用性能起到重要作用，如果该涂料只能维持 1 年，参考流将增至 11.5 L 涂料。

在确定了终产品参考流量的基础上，开展产品生命周期各阶段、各工序的参考流的辨识与界定。这时可追溯产品生命周期中的上游阶段或生产工序，按照物质或能量流动分析，核算各工序的产出量，并计算对应终产品参考流数量的各工序中间产品的数量，以此作为该工序的参考流。例如前述造纸示例中的 0.88 kg 木材和 1.1 kg 干纸浆分别是伐木和制浆工序的参考流。

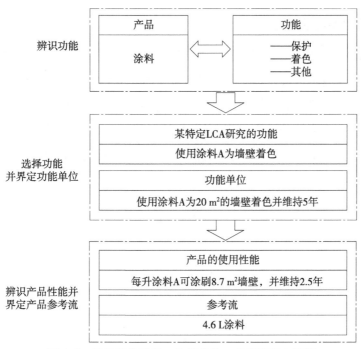

图 4-4 界定服务功能、功能单位、参考流基本步骤

3. 识别产品服务功能和功能单位的若干示例

为更清楚地理解功能单位这一特殊概念，表 4-1 中给出了几种产品的示例，并对比了产品性能和功能单位的差异。

表 4-1 识别产品服务功能和功能单位的示例

产品	服务功能	用于特定 LCA 的产品功能	产品性能	功能单位	参考流
灯泡	照明 加热 其他	提供室内照明	照度 100 lx，使用寿命 1 000 h	实现照度 300 lx，使用 50 000 h	150 只照度为 100 lx、寿命为 1 000 h 的灯泡
饮料瓶	盛装饮料 便于携带 产品形象设计 其他	盛装饮料	每只容量 0.5 L	盛装 50 000 L 饮料	100 000 只容量为 0.5 L 的饮料瓶
纸巾	擦干手臂 洁净污物 其他	擦干手臂	每张纸巾擦干 1 只手	擦干 1 000 双手	2 000 张纸巾

同学们可选择某一产品系统，分析其主要功能，界定某 LCA 研究的功能单位，并尝试界定其参考流。

（二）产品系统的界定

开展 LCA 研究时，通常会试图尽快得出有价值的结论，为此会根据 LCA 研究目的，提出若干科学假设，忽略一些不太重要的环节和事项，以便更加突出关心的问题。由此将引起产品系统组成和产品系统边界的变化。这种确定产品系统基本组成的过程称为产品系统的界定过程。例如，对于图 4-1 的产品系统，当忽略运输和能源供应时，将更加关注产品系统中的物质流动，从而简化为图 4-5。

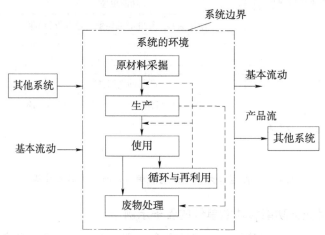

图 4-5　忽略了运输和能源供应的产品系统

通常，产品系统的组成取决于 LCA 的研究目的。对于同一种产品，当研究目的不同时，所划定的产品系统将有所不同。例如，对于某型钢产品，当用于比较铁矿石炼钢和废钢炼钢的两种技术的能源消耗水平时，LCA 研究中将涉及两种产品系统，一个是由铁矿石开采、高炉炼铁、转炉炼钢、轧钢等主要工序组成的半生命周期原生钢产品系统，另一个则是由废钢回收、电弧炉炼钢、轧钢等主要环节组成的半生命周期废钢再生产品系统。

产品系统的组成决定着产品系统所提供的服务功能，也进一步影响着 LCA 研究结果。

（三）环境影响的类型

进行 LCA 研究时，应根据研究目的，择定 LCA 研究中拟评价的环境影响类型（impact categories）。根据第一章中界定的环境的概念，产业系统的环境应是介于人类体表以外、自然地表环境以内的部分，又根据第一章中人类复合系统框架（图 1-7），其中的社会服务系统和经济系统属于人类活动圈，不作为本章产品生命周期环境影响评价的内容，由此产品 LCA 研究的环境主体可分为人体内部、地表自然资源子系统和地表生态环境子系统。国际标准 ISO 14040、ISO 14044 中将环境影响分为资源使用、人类健康和生态破坏三大类。

应用中，又将环境影响细分为全球气候变化、臭氧层破坏、酸沉降、生物多样性减少等小类。进行某一具体的 LCA 研究时，通常根据研究目的，选择一种或几种环境影响来进行研究。例如，为确定冰箱设计中选用 HFC-134a 还是 R12（CFC-12）作为制冷剂对环境更加友好，将选择臭氧层破坏作为 LCA 研究的环境影响类型，因为制冷剂中的氯离子可能影响臭氧层中的大气物质组成；而对于酸雨严重的区域，其用于技术革新的 LCA 研究则可能选择酸沉降作为重点环境影响类型；又如，对于森林资源丰富的国家，可能不把原木资源纳入产品 LCA 研究的资源使用影响类型，而对于森林资源短缺的国家，势必将原木资源消耗作为资源使用影响类型。

请同学们设想，基于第一章讨论中辨识的你感兴趣区域的环境问题，如果面向该区域进行 LCA 研究，你可能选择哪些环境影响类型。

（四）数据质量要求

研究中选用不同的数据，将导致不同的 LCA 研究结果。因此，在 LCA 研究范围界定阶段，应根据 LCA 研究目的，界定 LCA 中所使用数据的质量，主要包括数据涉及的时间跨度、地域广度、技术覆盖面，数据的准确性、完整性和代表性，数据的来源及其典型性等。研究中所用的数据因时、因地、因技术水平等多种因素而有所不同。例如，针对某生产工艺更新换代的 LCA 研究中，要求研究中所使用的数据必须来源于企业生产实际。作为气候变化环境影响类型的计算数据，不同温室气体的全球变暖潜力（Global Warming Potential，GWP）也随着研究深度的加深而不断调整。如在 2006 年版 IPCC 模型中，甲烷的 GWP 数值为 25，而在 2000 年版中数值为 21；显然，即使排放相同数量的甲烷气体，由于 GWP 的取值不同，也将造成最终的气候变化环境影响结果不同。良好的数据质量是保障 LCA 研究结果真实、有效的基础。

除此之外，LCA 研究范围的界定还应明确研究中所做的各种假设。如果某生命周期阶段或工序同时涉及其他不同的产品系统，则该阶段或工序相关数据还需要在不同产品系统之间分摊，在这种情况下，LCA 研究范围界定中，还需要明确界定该阶段或工序是否采取数据分摊方法。例如，某运输过程中，同时装有拟研究的产品 A 和其他产品 B，在这种情况下，运输中的能源消费量、废气排放量等数据都需要在产品 A 和产品 B 之间分摊。同学们可自己设定运输情景，尝试该过程的数据分摊方法。

推荐阅读

［1］International Organization for Standardization. ISO 14040: Environmental management—Life cycle assessment—Principles and framework—Amendment 1[S]. Geneva, 2020.

［2］ISO 14044：2006/Amd2：2020 Environmental management—Life cycle assessment—Requirements and guidelines—Amendment 2，替代 2017 年版和 2006 年版 ISO 14044。其中 2006 年版 ISO 14044 曾替代 ISO 14041（1998 年）、ISO 14042（2000 年）、ISO 14043（2000 年）。

［3］彭小燕. ISO 14040 环境管理——生命周期评估：原则与框架 [J]. 世界标准化与质量管理，1998,（4）：4-9.

［4］鲍建忠. ISO 14041—98 环境管理—寿命周期评估——目标与范围定义及清单分析 [J]. 世界标准信息，1999, 5：3-16.

［5］KANNAN R, LEONG K C, OSMAN R, et al. Life cycle energy, emissions and coast inventory of power generation technologies in Singapore[J]. Renewable & Sustainable Energy Reviews, 2007, 11(4): 702-715.

［6］COULON R, CAMOBRECO V, BESWAINOV T J, et al. Data quality and uncertainty in LCI[J]. The International Journal of Life Cycle Assessment, 1997, 2(3): 178-182.

参考文献

［1］Journal of Industrial Ecology[EB/OL]. http: //onlinelibrary.wiley.com/journal/15309290/.

［2］RIGAMONTI L, GROSSO M, SUNSERI M C, et al. Influence of assumptions about selection and recycling efficiencies on the LCA of integrated waste management system[J]. International Journal of Life Cycle Assessment, 2009, 14(5): 411-419.

［3］SANDIN G, PETERS G M, SVANSTROM M. Life cycle assessment of construction materials: the influence of assumptions in end-of-life modelling[J]. International Journal of Life Cycle Assessment, 2014, 19(4): 723-731.

［4］GRAEDEL T E, ALLENBY B R. Industrial Ecology [M]. 2nd ed. Upper Saddle River: Prentice Hall, 2003.

［5］The International Journal of Life Cycle Assessment[EB/OL]. https://link.springer.com/journal/11367.

［6］陈莎，刘尊文．生命周期评价与Ⅲ型环境标志认证 [M].北京：中国质检出版社，2014.

［7］邓南圣，王小兵．生命周期评价 [M].北京：化学工业出版社，2003.

［8］陆钟武．工业生态学基础 [M].北京：科学出版社，2009.

［9］王筱留．钢铁冶金学（炼铁部分）[M]. 3 版．北京：冶金工业出版社，2013.

［10］杨建新，徐成，王如松．产品生命周期评价方法及应用 [M].北京：气象出版社，2002.

［11］于随然，陶璟．产品全生命周期设计与评价 [M].北京：科学出版社，2012.

课堂讨论与作业

一、课堂练习

为巩固本章中的重要概念，请同学们做以下练习：

1.选择你喜欢的某一产品系统，分析其主要功能，界定其用于某 LCA 研究的功能单位和参考流。

2.比较某一服务与提供该服务的产品之间的差异。

3.针对你熟悉的某一产品或服务，绘制其产品系统。

二、课堂讨论

小组讨论当前哪些产品或服务最值得研究，说出研究的必要性、重要性；选择其一，讨论其 LCA 研究方案，下课前进行小组分享。

三、作业

基于课堂讨论，针对所选的产品或服务，借助图书馆文献系统查询 1 篇其 LCA 研究论文，特别注意其研究依据、研究目的与范围的界定方法这两个部分，体会课堂小组讨论结果与该文献的差异，并对该文献做出评价，整理成 8～10 分钟 PPT 汇报，下一次进行课堂分享。评分标准见表 T4-1。

表 T4-1　课堂小组汇报评分表

选题理由 （满分 10 分）	论文分享 （满分 10 分）	重点环节 （满分 10 分）	评价与感受 （满分 10 分）	表达与规范 （满分 10 分）	总分

第五章　产品生命周期清单分析

本章重点：掌握 LCA 清单分析方法。

基本要求：了解 LCA 清单分析基本步骤，掌握数据收集准备阶段将产品生命周期各阶段拆分为详细流程的方法，以及针对各工序收集原始数据的方法，掌握数据计算中工序数据、功能单位数据之间的关系，弄清清单分析结果在 LCA 研究中的作用。

第一节　核心议题的提出

在第四章介绍 LCA 若干基本概念的基础上，学习了 LCA 基本框架，弄清了 LCA 的研究对象是产品系统，并知道了如何界定 LCA 的研究目的与范围。由于生命周期评价是编制产品系统相关的输入和输出数据，并评估与这些数据有关的潜在环境影响的技术，因此编制并分析与产品系统相关的输入和输出数据成为 LCA 研究的重要内容。清单分析是 LCA 研究的第二阶段，本章将分别介绍清单分析的概念、LCA 清单分析基本步骤等研究内容。

第二节　清单分析概述

一、什么是清单分析？

开展生命周期清单（Life Cycle Inventory，LCI）分析，首先应知道什么是生命周期清单分析。生命周期清单分析是生命周期评价中的一个阶段，涉及编制和量化某给定产品系统整个产品生命周期的输入和输出。这里的输入指的是进入某一工序的物质或能量，而输出是指离开某一工序的物质或能量。需要在获知每一个工序输入和输出数据基础上，汇总得到整个产品系统的清单分析结果。

从 LCA 基本框架看，开展 LCI 分析总是基于生命周期评价中界定的研究目的与范围，其中设定了拟研究的产品系统的基本过程或工序组成及其涉及的环境影响类型等。由此也决定了清单分析中收集输入与输出数据的范围和类型。例如，在

图 4-1 中，产品系统包括运输和能源供应工序，在其清单分析时就需要考察运输过程和各生命周期阶段中能源供应的相关数据，如运输过程、材料加工、产品生产等阶段的耗油量、耗电量、不同种类废气的排放量等相关数据；而简化为图 4-5 的产品系统后，运输和能源供应工序将不属于该研究范围，因此也不必考虑相关数据。

产品系统的清单分析结果既可作为产品系统的环境性能初步结果，又是进一步开展产品生命周期环境影响评价（Life Cycle Impact Assessment，LCIA）的基础。特别是对数据类型基本一致的不同产品系统的比较研究而言，完成 LCI 分析，就可根据清单分析结果获知哪种产品或服务对环境更加友好，这种情况下 LCI 结果就可用作 LCA 研究结果。

二、清单分析基本步骤

开展产品生命周期清单分析，通常按图 5-1 中的基本步骤进行。在已界定的研究目的与范围基础上，主要完成数据收集准备、收集数据和建立这些数据与参考流、功能单位之间的联系的计算工作。在以上过程中还将涉及系统边界的调整、数据有效性的检查与确认、数据汇总等辅助工作。

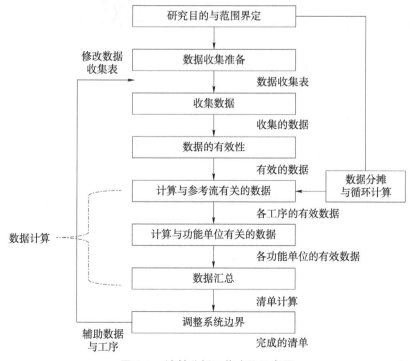

图 5-1　清单分析工作步骤示意图

第三节　如何进行数据收集准备

在清单分析中，进行收集数据工作前，应先做好准备工作。

这时，通常首先针对已经界定的产品系统，对各生命周期阶段进行编号，并用 L^i 表示，右上标符号 i 表示第 i 个生命周期阶段，可分别代表产品系统中的原材料采掘与材料生产、产品加工制造、产品使用、报废处置等任一阶段。

然后，依次选定某一生命周期阶段，绘制其生产工艺主要流程图，并对主流程进行编号，用 P^j 表示，j 表示第 j 个主流程，后续将代表锁定的某企业或生产部门。例如钢铁生产起始于原材料获取，历经炼铁、炼钢、轧钢和表面处理几个基本过程，如图 5-2 所示。通过生产工艺流程图，锁定收集数据时各生产过程对应的生产企业或生产部门（车间）。

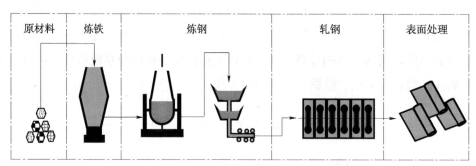

图 5-2　钢铁生产的主要生产工艺流程

在此基础上，进一步分解各企业的技术流程，并详细绘制包含企业内部不同生产车间、不同生产过程的生产工艺流程图，细化到可独立收集实际运行数据的每一道工序，并对同企业或车间的各个工序进行编号，用 P^k 表示，k 表示第 k 道工序。图 5-3 是某钢铁生产的工艺流程图。通过详细的工艺流程图，落实收集数据的基本单元。例如，图 5-3 左上方原煤、铁矿石原矿、石灰石辅料等投入生产，分别制成了烧结块与焦炭，主要发生在烧结厂和焦化厂。此后，烧结块与焦炭被投入高炉炼铁阶段，烧结块熔化形成炽热铁水。然后，铁水和废钢分别经过转炉、电弧炉形成钢锭和钢坯，再经过连铸、连轧等过程，被制成钢板、钢丝、钢卷等钢产品。可见，任一生产过程可能包括多种不同工序，需要将技术流程细化到收集数据的最小工序。

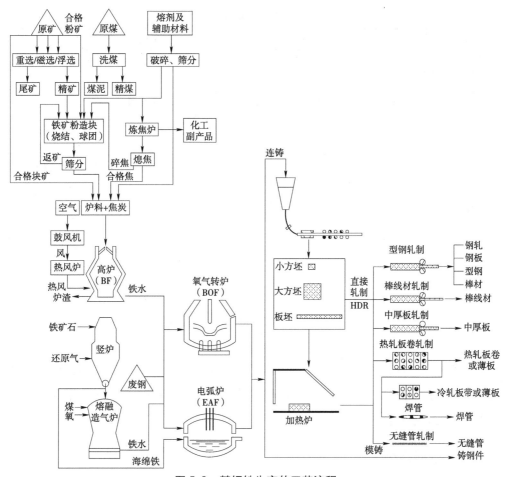

图 5-3　某钢铁生产的工艺流程

来源：王筱留 . 钢铁冶金学（炼铁部分）[M]. 3 版 . 北京：冶金工业出版社，2013。

接下来，针对拟用于收集数据的每道工序，描述其名称、起始位置、在产品生命周期中发挥的作用等基本信息，并列出所收集数据类型及计量单位，绘制工序数据收集初表，如表 5-1 所示。特别是对于不能到生产现场采集数据的情况，应编写数据收集指导书，详细描述数据收集和计算方法，以及现场可能产生的问题（如数据短缺、偏差太大等）的处理方法，以便于现场人员参考并针对每道工序收集所需数据。

此外，清单编制人员还应熟悉整个产品系统中各工序间连接关系，从而避免重复或漏失数据。并特别注意多种工序或产品系统相互交叉混合使用的流动数据，要详细记录选用的数据分摊方法、选用理由和数据分摊结果。

表 5-1　工序数据收集初表示例

填表人		工序名称		工序编号	
填表时间		起止时间		填表地点	
工序描述					
	单位	数量	采样方法描述	数据来源	备注
物料输入					
能量输入					汽油、煤油等
水耗					地表水、地下水
产品					
废气					CO_x、NO_x、SO_x
废水					BOD、COD
固体废物					危险废物、矿渣

第四节　如何收集数据

工序是收集数据的基本单元，所有数据都是针对各工序进行收集的。可由研究人员在现场收集数据，也可把数据收集初表发送给生产部门，由现场技术人员代为收集。这是清单分析的第二项重要工作。

一、数据类型

由于 LCA 研究人员并非特定生产工序的技术人员，常出现所制数据收集初表与实际情况不太一致的情况，这时需要与现场情况进行核对，并调整数据收集表，将实际运行数据填入收集表。

研究中所用数据可有多种分类方法。依据其来源，可分为现场数据、文献数据、计算数据；按其时间跨度，可分为现状数据、历史数据等；按照物质或能量相对于拟定工序的流动方向，分为输入和输出两个大类；按照各股流动的物理化学属性，可分为物质流动、能量流动、价值流动等；按照资源的人为加工转变程度，将从自然环境中获取的未经任何人为转变的物质或能量，或排向自然环境且不再经任何人为转变的物质或能量称为"基本流"（elementary flow），它们都是对自然环境系统产生直接作用的物质或能量，如从海底抽取的原油，或从太阳辐射中获取的能量，或某一工序排向大气或水的环境废物；而经过人为转变或进入自然环境前仍有待处理、仍需加工才能提供最终服务的物质或能量称为"中间产品"（intermediate product），常表现为各种零配件；将不再进行加工但能满足最终需求的物质或能量称为"终产品"，也就是 LCA 研究的目标产品。LCA 研究应用中，通常优先按输入、输出分类，然后根据物理化学属性划分细类，在此基础上根据需要添加其他属性信息。

二、数据收集方法

对不同的数据有不同的收集方法。例如，对现场数据，需要到现场实测、实验并收集。

现场数据收集中，通常先针对每一工序绘制该工序的数据收集简图，并将涉及的数据类型和数据名称列出来，如图 5-4 所示；例如，对于玻璃生产，以石材和废玻璃两种原料开展生产，将白云石、石灰石等取自自然资源系统的原材料和废玻璃二次原料，以及所需添加的辅助材料，都列在工序的输入侧；而将目标产品（如中空玻璃）、代谢废物、废水、废气等列在工序的输出侧，如图 5-5 所示。

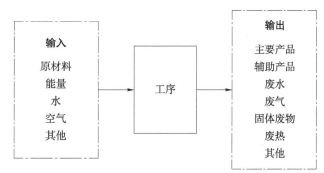

图 5-4　清单分析基本单元

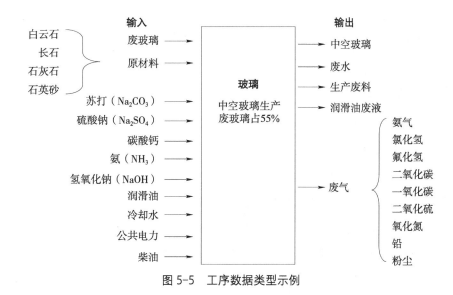

图 5-5　工序数据类型示例

描述并记录每类数据的收集技术和计量技术，主要涉及实测、实验或查找运行记录等方法。例如，对天然气采用煤气表读取消耗数据；通过水表读取用水数据；通过天平称重获得投入药品、添加剂的数量；通过部门物料平衡，计算不同环节的废物流失数量；根据不同参数之间的关系，计算未知数据，从而依次收集各细类数据，并按数据类型、细类名称填入调整好的数据收集表中，完成数据收集工作。为了清楚各工序数据与上下游工序间的关系，还将数据进一步标注、区分为"基本流""中间产品""终产品"等属性，如表 5-2 所示。

表 5-2　工序数据收集结果示例

输入	物料种类	单位	数量
废玻璃，再生原料	来自其他系统的产品	kg	601.30
白云石，原材料	基本流	kg	72.50
长石，原材料	基本流	kg	31.10
石灰石，原材料	基本流	kg	27.00
石英砂，原材料	基本流	kg	253.10
苏打（Na_2CO_3）	中间产品	kg	62.80
硫酸钠（Na_2SO_4）	中间产品	kg	3.20
氨（NH_3）	中间产品	kg	0.30
氢氧化钠（$NaOH$）	中间产品	kg	21.40
润滑油	中间产品	kg	0.66
冷却水	基本流	m^3	1.70
公共电力	中间产品	kW·h	291.00
柴油	中间产品	kg	0.14
燃料（综合焚烧）	中间产品	kg	152.40

三、数据质量要求

LCA 研究中所用数据应满足一定的数据质量要求。

1. 数据覆盖范围要求

应与已界定的 LCA 研究目的与范围相一致，并满足时间、地域和技术三个方面的覆盖范围要求。其中，时间覆盖范围（time-related coverage）是指数据采集时间和完成数据收集过程的最短时段，如某废气排放时，要求打开排气阀 1 分钟后开始采集流速和气体浓度数据，并要求当年采暖期稳定运行阶段中（12 月至翌年 2 月）每周收集一次数据；地域覆盖范围（geographical coverage）是指工序数据收集所要求的地理范围，如 $PM_{2.5}$ 减排 LCA 研究中，要求采集华北地区 20 个重点城市的能源生产中的烟气排放数据；技术覆盖范围（technology coverage）是指工序运行中所用技术的综合水平，如代表最差工艺或最好工艺，或多种不同技术以不同权重进行综合运用等。

2. 数据的其他质量要求

除以上三个方面的数据要求外，还需要满足以下几个方面的要求。

（1）准确性（precision）：数据数值变异性的度量，如方差，反映数据的变化程度。

（2）完整性（completeness）：指某工序拟收集的潜在现存数据中采样点原始数据所占的百分比，反映采样点数据的可得水平。当采样点数据缺失时，可通过查找历史数据、相似工序的技术数据、文献数据、历史趋势分析补充数据、数学物理分析估算数据等进行补充。

（3）代表性（representativeness）：是所用数据反映真实兴趣数据群程度的定性评估指标，兴趣数据群可反映 LCA 研究所涉及的时空尺度、技术覆盖水平等因素。

（4）一致性（consistency）：是定性评估各部分研究方法的相同程度，要求各部分的数据采用统一的记录规范、格式和逻辑。例如数据记录都采用四位有效数字，或都保留至小数点后两位。这里的"逻辑"指的是不同数据间存在因果、顺序等基本关系，例如都按照工序的主材料流动顺序编排数据类型或按照物质形态以气、固、液来分类数据。

（5）可重复性（reproducibility）：定性评估研究中所用方法和数值等基本信息允许其他个人重现其研究结果的程度。要求变更研究者情况下，采用某 LCA 研究中相同方法，仍可获得相同的结果和结论。可重复性越高，所用研究方法和结果越可靠。

四、数据单位选择

每一个物理量都有度量单位。数据收集过程中应明确每一种数据的度量单位，并将所收集的数据按照特定的单位列入表格。

应用中，由于同一种物理量通常可表达为不同的度量单位，如我国工程应用中常选择标准煤（热值为 7 000 kcal/kg 的煤炭）作为能源的计量单位，而国际标准中以焦耳作为能源计量单位，并且会受到现场计量仪表、技术人员偏好等因素的影响，因此现场收集的原始数据可表达为多种不同计量单位。例如，在钢铁冶炼阶段的能源消耗采用 t 标准煤作为计量单位，而在道桥等搭建中能源消耗以电力为主，选择了 kW·h 作为计量单位。若干常用单位如表 5-3 所示。

表 5-3　数据常用单位示例

数据类型	常用单位	示例
能量输入	t 标准煤，kW·h，L（油），桶	100 kW·h 的能耗
原材料输入	t，kg，m^3	1 000 m^3 水
产品	t，m^3	10 t 钢材
大气排放物	kg，m^3	0.05 g SO_2

为了便于后续数据计算，针对同一种物理量选择某一常用单位，尤其推荐采用国际单位作为其数据汇总时的计量单位。这时需要将具有不同单位的数据乘以相应的折算系数，得到该选定单位下的数值。不同单位间的折算系数可参阅相关技术手册。表 5-4 示例了若干不同类型能源转换到标准煤与焦耳两种能源单位时的折算系数。

表 5-4　不同类型能源的标准煤与焦耳折算系数

能源品种	标准煤折算系数	焦耳折算系数
煤	0.715 kg 标准煤 /kg	20.955 MJ/kg
焦炭	0.971 kg 标准煤 /kg	28.470 MJ/kg
原油	1.429 kg 标准煤 /kg	41.869 MJ/kg
燃油	1.4296 kg 标准煤 /kg	41.869 MJ/kg
天然气	1.33 kg 标准煤 /m^3	38.980 MJ/m^3
电力	0.123 kg 标准煤 /（kW·h）	3.602 MJ/（kW·h）

五、数据收集其他事宜

收集数据中也常遇到所需数据缺失或与其他产品系统数据共用的情况。对于无记录、无法检测获取的缺失数据，通常可采用以下几种办法弥补：①如果缺失数据来自统计数据，那么可追溯前几年的数据，通过趋势分析估算该年度数据，并弥补数据；②根据工序各股物质流、能量流间内在物理化学变化关系或该工艺的实践经验，由已知数据推算未知数据；③查阅相关文献，借鉴类似工艺或技术数据，并根据可能差异估测数据。

对于某一工序涉及多个产品系统的情况，需要将工序数据在相关产品系统间分摊，分摊的方法可通过数据所反映的物理属性以及相关产品系统间内在关系来确定。例如某运输过程中，同时运送的物资既有拟研究的产品 A，又有产品 B。这种情况下，运输过程中的燃料消耗、废气排放等工序数据就需要在产品 A 和产品 B 间分摊。考虑到燃料消耗量主要与载重有关，而废气排放量直接决定于燃料消耗量，因此可按产品的重量来分摊燃料消耗和废气排放数据。例如，假定某运输过程中消耗了 10 L 汽油，排放 2 L CO、60 mL 碳氢化合物、100 mL NO_x，而产品 A 总重 6 t，产品 B 总重 4 t，这种情况下若选择按重量分摊数据，则产品 A 承担的数据应为 6 L 汽油、1.2 L CO、36 mL 碳氢化合物、60 mL NO_x。如果载货量主要受体积容量限制，则可考虑根据产品的体积来分摊数据。除此之外，还可根据产品价格、安全程度、双方意愿等因素设定数据分摊方法。实际应用中，数据分摊的情况可能更复杂，需要认真分析，选择合适合理的方法来分摊相关数据。

第五节　如何进行数据计算

LCA 研究中，在获取各道工序数据的基础上，开展数据计算。数据计算的目的是获得与研究范围中界定的功能单位所对应的数据。为此，要根据收集的数据，计算得到各道工序中与参考流对应的数据，然后进一步折算得到与产品系统功能单位对应的数据。最终表达为一个功能单位的某数据的数值，如 0.5 mg NO_x（排放）/FU、10 t 铜矿石 /FU。

一般来说，数据计算主要经历以下三个计算过程：建立数据与工序的联系、建立数据与功能单位的联系，最后进行数据汇总。

一、建立数据与工序的联系

为了建立数据与各工序的联系，我们首先关注产品系统中所包含的每个工序，建立数据与特定工序的联系，然后按第四章方法，借助各工序间的物质或能量定量关系，找到各工序对应的参考流，从而建立数据与各参考流的联系。

例如，第四章中定义"粉刷 20 m^2 墙壁并维持 5 年使用"作为某 LCA 研究的功能单位。若假定 1L 涂料可涂刷 8.7 m^2，并可维持 2.5 年，则若实现涂刷 20 m^2 并维持 5 年的服务量，将需要 4.6 L 的涂料 A。4.6 L 涂料就是终产品的参考流数量。根据这一数据，再追溯涂料的其他生命周期阶段及其工序。例如，追溯到涂料生产阶段，查得某涂料生产厂年度统计数据，涂料产量为 1 000 L，分别消耗 800 kg 树脂、80 kg 钛白粉、40 L 烃类溶剂和 160 L 流平助剂，则对应于终产品参考流"4.6 L 涂料"的工业原料数量是：

树脂量: 800 kg/1 000 L × 4.6 L=3.68 kg

同样方法可计算得到 0.368 kg 钛白粉、0.184 L 烃类溶剂和 0.736 L 流平助剂。这些数据就是上游树脂生产、钛白粉生产、烃类溶剂生产和流平助剂生产等工序的参考流数值,如图 5-6 所示。

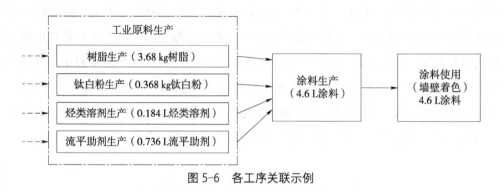

图 5-6　各工序关联示例

对于长流程的生产过程或复杂的产品系统,也可针对每道工序,在收集生产数据的基础上,计算得到每道工序单位产品的输入或输出数据,以此作为该工序数据。例如前述涂料生产工序中,基于生产 1 000 L 涂料消耗 800 kg 树脂、80 kg 钛白粉、40 L 烃类溶剂和 160 L 流平助剂,可计算得到每升涂料将消耗 0.8 kg 树脂、0.08 kg 钛白粉、0.04 L 烃类溶剂和 0.16 L 流平助剂,以此作为各工序的基准数据。

二、建立数据与功能单位的联系

在获得各工序数据的基础上,建立各工序数据与功能单位的联系。因为 LCA 研究中界定的一个功能单位对应着终产品和各道工序的参考流,因此各工序参考流数值就是该工序与功能单位对应的数据。

例如前述涂料示例中,3.68 kg 树脂、0.368 kg 钛白粉、0.184 L 烃类溶剂和 0.736 L 流平助剂既是树脂生产、钛白粉生产、烃类溶剂生产和流平助剂生产等各工序的参考流数据,又是对应产品参考流 "4.6 L 涂料" 的数据,还是功能单位 "粉刷 20 m² 墙壁并维持 5 年使用" 的数据。

同样的道理,可追溯整个产品生命周期各阶段、各工序相关数据对应于功能单位的数值。

三、数据汇总与 LCI 研究结果

在获得各工序数据与功能单位对应的数值后,就可计算整个产品生命周期的数据，也就是将整个产品生命周期所有工序的数据按照数据类别，各归其类，分别加和汇总，称为数据汇总。由于前面两步计算已经获得了各工序不同类型数据与功能单位对应的数值，因此各类型数据汇总的结果就是与功能单位对应的产品生命周期数据清单的结果。

例如第四章表 4-1 中饮料瓶示例，饮料瓶批量生产时，在饮料瓶成型工序中，现场数据表明每成型 1 万只 0.5 L 的饮料瓶消耗能量 5 MJ，对应饮料瓶成型工序，则成型 10 万只（与参考流对应）饮料瓶最终消耗 50 MJ 能量。依次类推，计算得到对应于 10 万只饮料瓶的各个工序的输入和输出数据，最后将它们汇总起来，计算得到整个生命周期对应于 10 万只饮料瓶的数据。由于 10 万只容量为 0.5 L 的饮料瓶对应于所进行的 LCA 的功能单位，所以该数据就是饮料瓶产品生命周期对应于功能单位的数据，即实现盛装 5 万 L 饮料所需要消耗的能量。

数据汇总的结果可整理为绝对值的形式，也可进一步整理为相对值的形式，后者便于看出环境负荷在各环节分布的差异，如表 5-5 所示。

表 5-5　LCI 数据整理结果示例——玻璃瓶生命周期能耗　　　　单位：%

能量消耗工序	电力	热力
原材料开采与冶炼	0.1	2.6
玻璃生产	4.5	14.2
清洗与充注	64.4	61.4
使用（冷藏）	15.9	—
回收（清洗）	0.1	—
废物处理	—	—
标签制作	4.4	8.8
瓶盖（整个生命周期）	10.2	10.5
装箱	0.5	2.5
配送	—	—
运输	—	—
总量	100	100
总量 /（kW·h/FU 或 MJ/FU）	78 kW·h/FU	750 MJ/FU

这里仅给出了玻璃瓶生命周期能耗方面的清单结果示例。而实际的生命周期评价中的清单结果涉及多种不同类型（物质、能量、噪声等）数据，都应汇总在表格中，作为清单分析的结果。

第六节 如何撰写 LCI 报告

完成清单分析后，通常要撰写 LCI 研究报告。应主要涵盖以下内容。

（1）LCI 研究目的：清楚描述开展 LCI 研究的原因、应用目的和服务对象。

（2）研究范围：产品系统范围、产品功能、功能单位、系统边界、工序增减原则、数据类别与质量要求等。

（3）清单分析：数据收集方法、工序的描述、文献来源、数据计算方法、分摊方法、数据敏感性分析等。

（4）LCI 研究结果与结论：功能单位对应的各类数据、清单分析结论与改善或管理建议。

对于具有相同数据类型的不同产品系统的对比性研究，由于数据类型相同，其潜在的环境影响类型也将相同，并且环境影响大小将与数据的大小成正比，因此只需要比较各类型数据的大小，就可判断好坏，不必再进行后续的环境影响评价。这种情况下，LCI 研究结果就可作为 LCA 研究结果。

应用中还有很多只需完成生命周期清单分析研究的示例。请同学们注意分辨。

关于生命周期清单分析其他内容，同学们可参考现行国际标准，以及发表的相关文献，特别推荐参阅来自 *The International Journal of Life Cycle Assessment*、*Journal of Industrial Ecology*、*Journal of Cleaner Production*、*Ecological Economics* 等国际权威刊物的文献。

推荐阅读

[1] KANNAN R, LEONG K C, OSMAN R, et al. Life cycle energy, emissions and cost inventory of power generation technologies in Singapore[J]. Renewable & Sustainable Energy Reviews, 2007, 11(4): 702-715.

[2] ISO 14044：2006/Amd2：2020 Environmental management—Life cycle assessment—Requirements and guidelines—Amendment 2，替代 2017 年版和 2006 年版 ISO 14044。其中 2006 年版 ISO 14044 曾替代 ISO 14041（1998 年）、ISO 14042（2000 年）、ISO 14043（2000 年）。

[3] 鲍建忠. ISO 14041—98 环境管理—寿命周期评估——目标与范围定义及清单分析 [J]. 世界标准信息，1999，5：3-16.

参考文献

［1］Journal of Industrial Ecology[EB/OL]. http: //onlinelibrary.wiley.com/journal/15309290/.

［2］GRAEDEL T E, ALLENBY B R. Industrial Ecology [M]. 2nd ed. Upper Saddle River: Prentice Hall, 2003.

［3］The International Journal of Life Cycle Assessment[EB/OL]. https: //link.springer.com/journal/11367.

［4］陈莎, 刘尊文 . 生命周期评价与Ⅲ型环境标志认证 [M]. 北京：中国质检出版社, 2014.

［5］邓南圣, 王小兵 . 生命周期评价 [M]. 北京：化学工业出版社, 2003.

［6］陆钟武 . 工业生态学基础 [M]. 北京：科学出版社, 2009.

［7］王筱留 . 钢铁冶金学 (炼铁部分)[M]. 3 版 . 北京：冶金工业出版社, 2013.

［8］杨建新, 徐成, 王如松 . 产品生命周期评价方法及应用 [M]. 北京：气象出版社, 2002.

［9］于随然, 陶璟 . 产品全生命周期设计与评价 [M]. 北京：科学出版社, 2012.

课堂讨论与作业

一、课堂练习

为巩固本章中数据收集和计算的方法，请同学们做以下练习：

1. 以家用洗衣机为例，针对洗涤过程，列出拟收集的数据，并给出各数据的收集方法。请留意洗涤过程与洗衣机整个产品生命周期的差别。

2. 以某一熟悉的公共场所为例，调研某特定时段（如一个月、一个季度、一年）内，在使用过程中的主要输入和输出数据，分析不同用户分摊数据的可能方法。

3. 假定某 LCA 研究中，界定的功能单位是"为 100 名学生提供大学期间的住宿服务"，请基于调研，估算产品生命周期各阶段及其工序的主要数据，并分别尝试计算与功能单位对应的数值。

二、课堂讨论

小组讨论当前哪些产品或服务最值得研究？说出研究的必要性、重要性；选择其一，讨论其 LCA 研究方案，下课前进行小组分享。请选择你所喜欢的某一服务或产品，设计其可能的生命周期清单分析。提示大家在该讨论中，应明确选定某一产品或服务，然后绘制其整个产品生命周期系统图，并显示 LCI 研究中将包含的主要生命周期阶段，然后分别针对不同阶段列出清单分析主要数据和分析过程。

三、作业

基于课堂讨论，针对所选的产品或服务，借助图书馆文献系统查询一篇其生命周期清单分析的研究论文，特别注意其研究依据、清单分析中数据的分类、收集方法和计算过程，体会课堂小组讨论结果与该文献的差异，并对该文献进行评价。并整理成 8~10 分钟 PPT 汇报，下一次进行课堂分享。评分标准见表 T5-1。

表 T5-1　课堂小组汇报评分表

选题理由 （满分 10 分）	论文分享 （满分 10 分）	重点环节 （满分 10 分）	评价与感受 （满分 10 分）	表达与规范 （满分 10 分）	总分

第六章　产品环境影响评价分析

本章重点：掌握 LCIA 强制性要素分析方法以及研究结果的解释与讨论方法。

基本要求：了解 LCIA 工作步骤，深入理解环境影响类型、环境影响表征指标、特征化模型等基本概念，掌握常用环境影响类型的表征指标和特征化系数，熟练应用环境影响归类方法，弄清重要事项、数据质量对 LCA 研究结果的影响，以及数据评估方法对研究结果有效性的保障作用。

第一节　核心议题的提出

第五章中在界定 LCA 研究目的与范围的基础上，学习清单分析基本步骤，包括数据收集准备、收集数据和数据计算等。清单分析的结果表现为多种不同物质、能量形式的数量，如一个功能单位的服务将消耗 78 kW·h 能量、排放 2.5 kg 的 $PM_{2.5}$ 污染物。这样的数值尽管可在一定程度上反映环境影响的大小，但是当清单分析结果所包含的数据类型不同时，将无法进行同种服务不同产品系统间的比较。如系统 A 单位服务将消耗 78 kW·h 能量、排放 2.5 kg 的 $PM_{2.5}$ 污染物，而系统 B 单位服务将消耗 30 kW·h 能量、排放 4.0 kg 的 NO_x 污染物，在这种情况下难以根据 LCI 数据结果做出孰好孰坏的判定。因此，有必要进一步评价这些 LCI 结果的环境影响，并对所得的环境影响评价结果进行解释。本章将针对如何开展以上两项研究进行研讨。

第二节　环境影响评价概述

一、什么是产品生命周期环境影响评价？

LCIA 是 LCA 研究的第三阶段。LCIA 是依据产品生命周期清单分析结果（LCI 结果），评价该结果的潜在环境影响大小的阶段。开展 LCIA 研究，需要建立 LCI 结果与特定环境影响类型（impact categories）及其表征指标（category indicators）

间的定量联系，进而计算产品（或服务）系统的潜在环境影响。LCIA 研究结果是
LCA 第四阶段"研究结果的解释与讨论"的工作基础。

二、LCIA 组成要素

根据国际标准 ISO 14044，开展 LCIA 研究，通常包括三项强制性要素和四项
任选要素，如图 6-1 所示。其中强制性要素是开展 LCIA 研究必须执行的要素，
包括选择环境影响类型及其表征指标、LCI 结果的归类与特征化表征等；而任选
要素是根据界定的研究目的与范围，对 LCIA 结果进一步整理与表达，可选做或
不做。

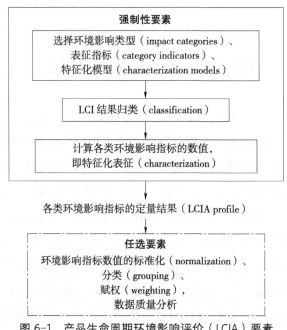

图 6-1　产品生命周期环境影响评价（LCIA）要素

资料来源：ISO 14044。

第三节　如何选择环境影响类型及其表征
指标与特征化模型

开展产品环境影响评价，首先需要确定拟评价的环境影响类型（impact
categories）、该类型环境影响的表征指标（category indicators）和评价过程中拟采用
的特征化模型（characterization models）。这部分是 LCIA 研究的第一个要素，也是

LCIA 强制性要素。

LCIA 是依据产品生命周期清单分析结果，评价产品（或服务）系统环境影响大小的阶段。环境影响评价主要涉及环境影响类型与指标的选择，以及将清单分析结果进行归类和特征化表征三个强制性要素。

一、如何选择环境影响类型？

环境影响类型用于表征所关注的环境事项的共有属性，是指研究中所关心的环境问题的所属类型。在第四章 LCA 研究范围界定的内容中已经讲过，开展 LCA 研究，应根据研究目的，在研究范围界定阶段择定 LCA 研究中拟评价的环境影响类型（impact categories），环境影响类型是 LCI 结果的分派对象，代表所关心的环境事项。ISO 14040、ISO 14044 标准中将环境影响分为资源使用、人类健康和生态破坏三大类。

实际应用中强调特定区域、特定 LCA 研究所关心的环境事项。例如，我国南方酸雨严重区域关心酸雨能否有效控制，为缓解酸雨环境问题而开展的技术升级类 LCA 研究，势必选择"酸沉降"作为拟评价的环境影响类型；当前"碳达峰、碳中和"战略任务下，关心"碳达峰""碳中和"水平所开展的产品替代或服务升级类 LCA 研究，势必选择"全球变暖"作为拟评价的环境影响类型；而邻近矿产开采或金属加工的区域，环境中重金属污染物可能超标，影响稻谷、蔬菜等农作物质量，关心土壤、水体中重金属污染物的接纳量、浓度所开展的 LCA 研究将考察重金属污染物的环境排放量，并选择"人体健康"作为拟评价的环境影响类型。

对于大多数 LCA 研究，常选择多种环境影响类型作为拟评价的环境影响类型。与输入数据相关的常用环境影响类型主要有非生物资源耗竭（depletion of abiotic resources），如化石燃料、矿物等资源；还有生物资源耗竭（depletion of biotic resources），如木材、鱼类等资源。与输出数据相关的常用环境影响类型有气候变化（climate change）、平流层臭氧耗竭（stratospheric ozone depletion）、光氧化形成（photo-oxidant formation）、酸化（acidification）、硝化（nitrification）、人体毒性（human toxicity）、生态毒性（eco-toxicity）。例如，在某冬麦生产系统的 LCA 研究中，由于较多地施用了氮肥，因此选择了非生物资源耗竭（化石燃料、磷矿、钾碱）、土地使用、气候变化、毒性（包括人体毒性和生态毒性）、酸化和富营养化（包括陆地与水体）等环境影响类型。请同学们在开展 LCA 研究时，用心体会研究区域所关注的环境事项，有针对性地选择环境影响类型。

二、如何确定环境影响表征指标?

在确定了拟评价的环境影响类型以后,还需针对每一个选定的环境影响类型选择某一个定量指标,定量表征产品系统对环境的影响的大小,为该类环境影响的表征指标(category indicators)。每一类环境影响对应某一特定表征指标。当 LCA 研究中选用多种环境影响类型时,将使用多个不同的环境影响表征指标。ISO 14044 中示例了若干常用的环境影响类型及其与表征指标的对应关系,如表 6-1 所示,供大家参考。例如,对于化石燃料耗竭这一环境影响类型,国际标准规定了以"能源含能量"作为表征指标;对于能源以外的矿产资源耗竭,则规定采用"矿石资源中的矿物开采量随资源储量供应限值的变化函数"作为表征指标;对于气候变化这一环境影响类型,规定采用"红外辐射强度增量"作为表征指标。对于尚未列入国际标准的环境影响类型,则需参考国家级、专业技术级标准;若尚未制定相关标准,则需要开发特征化模型,确立其新的表征指标。请同学们留意现有文献中所使用的环境影响表征指标,可将发现的新指标分享在课程平台上。

表 6-1   环境影响类型与其表征指标的对应关系示例

环境影响类型(impact categories)	环境影响类型的表征指标(category indicators)
化石燃料耗竭	能源含能量
能源以外的矿物资源耗竭	矿石资源中的矿物开采量随资源储量供应限值的变化函数(extraction of material in the ore as a function of estimated supply horizon of the reserve base)
气候变化(climate change)	红外辐射强度增量
平流层臭氧耗竭(stratospheric ozone depletion)	平流层臭氧空洞增量
硝化(nitrification)	沉积物增长量除以生物质中的 N/P 当量值(deposition increase divided by N/P equivalents in biomass)
生态毒性(eco-toxicity)	预测的环境浓度增长量除以预测的无影响浓度(PNEC)[predicted environmental concentration increase divided by Predicted No-Effect Concentration(PNEC)]

资料来源:ISO 14044。

三、如何确定环境影响特征化模型?

1.特征化模型

在确定了拟评价的环境影响类型及其表征指标后,还需针对每一类环境影响构建特征化模型（characterization models），以此描述 LCI 结果与其产生的各类环境影响、对受害环境类型终端（category endpoints）侵害程度之间的作用机理，并反映其间内在定量联系。其中的环境影响作用机理（environmental mechanism）是指某一给定环境影响类型中，LCI 结果与其环境影响表征指标和受害环境类型终端间的内在物理、化学或生物过程作用关系；而受害环境类型终端是指环境影响可能波及的自然环境、人体健康或资源的体征属性。例如，对于酸雨严重地区，LCA 研究中将选择酸化这一环境影响类型，清单分析阶段将收集可能导致大气、水体呈现酸性的排放物（如 SO_2、NO_x 等）数量，这些物质的汇总结果构成 LCI 结果。这些物质进入大气、水体后，将发生一系列物理、化学或生物反应，最终腐蚀构筑物、植物等的外表组织并造成伤害。这里的受害对象"构筑物""植物"就是受害环境类型终端（category endpoints）；从 SO_2 等酸性物质进入大气、水体，到最终侵害构筑物或植物等受害环境类型终端，其间发生的物理、化学、生物作用（如 SO_2 遇到水后释放 H^+，而释放的 H^+ 又与其接触的物质发生化学反应，从而造成物体表面破损）就是环境影响作用机理（environmental mechanism）。而这一定性关系中还隐含着定量关系，SO_2 排放数量将影响大气中的 SO_2 浓度和 H^+ 浓度，而大气中 H^+ 浓度又进一步影响物体表面的化学反应强度和物体受损程度，因此就存在 SO_2 排放量与受害环境类型终端间的定量关系，称为酸化类环境影响的特征化模型，这种定量关系反映着整个过程中各参数间的物理、化学、生物反应内在联系。

2. 特征化系数

由于一种环境影响类型通常起因于多种污染物，例如全球变暖可由 CO_2、CH_4、N_2O 等温室气体引起。为了更有效地统一表征不同污染物的环境影响能力，通常选择一种典型物质，借助建立其他污染物与该典型物质产生同等环境影响的物质数量间的比例关系，来折算其他污染物的环境影响能力。而表示同等环境影响下某一物质与典型物质间的数量比例关系称为该物质的特征化系数（characterization factor）。不难设想，特征化系数的数值与该物质的环境影响作用机理密切相关，需要借助特征化模型来确定。

建立特征化模型的直接目的就是获取某特定环境影响类型的特征化系数，该因子将反映不同 LCI 结果数据形成相同数量的同类环境影响时的定量差异，借助该因子可将 LCI 结果折算转换为反映环境影响大小的统一单位，从而实现定量描述产品系统环境影响的最终目的。例如，气候变化问题中，IPCC 定义二氧化碳在 100 年内的全球变暖潜力（Global Warming Potential, GWP）为 1，其他物质按其大气增温能力折算为 CO_2 的当量数。这一折算系数称为特征化系数。例如，CH_4 的 GWP 为

25，N_2O 的 GWP 为 298。如果某研究的 LCI 结果中有 CH_4、CO_2、N_2O 等的排放量，并选择了气候变化作为拟评价的环境影响类型，则可应用 IPCC 特征化模型，将 LCI 结果中的 CO_2、CH_4、N_2O 排放量分别乘以 1、25、298，即可得到这 3 种物质对应的 CO_2 排放当量数值。

特征化模型通常由专门研究机构构建，并确定不同环境影响的特征化系数。若干常用特征化系数如表 6-2 所示。这里仍需注意，特征化系数的取值并非一成不变，会受到特征化模型的影响，可因不同机构所设特征化模型的不同而不同，也可随研究深入程度不同而有所调整。

表 6-2　若干常用特征化系数

环境影响类型	特征化系数表征指标	类别	特征化系数
气候变化	GWP equivalent factors	1 kg CO_2	1 kg CO_2 当量
		1 kg CH_4	25 kg CO_2 当量
		1 kg N_2O	298 kg CO_2 当量
富营养化	eutrophication equivalent factors	1 kg NO_3^-	1 kg NO_3^- 当量
		1 kg NH_3	3.64 kg NO_3^- 当量
		1 kg PO_4^{3-}	10.45 kg NO_3^- 当量
酸化	acidification equivalent factors	1 kg SO_2	1 kg SO_2 当量
		1 kg NH_3	1.88 kg SO_2 当量

资料来源：http://qpc.adm.slu.se/7_LCA/page_10.htm。

四、环境影响类型、表征指标、特征化模型间关系示例

特征化模型的创建工作通常由专门的研究机构完成。例如，对于气候变化，其特征化模型由 IPCC 构建，反映温室气体排放与气候变化之间的关系，简称为 IPCC 模型。其中，IPCC 选用红外辐射强度（infrared radiative forcing）增量作为表征气候变化的指标，并使用 GWP 来反映不同温室气体的大气增温能力。

为了帮助同学们更好地理解环境影响类型、表征指标和特征化模型之间的关系，在此将 ISO 产品生命周期评价系列标准中展示的若干示例列入表 6-3，供同学们参考并应用于后续 LCA 研究中。对尚未列入的，通常也会有专门的研究机构进行研究，并构建其特征化模型。同学们可参阅国际标准、国家标准或留意追踪最新的研究成果。

表 6-3　环境影响类型相关术语示例

术语 （term）	影响类型 1 （impact category 1）	影响类型 2 （impact category 2）	影响类型 3 （impact category 3）
环境影响类型 （impact category）	气候变化 （climate change）	化石能源耗竭 （depletion of fossil energy resources）	生态毒性 （eco-toxicity）
清单分析 LCI 结果（LCI results）	温室气体 （greenhouse gases）	不同化石燃料资源的提取（extraction of resources of different fossil fuels）	有机物向大气、水和土壤的排放（emissions of organic substances to air, water and soil）
特征化模型 （characterization model）	IPCC 模型	累积能源需求 （cumulated energy demands）	使用在 RIVM 开发的 USES 2.0 模型，描述了有毒物质的归趋、暴露和效应（USES 2.0 model developed at RIVM, describing fate, exposure and effects of toxic substances）
环境影响表征指标（category indicator）	红外辐射强度 （infrared radiative forcing）增量	能源含能量 （energy content of energy resources）	预测的环境浓度增长量除以预测的无影响浓度（PNEC）［predicted environmental concentration increase divided by Predicted No-Effect Concentration（PNEC）］
特征化系数 （characterization factor）	各种温室气体的全球变暖潜力（kg CO_2 当量 /kg 气体）［global warming potential for each greenhouse gas（kg CO_2-equivalents/kg gas）］	每质量单位的低热值 （low calorific value per mass unit）	每次向大气、水和土壤排放的有毒物质的生态毒性潜力（ETP）（kg 1, 4- 二氯苯当量 /kg 排放量）［Eco-toxicity Potential（ETP）for each emission of a toxic substance to air, water and soil（kg 1, 4 - dichlorobenzene eq./kg emission）］
指标计算结果 （indicator result）	CO_2 当量，kg （kg of CO_2-equivalents）	总低热值（MJ）［total low calorific value（megajoules）］	1, 4- 二氯苯当量，kg（kg of 1,4- dichlorobenzene equivalents）
受害环境类型终端（category endpoints）	珊瑚礁、森林、农作物（coral reefs, forest, crops）	加热、流动性 （heating, mobility）	生物多样性 （biodiversity）
环境相关性 （environmental relevance）	环境影响表征指标与受害环境类型终端间的关联度（degree of linkage between category indicator and category endpoint）	从能源危机中得知的各种问题（diverse problems known from energy crises）	PNEC 代表了物质对生态系统物种组成的可能影响的阈值；不考虑空间差异（the PNEC represents a threshold for a possible effect of the substance on the species composition of an ecosystem; no spatial differentiation is considered）

资料来源：ISO 14044。

第四节　环境影响归类

一、如何进行 LCI 结果归类?

在选定拟评价的环境影响类型、表征指标和特征化模型以后，就可对 LCI 研究结果的数据进行归类。这是 LCIA 的第二个强制性要素。对 LCI 结果归类就是把前面获得的清单分析结果数据，按照其潜在环境影响属性，各归其类地分派到拟评价的环境影响类型中。例如，SO_2 排放数据归类到"酸化"，温室气体排放数据归类到"气候变化"。应用中，常遇到某一种清单结果数据涉及多个不同环境影响类型的情况。为了有效、准确地分派 LCI 结果数据，可采用以下做法。

（1）将专属于某特定环境影响类型的 LCI 结果数据从其他数据中区分出来，并将其 LCI 结果数据一对一地分派给所专属的环境影响类型。例如，某 LCA 研究中，选择气候变化和酸化作为研究的环境影响类型，在分析中得到了 CO_2、CH_4、SO_2、NO_2 几种污染物的排放数量；这种情况下，在其清单结果归类过程中，应将 CO_2、CH_4 的排放数量归类到"气候变化"中，而将 SO_2、NO_2 的排放数量归类到"酸化"中。

（2）再考虑剩余的 LCI 结果数据，其从属于两个或更多不同的环境影响类型。这种情况下需要认真辨识这些 LCI 结果中不同环境影响间的内在联系，包括彼此的环境影响形成过程、相互影响关系、导致的环境影响后果等。如果 LCI 结果数据 x 可直接导致 A 和 B 两类环境影响，可称该 LCI 结果数据 x 与 A、B 两类环境影响间为并联式关系，这时可将 LCI 中的结果数据 x 分别直接分派给 A、B 两类环境影响。例如，某 LCI 结果中显示排放 5 kg SO_2/FU，研究中考虑了人类健康和酸化两种环境影响类型，而 SO_2 排放既可直接影响人类健康，又可造成大气酸化，形成了并联式关系，因此可将 5 kg SO_2/FU 分别分派给"人类健康"和"酸化"两种环境影响类型。与此相对，还存在串联式关系，也就是 LCI 结果数据 y 可导致环境影响 C，又进一步可导致环境影响 D，形成了逐级串接的环境影响关系。例如，NO_x 会导致地面臭氧形成，而且这种环境影响又会进一步导致酸化。这种情况下，LCI 清单结果数据 y 既要分派给环境影响 C，又要分摊给环境影响 D，而分派给环境影响 C 时可能按数值的 100% 计算，进一步分派给环境影响 D 时可能仅按部分数值（如 40%）计算，该百分比的取值大小取决于环境影响 C 进一步导致环境影响 D 的作用机理及其不同环境影响间的定量关系。

二、LCI 结果归类示例

为了更清楚地理解 LCI 结果归类方法，示例某 LCI 结果与环境影响类型间的数据分配关系，如表 6-4 所示。表中假定某产品系统分别采用 A 和 B 两种材料（如相同容量的纸杯和塑料杯），开展比较性 LCA 研究，其中清单分析结果列入"LCI 结果"栏，而计算各类环境影响大小时所分派得到的数据列入"分配的 LCI 结果"栏，以此数值计算后续的特征化数值。

表 6-4　LCI 结果向各类环境影响分派示例

环境影响参数	LCI 结果 / (kg/FU)		环境影响类型	分配的 LCI 结果 / (kg/FU)	
	材料 A	材料 B		材料 A	材料 B
物质资源类					
铝矿	10	0	资源耗竭（非能源类）	10	0
煤矿	50	6	资源耗竭（能源类）	50	6
原油	120	90	资源耗竭（能源类）	120	90
大气污染物					
CO	0.5	1.5	人类健康	0.5	1.5
CH_4	0	0.3	气候变化	0	0.3
CO_2	20	30	气候变化	20	30
			酸化	20	30
SO_2	50	25	酸化	50	25
			人类健康	50	25
HF	0	1.2	平流层臭氧耗竭	0	1.2
NO_x	2	3	光化学烟雾	2	3
			平流层臭氧耗竭	2	3
			酸化*	1	1.5

注：FU——功能单位，Function Unit；* 假定 NO_x 串联式环境影响，50% 衰减。

第五节　研究结果特征化

将不同的清单分析结果经由各种环境影响特征化系数转化为相应的环境影响大

小的过程称为环境影响特征化。以此得到环境影响评价的特征化结果。

一、如何估算环境影响表征指标？

将 LCI 结果归类到各类环境影响后，就可借助各类环境影响的特征化系数，将其折算转换成某类环境影响的特征物质的数量，形成反映该类环境影响大小的统一单位，这一过程称为环境影响结果的特征化（characterization），表征该数值大小的指标称为该类环境影响的表征指标（category indicator），所得数值结果称为环境影响表征指标计算结果，从而实现定量描述产品系统环境影响的最终目的。

不难看出，获得环境影响表征指标计算结果主要包括两个步骤：①从选定的各类特征化模型中提取与 LCA 研究相关的特征化系数，例如针对 LCI 结果中的 CO_2、CH_4、N_2O 排放物，选择气候变化这一环境影响类型，并根据 IPCC 模型，选用其 GWP 的数值（1、25 和 298）分别作为 CO_2、CH_4、N_2O 的特征化系数的取值；②将分派给该类环境影响的各种 LCI 结果分别乘以相应的特征化系数，得到某一特定 LCI 结果的表征指标结果；③汇总同类型环境影响的表征指标结果，得到该类环境影响的特征化结果；④按照上述步骤依次计算其他各类环境影响的表征指标，获得相应定量结果，从而得到产品系统的 LCIA 计算结果。

二、研究结果特征化示例

现在以灯泡为例，示例计算 LCIA 表征指标的过程。

假设每万只照度 100 lx、寿命 1 000 h 的灯泡生命周期中温室气体 CO_2、CH_4、N_2O 的排放量分别为 50 kg、30 kg、10 kg，求实现照度 300 lx、寿命 50 000 h 照明所产生的气候变化影响水平。

解：

不同温室气体具有不同的气候变化环境影响特征化系数，即 GWP。考虑到 CO_2、CH_4、N_2O 的 GWP 值分别为 1、25 和 298，每万只 100 lx、寿命 1 000 h 灯泡的 GWP 应为

$50 \times 1 + 30 \times 25 + 10 \times 298 = 3\ 780$（kg CO_2 当量 / 万只），折合 0.378 kg CO_2 当量 / 只

沿用表 4-1 中的估算结果，实现照度 300 lx、寿命 50 000 h 照明所对应的产品参考流为 150 只灯泡，需要计算参考流所对应的环境影响数值：

$$0.378 \times 150 = 56.7\ \text{kg CO}_2\ \text{当量}$$

产品参考流对应的环境影响数值就是实现指定的功能单位所产生的环境影响，

可表达为 FU 的数量——56.7 kg CO_2 当量 /FU。

第六节　LCIA 其他要素

根据图 6-1 所示，开展 LCIA 研究，除了以上三个强制性要素外，还有若干任选要素，主要包括环境影响指标数值的标准化（normalization）、分类（grouping）、赋权（weighting）等。进行任选要素分析，要基于前面强制性要素的分析结果，且标准化工作常借助基准数据信息进行，分类和赋权计算则多基于价值判断作出选择，即价值选择（value-choice）方法。

由于不同产品系统常涉及不同类型的环境影响，因而所得评价结果表现为相同功能单位下的不同数据组，难以比较其孰好孰坏。为消除这种障碍，要选择某一基准数据，将不同类型的环境影响表征指标结果进行统一处理，计算得到产品系统的环境影响大小，称为环境影响指标数值的标准化（normalization）。所选用的基准数据可能来自其他常规性产品系统，也可能来自国际或国家技术标准相关数据，将根据情况酌情择定。

分类（grouping）是指根据界定的 LCA 研究目的与范围，将各类环境影响进行分层、分级，划分为一层级或多层级。通常包括以下两个步骤：①按照常规原则对各类环境影响进行分类，如基于环境排放物和资源基本特征，或基于全球、国家与地区的规模基本特征，分成环境排放物、资源、区域规模类；②在给定多级系统下对各类环境影响进行分级，如分成高、中、低 3 种不同优先级别，分级的原则取决于研究者所用的价值选择（value-choice）方法。

赋权（weighting）是指针对不同类型的环境影响表征指标结果，由其通过价值选择方法设定的转换系数进行转换并汇总计算结果的过程。通常包括以下两个步骤：①对各类环境影响表征指标结果或标准化结果进行赋权，并根据该权重转换计算其所得权重结果；②针对不同类型的环境影响，汇总并计算其权重结果。不同类型环境影响所获得的权重大小取决于研究者在价值选择方法中的取值。

完成 LCIA 后，还可专门针对环境影响评价阶段，撰写 LCIA 研究报告，帮助读者了解研究过程中的诸多细节。也可作为整个 LCA 研究的一部分，进一步与其他各阶段研究内容进行汇总，形成整体 LCA 研究报告。感兴趣的同学可进一步参考 ISO 14044 标准以及其他相关应用研究文献。

第七节 LCA 研究结果的解释、讨论与结论

一、概述

研究结果的解释与讨论阶段是 LCA 的第四阶段，用于解释并讨论 LCA 所得到的结果，从而得出符合 LCA 研究目的的结论。

在该阶段，研究者应分别回顾并检查 LCA 前面的三个阶段，从中辨识可能影响 LCA 研究结果的各种因素，找出相关的重要事项，然后检查与评估这些事项表征指标的取值对 LCA 研究结果的可能影响水平，最后形成 LCA 研究结论与报告（如图 6-2 所示）。

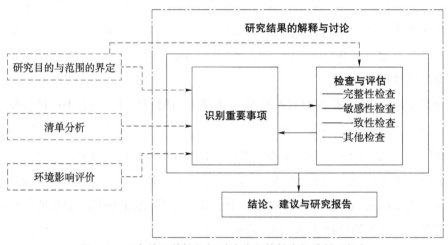

图 6-2　研究结果的解释与讨论阶段的基本组成关系框架

资料来源：ISO 14044。

二、识别重要事项

1. 辨识重要事项的基本方法

识别重要事项是指辨识 LCA 研究过程中可能影响 LCA 结果的事项，避免遗漏和使用不当，其目的是保证 LCA 结果的有效性。

识别重要事项包括研究目的与范围的界定、清单分析、环境影响评价三个阶段。辨识的内容通常是产品系统界定中所做的假设、所界定的研究范围等，如产品系统构成组分中是否考虑运输、痕量物质的损失等；所选的环境影响类型是否涵盖

或遗漏了产品系统的某些重要事项，如噪声、数量小但具有较高健康风险的有毒污染物；清单分析中收集数据的方法，如特定技术下的生产企业的现场生产数据或多种不同技术水平的加权统计数据或他人文献报道数据；环境影响评价阶段所采用的特征化模型、特征化系数的取值等。

识别重要事项时，通常可将研究结果按照生命周期阶段、物质或能量类型等分组，以各组分相应数据的绝对值大小、百分比高低、等级等进行比较，找到份额较大的组分，则该组分所代表的事项就是识别的重要事项，是 LCA 研究中应特别关注的事项。

2. 辨识重要事项若干示例

示例 1：按照产品生命周期阶段，汇总 LCI 研究结果数据，并以绝对值呈现在数据表格中，如表 6-5 所示。从中可见每一种环境影响的大小和主要发生环节。例如，共排放 CO_2 6 750 kg，主要发生在材料生产阶段，因此材料生产阶段是 CO_2 管控的主要环节。

表 6-5　按生命周期阶段辨识 LCI 输入和输出绝对值数据中的重要事项示例　单位：kg

LCI 输入和输出	材料生产	加工制造	产品使用	其他	小计
硬煤（烟煤、无烟煤）	1 200	25	500	—	1 725
CO_2	4 500	100	2 000	150	6 750
NO_x	40	10	20	20	90
磷	2.5	25	0.5	—	28
可吸收有机卤化物	0.05	0.5	0.01	0.05	0.61
城市垃圾	15	150	2	5	172
废渣	1 500	—	—	250	1 750

资料来源：ISO 14044。

示例 2：在数据繁多的情况下，如果按绝对值数据呈现，往往难以直接看出各项的重要程度，为此还常将结果表达为相对值，其中按某项占总量的百分比表达是常用方法之一。将表 6-5 中数值表达为百分比形式，则得到表 6-6，可知 CO_2 排放中，材料生产阶段的排放量占 66.7%，该阶段是 CO_2 管控的主要环节，接下来是产品使用阶段，占 29.6%；而对于磷排放，主要发生在加工制造阶段，占 89.3%。

表 6-6 按生命周期阶段辨识 LCI 输入和输出相对值数据中的重要事项示例   单位：%

LCI 输入和输出	材料生产	加工制造	产品使用	其他	小计
硬煤（烟煤、无烟煤）	69.6	1.5	28.9	—	100
CO_2	66.7	1.5	29.6	2.2	100
NO_x	44.5	11.1	22.2	22.2	100
磷	8.9	89.3	1.8	—	100
可吸收有机卤化物	8.2	82.0	1.6	8.2	100
城市垃圾	8.7	87.2	1.2	2.9	100
废渣	85.7	—	—	14.3	100

资料来源：ISO 14044。

示例 3：为了给读者留下更为直接浅显的印象，还常对研究结果进行定级，方法是根据各项的贡献水平划定重要程度等级，如贡献率（按百分比计算）大于 50%设定为 A 级；贡献率为 25%～50% 则为 B 级；以此类推。如表 6-7 所示，可以更加醒目地看出，硬煤消耗、CO_2 和废渣排放主要发生在材料生产阶段，而磷、可吸收有机卤化物、城市垃圾排放主要发生在加工制造阶段。

表 6-7 按生命周期阶段辨识 LCI 输入和输出数据重要程度等级示例

LCI 输入和输出	材料生产	加工制造	产品使用	其他
硬煤（烟煤、无烟煤）	A	E	B	—
CO_2	A	E	B	E
NO_x	B	C	C	C
磷	D	A	E	—
可吸收有机卤化物	D	A	E	D
城市垃圾	D	A	E	D
废渣	A	—	—	C

资料来源：ISO 14044。

注：A 级为贡献率>50%；B 级为 25%<贡献率≤50%；C 级为 10%<贡献率≤25%；D 级为2.5%<贡献率≤10%；E 级为贡献率≤2.5%。

示例 4：应用中，可采用多种方法对研究结果进行分组。除示例 1～示例 3 中按生命周期阶段分组外，还常按工序类别分组（如表 6-8 所示），可针对关心的特定事项（如能源供应），了解其发生的主要环节。

表 6-8　按工序类别辨识 LCI 输入和输出中的重要事项示例　　　　单位：kg

LCI 输入和输出	能源供应	运输	其他	小计
硬煤（烟煤、无烟煤）	1 500	75	150	1 725
CO_2	5 500	1 000	250	6 750
NO_x	65	20	5	90
磷	5	10	13	28
可吸收有机卤化物	0.01	—	0.6	0.61
城市垃圾	10	120	42	172
废渣	1 000	250	500	1 750

资料来源：ISO 14044。

三、研究数据的检查与评估

LCA 研究中所用的数据质量直接影响 LCA 研究结果和结论。为保证研究结果客观有效，研究者需要对研究中所用的数据进行检查与评估，这是 LCA 研究中研究结果的解释与讨论阶段的第二个要素，主要进行完整性检查（completeness check）、敏感性检查（sensitivity check）和一致性检查（consistency check）三项评估。

1. 完整性检查

第一项评估技术是完整性检查，主要用于检查所有与研究结果有关的数据或信息是否都具有可得性和完整性，以确保研究结果客观有效。开展完整性检查的方法：针对各生命周期阶段，逐次列出各道工序及其相关各项数据的名称，然后定性检查是否获得了该项完整的数据信息（如表 6-9 所示）。检查过程中发现任何遗漏或不完整数据时，就需要回顾检查其清单分析过程，采用现场补测、专家估算、历史统计数据趋势分析、相同或相似技术类比数据、文献数据、数理关系分析等方法，补充该数据信息。若该遗漏信息属于非必要、非重要信息，则可忽略或以零补齐数据。以上对遗漏或不完整数据的处理方法与选用理由都应记录备案。

表 6-9　数据完整性检查示例

工序	任选项目	是否完整	所需的改善行动
材料生产	×	是	—
能源供应	×	是	—
运输	×	?	检查清单
加工	×	否	检查清单
包装	×	是	—
使用	×	?	与其他工序对比并补充数据

资料来源：ISO 14044。

2. 敏感性检查

第二项评估技术是敏感性检查。敏感性检查用于评价 LCA 研究中某影响因素的取值对研究结果的影响程度。这些影响因素包括数据获得方法、计算方法、环境影响特征化模型、特征化系数等。敏感性检查的方法是对检查的某项指标赋予另一个不同的数值，查看不同取值下环境影响结果的变化，通常用环境影响结果的变化值占原环境影响结果值的百分比表示，可称为该项指标对某类环境影响的敏感度。某指标变化对研究结果数值造成的变化越大，表明该指标对该类环境影响的研究结果越敏感，其在 LCA 研究中的取值应更为慎重。表 6-10 示例了特征化系数对研究结果的敏感性检查；由表可知，当某温室气体的 GWP 取值由 100 变成 500 时，方法 A 计算的环境影响结果将增大 28.6%，而方法 B 计算的环境影响结果仅增大 6.25%，表明特征化系数对方法 A 更为敏感。

表 6-10　特征化系数的敏感性检查示例

GWP 数据输入	方法 A	方法 B	差别
GWP 取值为 100	2 800	3 200	400
GWP 取值为 500	3 600	3 400	−200
绝对偏差	800	200	600
相对偏差 /%	28.6	6.25	巨大偏差
敏感性 /%	28.6	6.25	—

资料来源：ISO 14044。

3. 一致性检查

第三项评估技术是一致性检查。一致性检查用于评价研究中所做的假设、研究方法或选用数据等是否和研究目的与范围的界定内容一致，是否都相同地贯穿于产品生命周期各个阶段。例如，对于数据来源而言，不一致的情况可表现为某主要生产工序数据来自 2021 年企业实际运行数据，而辅助生产工序数据来自 2010 年技术革新前的记录数据，或者来自其他地区企业案例的文献报道数据。进行数据一致性检查，通常包括技术应用范围、时限范围和地域覆盖范围三个方面的检查。表 6-11 给出了一致性检查的示例，其中表明在数据准确性、技术覆盖范围方面出现了不一致的状况。对于检查中发现的不一致情况，就要依据研究目的与范围，重新审核不一致的原因，补充、调整或更改相关数据。以上所做处理办法和结果都应记录在案，以备查询。

表 6-11　所用数据的一致性检查示例

检查	方法 A		方法 B		对比	行动
数据来源	文献	可	原始数据	可	一致	无
数据准确性	好	可	差	与研究范围不符	不一致	调整方法 B
数据时限	2 年	可	3 年	可	一致	无
技术覆盖范围	先进技术	可	现行技术	可	不一致	符合研究目的要求，无行动
时间尺度	最近	可	实际值	可	一致	无
地域尺度	欧洲	可	美国	可	一致	无

资料来源：ISO 14044。

四、研究结论与建议

在对 LCIA 研究结果进行充分的讨论与评估基础上，可得出 LCA 研究结论以及对服务对象的中肯建议。LCA 结论中包括各类环境影响的大小和内在构成、产生的主要生命周期阶段或工序、主要成因、改善的措施或建议等。这部分仍要紧密结合 LCA 研究的初衷，向服务对象（如企业经理、社会公众、政府管理者）提供切实可行的改进措施和管理建议。

第八节　如何撰写研究报告

完成清单分析后，通常要撰写 LCI 研究报告。应主要涵盖以下内容。

（1）LCI 研究目的：清楚描述开展 LCI 研究的原因、应用目的和服务对象。

（2）研究范围：产品系统范围、产品功能、功能单位、系统边界、工序增减原则、数据类别与质量要求等。

（3）清单分析与 LCI 研究结果：数据收集方法、工序的描述、文献来源、数据计算方法、分摊方法；数据计算、功能单位对应的各类 LCI 结果数据；清单分析结论与改善或管理建议。

（4）环境影响评价分析及 LCIA 结果：环境影响类型选择、表征指标、特征化模型与特征化系数取值、数据归类方法和环境影响特征化结果。

（5）研究结果的解释与讨论：识别影响研究结果的重要事项，所用数据的完整性检查、敏感性检查和一致性检查，主要研究结论，改进措施与建议。

LCA 研究报告中应将研究过程的以上各环节公正、完整、准确地报告给用户，以便用户更好地理解研究的复杂性和可能出现的问题。

有关产品生命周期环境影响评价及其解释与讨论的相关内容，同学们可参考现行国际标准 ISO 14044、ISO 14047 以及发表的相关文献，特别推荐参阅来自 *The International Journal of Life Cycle Assessment*、*Journal of Industrial Ecology*、*Journal of Cleaner Production*、*Ecological Economics* 等国际权威刊物的相关文献。

推荐阅读

[1] JANNICK H S. Development of LCIA characterisation factors for land use impacts on biodiversity[J]. Journal of Cleaner Production, 2008, 16(18): 1929-1942.

[2] LECOULS H. ISO 14043: Environmental management-life cycle assessment-life cycle interpretation[J]. The International Journal of Life Cycle Assessment, 1999, 4(5): 245.

[3] LI S, HUANG B J, ZHAO F, et al. Environmental impact assessment of agricultural production in Chongming ecological island[J]. The International Journal of Life Cycle Assessment, 2019, 24(11): 1937-1947.

参考文献

[1] Ecological Economics[EB/OL]. http://www.journals.elsevier.com/ecological-economics.

[2] FRANCESCA V, JANE B, CÉCILE B, et al. LCIA framework and cross-cutting issues guidance within the UNEP-SETAC Life Cycle Initiative[J]. Journal of Cleaner Production, 2017, 161(10): 957-967.

[3] Journal of Cleaner Production[EB/OL]. http://www.journals.elsevier.com/journal-of-cleaner-production.

[4] Journal of Industrial Ecology[EB/OL]. http://onlinelibrary.wiley.com/journal/15309290/.

[5] PIZZOL M, CHRISTENSEN P, SCHMIDT J, et al. Impacts of "metals" on human health: a comparison between nine different methodologies for Life Cycle Impact Assessment(LCIA)[J]. Journal of Cleaner Production, 2011, 19(6-7): 646-656.

[6] GRAEDEL T E, ALLENBY B R. Industrial Ecology [M]. 2nd ed. Upper Saddle

River: Prentice Hall, 2003.

［7］The International Journal of Life Cycle Assessment[EB/OL]. https://link.springer.com/journal/11367.

［8］陆钟武. 工业生态学基础 [M]. 北京: 科学出版社, 2009.

［9］于随然, 陶璟. 产品全生命周期设计与评价 [M]. 北京: 科学出版社, 2012.

课堂讨论与作业

一、课堂练习与讨论

1. 观察日用产品或服务，列出其开展 LCIA 研究的必要性。

2. 以水杯为例，设计不同材质下的产品系统环境影响评价研究方案，列出 LCA 各阶段的主要研究内容。

3. 选择你所喜欢的某一服务或产品，设计其可能的 LCA 研究方案，列出 LCA 各阶段主要研究内容。

二、作业

基于课堂讨论，针对所选的产品或服务，借助图书馆文献系统查询一篇其 LCA 或 LCIA 研究论文，特别注意其与 LCI 研究的差异、所用的环境影响类型、表征指标、特征化系数计算结果，以及对研究结果所进行的讨论与解释。体会课堂讨论中所设计的研究方案与该文献的差异，并对此作出评价，整理成 8～10 分钟 PPT 汇报，下一次进行课堂分享。评分标准见表 T6-1。

表 T6-1　课堂小组汇报评分表

选题理由 （满分 10 分）	论文分享 （满分 10 分）	重点环节 （满分 10 分）	评价与感受 （满分 10 分）	表达与规范 （满分 10 分）	总分

第七章 物质人为流动（Ⅰ）：概述与动力学分析

本章重点：掌握物质人为流动的概念、动力学分析框架及其特点、生态效率若干变化基本规律。

基本要求：了解物质人为流动的概念及其生态学意义；深入理解物质人为流动动力学分析框架构建与完善过程，弄清物质流动分析基本原理；熟悉物质比性能、循环率、排放率、产量变化比、产品使用寿命等参数的物理意义，掌握生态效率随产量、循环率、产品使用寿命等参数的变化规律；应用动力学分析方法开展感兴趣物质的人为流动分析。

第一节 核心议题的提出

从前面的产品生命周期评价研究不难看出，为满足人类特定需要，产业系统将自然资源转变成具有特定服务功能的产品，而产品系统运行中产生了对外部资源环境系统的影响。LCA 研究结果表明，绝大多数环境影响来自产品系统中若干典型物质，即使能源的消费也大多依附于这些典型物质的转变，也就是说，物质主导了产品系统的运行，并统领了主要环境影响。因此，如果锁定某些特定典型物质，有可能更有效地找到减少环境影响的方法。基于此，接下来的几章将聚焦物质，分析其循环流动过程，辨识其产生环境影响的主要环节，谋求减少其环境影响的产业管控措施与途径。

正如前面几章所述，人类活动的环境影响可溯及生产与消费多种活动，是人类为满足其特定需求所构建的产品系统运行的外部环境产物，这些活动或产品生命周期过程都发生在人类活动圈，由此带动着产品系统所涉及的物质、能量、价值、信息等在人类活动圈中各社会经济子系统间循环流转，与此同时造成了对外部资源环境系统的影响。因此，弄清人类活动圈中物质是怎样流动的这个关键科学问题，将有望获知物质所经历的社会经济部门，以及发生的各种技术转变与后果，从而从环境源头上采取管控措施、减少环境影响。

不难设想，物质在人类活动圈的流动势必与其自然生物地球化学流动不同。因此，相关基本概念、研究方法和研究结果呈现形式也将迥然不同。本章将重点阐述物质人为流动的概念和一种物质人为流动分析方法，即动力学分析方法，并结合案例，说明其研究结果表达方式。

第二节 物质人为流动概述

一、什么是物质的人为流动？

众所周知，自然界中的物质都在循环流转。如水主要储存在江河湖海中，可在太阳照射下汽化进入大气层，遇冷后再以雨、雪等形式降落到地表，随后一部分渗入地下、成为土壤水或地下水，另一部分则通过地表径流返回海洋，从而形成从海洋出发最终又返回海洋的循环流动；与此同时，还有经植物吸收与蒸腾作用进入大气、从地表直接蒸发进入大气层等其他路径，整体上形成了水在水圈、大气圈、生物圈、土壤圈等圈层间的循环往复流动，称为水的自然循环。物质的自然循环发生在自然系统中，依靠自然力驱动完成物质的循环流动过程。

与物质的自然循环流动相对，还有一种物质的流动主要受到人类活动的干扰，是为了满足人类各种生产生活需求而形成的，称为物质的人为流动（anthropogenic flow）。物质的人为流动与人类的各种生产、生活、消费等活动密切相关，发生在人类社会经济复合系统中，人类的需求是其原始驱动力，是人类借助设计、生产、运输等活动与物质间发生作用的结果。不难设想，在物质的人为流动中，有的物质从某类生产或消费活动部门出发，经由若干其他社会经济部门后还能返回到原来的部门，这样的物质人为流动可称作物质的人为循环流动，如收集生产制造过程中产生的边角废料、报废产品，重新投入资源再生部门所形成的物质流动；而另外有些物质，离开某一部门后，一去不再复返地投入下游其他部门，甚至离开人类活动圈而融入自然系统，如企业生产过程中排向环境的废水、废气，这种物质人为流动则属于流动，但不是循环流动。由此可见，物质的人为循环流动是物质人为流动的特殊形式。

由于人类活动圈中的物质归根结底来自自然系统，并且人类活动排放的各种废物、污染物也最终排向自然系统，因此物质的人为流动可看作物质自然循环的一个重要环节，它的形成既是对自然系统的干扰，又将受到自然系统的制约，反映着人类社会经济复合系统与自然间的复杂、交互作用关系。也正是人类活动向自然索取了过多的自然资源，造成了资源短缺甚至耗竭；也正是人类活动向环境排放了过量的废物、污染物，引起了环境中污染物超标，降低了生态环境质量，甚至危害人体与生态系统的健康。

不妨以金属物质为例，示例物质自然循环与人为流动间的关系。首先，岩石圈是金属物质的储存库；为了满足人类生产和生活中对金属材料的需求，就要将金属矿产资源开采出来，从此金属物质离开其自然循环，进入人类社会经济复合系统，也开始了物质的人为流动，如图 7-1 所示。其次，金属物质经过采选、冶炼等金属生产过程，形成金属材料，如钢材、铝材等；再进一步经过加工，形成具有特定使用功能的金属产品，如汽车、桥梁等。此后，经过市场交易，进入社会系统，履行其产品的服务功能。一定时期后，产品完成其服务寿命，报废形成废物，一部分经过废物回收形成废物资源，返回到物质生产环节进行废物再生；另一部分以废物、污染物的形式被排放到自然环境，由此完成物质的人为流动，返回自然系统，进入物质的自然循环。在物质的人为流动过程中，在每一个生产环节，由于技术的有限性，不可能将进入生产环节的每一个物质分子完全带入所生产的产品中，从而形成了废物、污染物，其中部分会以废物、污染物的形式进入自然环境，另一部分经回收过程形成废物资源，返回到物质生产环节进行废物再生，形成物质的人为循环流动。

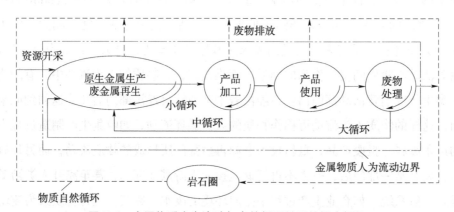

图 7-1　金属物质人为流动与自然循环关系的概念框架

资料来源：MAO J S, MA L, LIANG J. Changes in functions, forms, and locations of lead during its anthropogenic flows to provide services[J]. Transactions of Nonferrous Metals Society of China, 2014, 24(1): 233-242.

开展物质人为流动分析，不仅有助于辨识人类活动对自然系统的干扰方式和干扰强度，为节约资源和降低环境污染排放提供重要管理依据，还可弄清人类社会经济活动如何干扰物质的状态，从而弄清如何科学管理人类社会经济活动来实现人类与环境协调发展，对有效推动可持续发展和生态文明建设具有重要理论与现实意义。

二、物质流动的定量表征

无论物质是自然流动还是人为流动，人们都会发现不同场所中物质的数量不同，且滞留的时间各不相同。根据物质数量和滞留时间的长短，将物质数量较多、滞留时间较长的场所称为物质的存储空间（storage），又称库（reservoir），如水库、粮库，用库中某物质的数量来表征该库的大小。另外，物质滞留时间较短的部分则表现为物质在不同库间的转移，称作物质的流动（flow）。将单位时间（或统计期）内转移的物质数量称作物质的流率，以此反映物质在各库间转移的快慢。此外，物质流动还具有方向性，可根据物质经过的先后顺序，从先向后确定流动的方向。对于物质的库而言，还常将物质流出的场所称作源（source），而物质流入的场所称为汇（sink）。

对于物质人为流动，其重要定量指标也可分成库和流动两大类。主要定量指标有：

（1）自然资源是支撑人类社会经济发展的物质来源，其相关指标有资源储量、年开采量、资源保证使用年限等。资源储量是指可供人类使用的部分资源数量，单位是 t 物质；年开采量是指某年从自然资源中攫取出来的资源数量，单位是 t 物质 /a，反映人类对资源系统的干扰强度；资源保证使用年限是资源储量与年开采量的比值，是当前干扰强度下资源所能保证使用的年数，单位是 a，反映资源充沛程度。

（2）环境系统是接纳人类活动排放的废物、污染物的场所，其相关指标有环境容量、年排放量等。其中，环境容量是指环境系统可接纳的某种人为排放的废物、污染物的数量，单位是 t 物质；年排放量指某年人类向环境排放的废物、污染物的数量，单位是 t 物质 /a。

（3）人类使用物质的数量不断加大，形成了物质在用库（in-use stock）。该库中的物质总量称为物质在用存量。在同一统计期内，当投入使用的物质数量大于输出使用的物质数量时，将使使用中的物质数量增加。反之，将使物质使用存量降低。单位时间内物质在用存量的净增量或净减量称作人为在用库存的变化率，反映物质人为库存的变化趋势和快慢。物质在用库中物质的数量还将反映人类活动迁移的自然系统物质数量，是人类干扰自然系统的结果。人均使用蓄积量还反映区域社会消费模式和物质消费水平。详见第九章。

（4）物质人为流率和物质循环率是反映物质人为流动的重要指标。物质人为流率（anthropogenic flow rate）是指单位时间内物质人为流动的数量，不仅包括自然资源消耗的数量和向环境排放废弃物的数量，还包括物质流动过程中各环节的运动速率。将这些指标与自然承载力或自然循环速率进行对比，可分析资源持续利用状况或环境质量变化状况。物质循环率（recycling rate）反映物质人为流动中循环部分所占的比例，可采用返回到资源再生阶段的二次资源量占总资源投入量的比值进行估算，可反映资源节约状况或废物利用水平。详见本章后续内容。

三、物质人为流动分析

物质人为流动分析是解析物质人为流动状态的研究方法。通常选定某种物质，分析其在人类社会经济复合系统中的循环流动过程中各个环节（或生命周期阶段）的流动数量、方向，包括从自然资源开采到产品（或服务）报废处置的整个产品生命周期所有环节，称为物质流动分析（Substance Flow Analysis，SFA；Material Flow Analysis，MFA）。

进行物质人为流动分析，将关注物质在人类社会经济复合系统中经过了哪些环节，先后顺序怎样，物质数量在各环节、各股流动间如何分配，流动的方向如何。通过追踪物质的整个人为流动过程，可清楚地知道物质所经历的各个环节、先后顺序以及各股流动的方向。对物质数量的确定，需要按照物质守恒定律，分别针对每一环节，建立物质流入量、流出量和环节内部物质增减量之间的物质平衡方程，借助一部分可得数据，来推算其他不可得数据。其中可得数据较多地采用行业统计数据或实地调研后获得的实际数据。有些环节的计算还需要借助物理、化学关系进行推算。

四、值得关注的物质人为流动

由于物质人为流动是为了满足人类需要而产生的流动，因此研究中将关注对人类生产、生活发挥重要作用或具有重要影响的一类物质。例如，20世纪中叶，为了治理欧洲的莱茵河水体污染，研究者曾结合莱茵河水体质量监测，找出了典型污染物质重金属镉、铅等并将其作为研究对象。我国陆钟武院士为了弄清我国钢铁业曾遇到的废钢资源短缺问题，针对铁开展物质流动分析。毛建素为了弄清人类社会服务与环境间的基本关系，选择了铅作为研究物质人为流动的典型物质。现代工业中常用的金属物质、农业增产用的营养物质等都是开展物质人为流动分析的首选物质。实践证明，美国耶鲁大学、荷兰莱顿大学、我国东北大学等也确实曾选择这类物质开展研究。

在 2006 年耶鲁大学产业生态研究中心举行的存量与流量（STock And Flow，STAF）小组研讨会中，T. E. Graedel 院士分享了该研究小组筛选物质的几个原则。

（1）自然中不能循环的元素：该小组定量审核了元素周期表中每一种元素的自然循环水平和人为干扰程度，从中选择人为干扰程度远大于其自然循环水平的一类元素作为重点关注的元素类型。

（2）使用速率较高的物质：使用速率是指物质的年使用量。使用速率越高，意味着对人类越重要，同时越容易造成这类物质资源短缺，因此应予以关注。

（3）使用速率变化较快的物质：使用速率变化速度反映单位统计期内物质使用量变化的多少。该指标反映人类活动与外部资源环境间的相对关系。该指标变化越快，越容易改变人类与环境关系现状。例如，使用速率上升越快，该物质资源越加速枯竭。

（4）高毒高害物质：指物质对所处环境中生态系统的毒害风险水平。应重点关注对人体健康有毒有害的物质。

（5）与科学或技术相关的物质：指在科研中或在技术方面具特殊意义的一类物质，例如目前可能面临资源耗竭的一类物质，科研中需要加大循环再生水平或尽快找到合适的替代物质，如铜、铂、锌等；又如物质使用量加速增加的一类物质，如近年来由于许多场合开始采用铝替代铜导致铝的用量逐年快速增长；还有一些与其他物质循环过程密切相关的一类物质，如黄铜、焊料、不锈钢等产品中都含有铁、锡、镍等多种不同的物质。

（6）能获得科研资助的物质：指其他部门也对某物质感兴趣，并愿意提供资金支持相关研究。例如美国国家自然科学基金、某些专业技术协会或某特定组织机构咨询项目。

应用中，还常需结合国家或区域环境问题现实需求，选择典型物质开展物质人为流动分析研究。例如对农业种植区域、流域水体富营养化严重区域或重工业密集区域等，选择营养物质中磷、氮或重金属物质铅、镉等。同学们可基于前几章识别的典型环境问题或典型物质，尝试开展物质人为流动分析。

第三节　物质人为流动动力学分析原始框架

开展物质人为流动分析有多种分析框架。最著名的有以下两种：一是由我国东北大学陆钟武院士建立的动力学分析框架；二是由美国耶鲁大学 T. E. Graedel 院士建立的 STAF 框架。本章主要分享动力学框架及其改进、应用历程。

一、动力学原始框架

2002 年，陆钟武院士在研究钢铁产品生命周期铁流分析过程中，试图找到铁排放量源头指标，以便有效管理。研究过程中，以铁元素为关注对象，并假设：①加工废钢是在钢铁产品生产出来的同一年就全部返回生产阶段进行重新处理的；②钢铁产品的寿命都是 $\Delta\tau$ 年；③回收的折旧废钢是在产品报废的当年（即第 $\tau-\Delta\tau$ 年）就返回钢铁生产中；④折旧废钢回收部分占其生产年的钢铁产量的比率（即循环率）α 值不随时间而变化。依此，构建了以钢铁工业材料为核心的铁产品生命周期系统，包括钢铁生产、产品制造、使用与回收几个阶段，如图 7-2 所示。

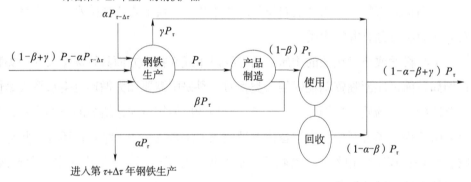

图 7-2　物流的跟踪模型（以钢铁产品为观察对象）

资料来源：陆钟武 . 物质流分析的跟踪观察法 [J]. 中国工程科学，2006，8(1)：18-25。

为了弄清各股流动间的定量关系，设定第 τ 年的钢铁产品产量为 P_τ，制造阶段的加工废钢实得率为 β，意味着制造阶段产生加工废钢 βP_τ，根据物质守恒定律，该阶段形成的钢铁产品量为 $(1-\beta)P_\tau$。钢铁产品使用 $\Delta\tau$ 年后报废，由于循环率为 α，则将形成折旧废钢 αP_τ。这部分折旧废钢将作为原料进入第 $\tau+\Delta\tau$ 年的钢铁生产过程。与此同时，未被回收部分形成 $(1-\alpha-\beta)P_\tau$ 废弃物，从而进入环境中。同理，第 τ 年进入钢铁生产的折旧废钢来自上一个生命周期，是从第 $\tau-\Delta\tau$ 年的钢铁产品中演变过来的，应为 $\alpha P_{\tau-\Delta\tau}$。假定钢铁生产中每生产单位钢材向环境释放铁污染物的数量为 γ（称为铁排放率），则第 τ 年钢铁生产的各种排放物为 γP_τ。针对钢铁生产阶段，按铁元素物质平衡可知，第 τ 年钢铁生产还需铁矿石 $(1-\beta+\gamma)P_\tau-\alpha P_{\tau-\Delta\tau}$。向环境排放的废物、污染物数量由两部分组成，一是生产阶段排放的 γP_τ，二是来自未能回收的折旧废物（$1-\alpha-\beta$）P_τ，共计（$1-\alpha-\beta+\gamma$）P_τ。以上各部分流动均以含铁量计算。

基于以上分析可小结如下：当生产 P_τ 数量钢铁时，将消耗铁矿石（$1-\beta+\gamma$）$P_\tau-\alpha P_{\tau-\Delta\tau}$，同时向环境中排放含铁废物、污染物（$1-\alpha-\beta+\gamma$）$P_\tau$。

图 7-1 的物质流动框架具有以下明显特点：①以钢铁工业材料作为系统服务的核心；②考虑了从钢铁生产到钢铁产品报废之间的时间差，是具有时间概念的物质人为流动分析方法，因此可反映各部分流动随时间的动态变化，具有动力学特点，因此称作物质人为流动动力学框架。该框架建立中采用了关注物质、追踪物质生命周期流动的方法，曾被陆钟武院士称作"跟踪观察法"。

二、主要研究结果与质疑

1. 主要研究结果

第二章中介绍了生态效率的概念，该指标泛指某一产品系统中单位环境负荷所能提供的社会服务量，可以表征人类服务与资源、环境间的关系。这里仍以图 7-1 中的钢铁产品系统为例，以钢铁产量作为钢铁产品系统的服务量，分别以铁矿石资源消耗和含铁废物、污染物排放作为环境负荷。与此相对应，生态效率可分为资源效率和环境效率两种，并分别用 r、q 表示，单位是 t/t，即

$$r = \frac{S}{R} \tag{7-1}$$

$$q = \frac{S}{Q} \tag{7-2}$$

可见，生态效率越高，意味着获得同等的钢铁产量，将消耗较少的铁矿石或者排放更少的含铁废物、污染物；反过来说，意味着同等的环境负荷下，将获得更多的钢铁产量。

若将前述铁元素的流动分析结果代入式（7-1）中的源负荷，可整理得到资源效率表达式：

$$r = \frac{1}{1-\beta+\gamma-\alpha p} \tag{7-3}$$

式（7-3）中 p 是第 $\tau-\Delta\tau$ 年的钢铁产量与第 τ 年的钢铁产量之比，简称产量变化比，反映产量变化快慢；其值等于 1 时，表示产量维持不变；其值小于 1 时，表示产量增长；反之取值大于 1 时，表示产量下降；可表达为

$$p = \frac{P_{\tau - \Delta\tau}}{P_\tau} \qquad (7\text{-}4)$$

由式（7-3）可知，资源效率与循环率 α、加工废钢实得率 β、钢铁生产中的铁排放率 γ、产量变化比 p 等因素有关。在特定生产技术条件下，加工废钢实得率和钢铁生产中的铁排放率基本维持不变，可近似地看作常数。这种情况下，资源效率主要与循环率、产量变化比两个因素有关。为了更清楚地看出资源效率与以上两个因素的变化关系，分别取 $p=1.2$、$p=1$、$p=0.8$ 来代表产量下降、产量不变和产量增长三种情景，绘制成变化曲线，如图 7-3 所示。

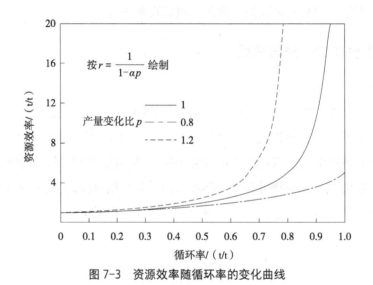

图 7-3   资源效率随循环率的变化曲线

由图 7-3 可知，资源效率总是随循环率的提高而不断提高，但变化的快慢受到产量变化比的影响。产量下降情景（$p=1.2$）下的曲线总是位于产量不变情景（$p=1$）下曲线的上方，表明相同循环率下，产量下降更容易获得较高的资源效率；反之，产量上升情景（$p=0.8$）下的曲线总是位于产量不变情景（$p=1$）下曲线的下方。

类似地，以含铁废物、污染物排放量作为环境负荷，将分析结果代入式（7-2）中可得到环境效率表达式：

$$q = \frac{1}{1 - \alpha - \beta + \gamma} \qquad (7\text{-}5)$$

由式（7-5）可知，环境效率与循环率、加工废钢实得率、钢铁生产中的铁排放率三个因素有关。在特定生产技术条件下，铁排放率和加工废钢实得率基本不变时，环境效率仅与循环率有关，并与图 7-3 中产量不变情景下资源效率随循环率变化的曲线一致。

2. 思考与质疑

科学研究并非获得研究结果就意味着工作的结束，往往还需要多角度、多学科地推敲、完善与科学验证，直到从个例研究中提炼获取得到共性规律。

让我们重新审视图 7-2 中的物质人为流动动力学分析原始框架，试想哪里还有不妥或有待改善。2003 年，陆钟武院士的博士研究生毛建素发现以下不足：①钢铁工业材料到满足人类最终服务需求仍有较长距离，需要将其转变成工业终产品，如汽车、房屋等，如果将关注点后移到生命周期第二阶段"产品制造"后，将能更恰当地反映人类需求与资源、环境间的基本关系；②仅考虑了钢铁生产阶段的物质损失，而忽略了钢铁制造阶段的物质损失，这或许可看作钢铁制造过程的一个假设，但却与大多数工业制造中产生各种废物、污染物的客观事实相悖，因此应补充考虑制造阶段的物质损失量；③尽管图 7-2 的分析框架中考虑了钢铁生产与产品报废间的时间差，但所得资源效率、环境效率的数学表达式中，都没有反映产品使用寿命的参数 $\Delta\tau$，表明该分析框架仍有欠妥之处；④基于图 7-2 分析框架所得结果，资源效率与产量变化比有关，而环境效率与产量变化比无关，这似乎不够合理；⑤以物质（铁）含量表示产品系统的服务量，不足以体现钢铁产品的服务功能，如轿车用于搭载乘客完成地点转移，房屋用于提供学习、工作、居住等场所，也难以体现物质消费结构和服务功能的差异性。以上不足也势必影响其后期的应用。

尽管图 7-2 框架尚有以上诸多不足之处，但该框架是我国最早系统深入分析物质人为流动的经典之作，是物质人为流动动力学分析的方法基础。也正因为陆钟武院士对工业生态学的一系列开创性研究，他被誉为"中国工业生态学之父"。虽然他于 2017 年 11 月仙逝，但其孜孜不倦、勇于开拓的科研精神将永远激励着我们不断进取。这里也请同学们思考，图 7-2 中的物质流动框架有什么缺点或优点，你将如何进行改善，以体验曲折的科研之路。

第四节　改进的动力学分析框架

一、改进的思路

基于前面对图 7-2 中物质人为流动分析动力学原始框架的思考与质疑，同时结合图 1-7 中产业系统与其他子系统间的基本关系，毛建素博士调整了研究目标，试图通过物质的人为流动分析，一方面建立物质人类最终服务与资源、环境间的定量关系；另一方面要弄清怎样才能优化物质的人为流动，以便减少人类活动对环境的影响。

第二章在介绍人类与环境间定量关系时，曾提到人类服务量可表达为经济产出，如 GDP 或产品产量或产品提供的最终服务量。其中，经济产出数据较容易根据生产交易情况获取，但却不能直接呈现对人类的服务功能，如一张价值为 100 元的"从 A 地到 B 地"车票，与实际乘坐某运输工具并完成从 A 地到 B 地的转移将是截然不同的概念。并且，第四章中也曾学习过产品与服务的概念，知道了产品容易量化，而产品的服务却往往较难量化。这使得与前述陆钟武院士所建动力学分析原始框架相比，最大的一个挑战将是怎样才能将物质最终服务量进行定量表征。同时，仍要兼具钢铁这一物质在资源、环境及社会经济等方面的相关属性。

经过近一年的思考、寻找、查阅文献，研究者发现铅具备了上述属性，是有望实现上述研究目标的典型物质。具体表现为：①尽管铅广泛用于机械、电子、化工等多个现代工业领域，但其最主要的用途（约 80%）是生产铅酸电池，而电池所提供的服务是转移电能，所转移的电能的多少可定量计算，因此可用于表征电池的服务量。②铅来自不可再生资源铅矿石；据报道，2002 年全球铅矿探明资源储量仅可保证使用 20 余年，而中国仅可保证 10 余年，铅矿资源明显短缺，铅是反映不可再生资源耗竭程度的典型关联物质。③生产过程中以及铅产品报废后所产生的含铅废物、污染物是有毒有害物质，具有较高的生态风险，特别是可能威胁到人体健康。研究表明，受人类扰动所产生的铅的人为循环速率已经超出其自然循环速率的 12.9 倍，许多地区出现铅中毒事件，铅是反映环境与人体健康相关风险的典型关联物质。所有这些都为选择铅金属作为典型物质，以铅酸电池作为代表性产品，开展人类服务与资源、环境间定量关系研究提供了必要条件。

在选定铅金属和铅酸电池作为研究的典型物质与代表性产品基础上，充分考虑前面识别的动力学原始框架中的不足，并作出以下改善：①以产品制造后形成的工业终产品铅酸电池的数量作为关注的核心，并表达为 P_t；②既考虑了铅金属生产阶段的物质损失，也考虑了铅酸电池制造阶段的物质损失。其他方面沿用原始框架中的思路，以此分析铅酸电池系统中铅元素的流动过程。

二、改进后的动力学分析框架

在铅酸电池系统中，主要包括铅金属生产、铅酸电池制造、铅酸电池使用、电池报废与回收再生几个基本过程，称为铅酸电池的生命周期阶段。在铅元素流经上述各个阶段时，有些阶段时间较长，而有些阶段时间较短。按照抓住主要问题的原则，假设：①忽略各生产过程所经历的时间；②研究涉及的时间尺度内，铅酸电池的平均使用寿命不变；③铅酸电池在其生产 $\Delta\tau$ 年以后全部报废，其中一部分形成折旧废铅，并在报废当年返回铅酸电池系统，进行再生处理；④研究中不考虑某阶段的库存问题。在这种情况下，若设定第 τ 年铅酸电池的产量为 P_τ，则按照铅元素依次流过以上各生命周期阶段的时间顺序，且在数量上遵从物质守恒定律，可针对铅酸电池中的铅元素，根据各生命周期阶段铅的流入量等于流出量，绘制出反映该年铅的流动方向和数量的铅流图（如图 7-4 所示）。

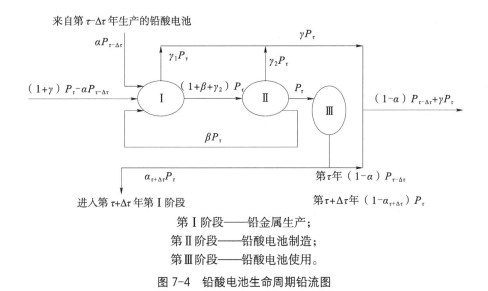

第Ⅰ阶段——铅金属生产；
第Ⅱ阶段——铅酸电池制造；
第Ⅲ阶段——铅酸电池使用。

图 7-4　铅酸电池生命周期铅流图

资料来源：MAO J S, LU Z W, YANG Z F. The eco-efficiency of lead in China's lead-acid battery system [J]. Journal of Industrial Ecology, 2006, 10(1-2): 185-197。

图 7-4 中须注意以下几点。

（1）考虑到原生铅的生产和废铅的再生同属于铅的生产过程，将它们合并在一起，并用符号 Ⅰ 表示。

（2）设定铅酸电池的年产量处于不断变化之中，第 $\tau-\Delta\tau$ 年铅酸电池的产量为 $P_{\tau-\Delta\tau}$。

（3）铅酸电池的使用寿命是 $\Delta\tau$ 年，第 τ 年生产的铅酸电池将在第 $\tau+\Delta\tau$ 年报废，而在第 τ 年投入的废铅酸电池来自第 $\tau-\Delta\tau$ 年生产的铅酸电池。

（4）定义铅酸电池产量中，报废后返回到铅酸电池系统铅金属生产阶段的铅所占的比例为铅的大循环率，简称循环率，并用符号 α 表示，单位是 t/t。在这种情况下，第 $\tau+\Delta\tau$ 年时将有 $\alpha_{\tau+\Delta\tau} P_\tau$ 的铅返回到铅酸电池系统第 Ⅰ 阶段；而在第 τ 年，

将有 $\alpha_\tau P_{\tau-\Delta\tau}$ 的铅返回到铅的第 I 阶段。为简便起见，图中第 τ 年投入的废铅量中省略了循环率的下标符号 τ。

（5）定义从铅酸电池制造阶段的加工切屑废料中回收的铅量占该年铅酸电池产量的比例为铅的中循环率，并用符号 β 表示，单位是 t/t。

（6）分别定义生命周期第 I 阶段、第 II 阶段排放的铅量与该年铅酸电池产量的比值为相应生命周期阶段铅的排放率，并分别用符号 γ_1、γ_2 表示，单位是 t/t；为便于应用，定义这两个排放率之和为生产阶段的总铅排放率，简称铅排放率，用符号 γ 表示，即 $\gamma=\gamma_1+\gamma_2$。

三、若干重要参数的定量表征

仍选择环境负荷和社会服务量分别作为环境影响和人类服务的表征指标。

环境负荷特指铅酸电池系统对自然系统所造成的影响，分成资源负荷和排放负荷两种类型。其中，资源负荷定义为铅酸电池系统每年消耗的铅矿资源数量，用符号 R 表示，单位是 t。在图 7-4 框架下可表达为

$$R=(1+\gamma)P_\tau-\alpha P_{\tau-\Delta\tau} \tag{7-6}$$

排放负荷定义为铅酸电池系统每年向环境中排放的含铅废物、污染物的数量，用符号 Q 表示，单位是 t。在图 7-4 框架下可表达为

$$Q=\gamma P_\tau+(1-\alpha)P_{\tau-\Delta\tau} \tag{7-7}$$

如前所述，由于铅酸电池的主要功能是向用电场所提供电能，因此将某年生产的铅酸电池在其使用寿命内所能够提供的电能总量作为相应年份的服务量，用符号 S 表示，单位是 $kW\cdot h\cdot a$。不难理解，铅酸电池的社会服务量应与铅酸电池的使用寿命成正比，还与铅酸电池中的含铅量成正比，可表达为

$$S=F_P P_\tau \Delta\tau \tag{7-8}$$

式中：F_P——铅酸电池的比性能，是 S 与 $P_\tau\Delta\tau$ 之间的比例系数，$kW\cdot h/t$；

P_τ——铅酸电池的年产量，按含铅量计算，t；

$\Delta\tau$——铅酸电池的使用寿命，a。

这里请特别注意，所选的社会服务量是消费者享受的电池所转移的电能，正是所需要的最终服务量，而不再是物质或狭义的产品。基于此，各表征参数反映人类社会服务与资源、环境间的定量关系，是物质人为流动分析的重要方法。

第五节 物质人为流动若干规律

以生态效率来表征铅酸电池系统中的物质人为流动水平。基于改进后的动力学分析框架进行分析。

一、以社会服务表征的生态效率

选择铅酸电池系统所能储蓄并转移的电能作为社会服务量，分别以铅矿资源消耗量和含铅废物、污染物排放量作为资源负荷和排放负荷，推演铅元素人为流动过程中的生态效率变化规律。

1.资源效率

将铅酸电池系统分析结果式（7-6）和式（7-8）代入式（7-1）中，可整理得到

$$r = \frac{F_P \Delta \tau}{1 + \gamma - \alpha p} \tag{7-9}$$

式（7-9）中 p 是第 $\tau - \Delta \tau$ 年产品产量 $P_{\tau - \Delta \tau}$ 与第 τ 年产品产量 P_τ 的比值，表达形式与式（7-4）完全相同，但含义却有所不同，这里关注的是最终产品（铅酸电池）的产量变化比，而前面动力学分析原始框架下关注的是钢铁工业材料的产量变化比。由于前面重在分享科研过程中可能遇到的曲折，此后将不再按原始含义考虑，并正式定义为终产品的产量变化比，即

$$p = \frac{P_{\tau - \Delta \tau}}{P_\tau} \tag{7-10}$$

它反映电池产量随年份的变化，该值恒为正值。

为更清楚地看到资源效率随年增长率的变化情况，假设铅酸电池产量随年份以产量增长率 ρ 线性增长，即

$$\frac{P_{\tau - \Delta \tau}}{P_\tau} = 1 - \rho \Delta \tau \tag{7-11}$$

将式（7-11）代入式（7-9）中，整理后得

$$r = \frac{F_P \Delta \tau}{1 + \gamma - \alpha + \alpha \rho \Delta \tau} \tag{7-12}$$

可见，铅在铅酸电池系统中的资源效率 r 是铅排放率 γ、循环率 α、铅酸电池的使用寿命 $\Delta \tau$、比性能 F_P 和产量增长率 ρ 的函数。为了更清楚地看出资源效率随各参数的变化情况，在设定一些参数的数值后，按式（7-12）绘图，得到图7-5。

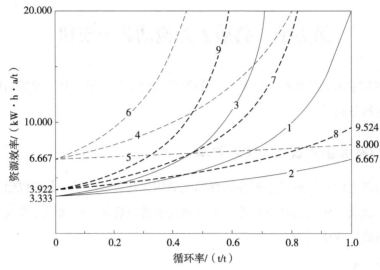

曲线 1：γ=0.2 t/t，$\Delta\tau$=4 a，ρ=0；曲线 2：γ=0.2 t/t，$\Delta\tau$=4 a，ρ=0.1；
曲线 3：γ=0.2 t/t，$\Delta\tau$=4 a，ρ=−0.1；曲线 4：γ=0.2 t/t，$\Delta\tau$=8 a，ρ=0；
曲线 5：γ=0.2 t/t，$\Delta\tau$=8 a，ρ=0.1；曲线 6：γ=0.2 t/t，$\Delta\tau$=8 a，ρ=−0.1；
曲线 7：γ=0.02 t/t，$\Delta\tau$=4 a，ρ=0；曲线 8：γ=0.02 t/t，$\Delta\tau$=4 a，ρ=0.1；
曲线 9：γ=0.02 t/t，$\Delta\tau$=4 a，ρ=−0.1

图 7-5   资源效率变化规律曲线

由图 7-5 可推知：

（1）循环率 α 对资源效率 r 的影响：当其他参数不变的情况下（如图 7-5 中任意一条曲线），资源效率随循环率的提高而不断提高。

（2）产量增长率 ρ 对 r 与 α 关系的影响：产量增长率将影响资源效率随循环率变化的快慢以及资源效率所能达到的最高数值。与产量不变的情况相比，在产量持续增长情况下，r 随 α 的增长较为缓慢，资源效率所能达到的最高数值较小；而且产量增长越快，这一效果越明显。在产量下降情况下，资源效率的变化也正好相反，如图 7-5 中的曲线 1、曲线 2 和曲线 3。由此推测，在产量下降的情况下，较容易获得资源效率的大幅提高。

（3）使用寿命 $\Delta\tau$ 对 r 与 α 关系的影响：使用寿命主要影响资源效率的数值，但不影响资源效率随循环率变化的快慢。在其他因素不变的情况下，使用寿命越长，资源效率就越高，如图 7-5 中的曲线 1 和曲线 4。

（4）铅排放率 γ 对 r 与 α 关系的影响：铅排放率影响资源效率随循环率变化的快慢以及资源效率的起止数值。铅排放率越低，r 随 α 的增长越快，资源效率的起止数值也越大，如图 7-5 中的曲线 1 和曲线 7。由此推测，降低铅排放率有利于大幅提高铅的资源效率。

最后，铅的资源效率是随铅酸电池的比性能正向增长的，即其他条件不变情况下，比性能越高，资源效率也越高。这从式（7-9）中极容易看出。

由此可得出结论：若想提高资源效率，需要提高产品的物质比性能［这与以后章节中提到的"物质减量化"（dematerialization）密切相关］，提高物质循环率，延长产品的使用寿命（这为循环经济中的产品维护和再使用提供了理论佐证），降低人为系统的物质排放率，降低产品产量的增长速率。

2. 环境效率

按照与资源效率分析相似的思路考察环境效率，将式（7-7）、式（7-8）和式（7-10）代入式（7-2）中，得到

$$q = \frac{F_P \Delta \tau}{\gamma + (1-\alpha)p} \tag{7-13}$$

在铅酸电池产量线性变化情况下，将式（7-11）代入式（7-13）中，得到

$$q = \frac{F_P \Delta \tau}{\gamma + (1-\alpha)(1-\rho \Delta \tau)} \tag{7-14}$$

式中各符号意义同前。

可见，铅的环境效率 q 是铅酸电池的比性能、使用寿命、铅排放率、循环率和产量增长率（或产量变化比）的函数。这与原始框架下所得的环境效率变化关系式（7-5）截然不同，不仅包含了产品使用寿命 $\Delta \tau$，而且也将产量变化因素显现在变化规律中，较式（7-5）更为合理。

此外，铅的资源效率与环境效率的影响参数一致，也意味着环境效率和资源效率之间存在着某种必然联系。

3. 资源效率与环境效率间关系

为了解析得到资源效率与环境效率间的定量关系，将式（7-9）与式（7-13）联立，解得

$$\frac{1}{q} = \frac{1}{r} - \frac{1-p}{F_P \Delta \tau} \tag{7-15}$$

在铅酸电池产量线性变化下，将式（7-10）、式（7-11）代入式（7-15）中，整理后得

$$q = \left(\frac{1}{r} - \frac{\rho}{F_P} \right)^{-1} \tag{7-16}$$

为了更清楚地看出环境效率随资源效率的变化情况，在设定其他参数数值后，按式（7-16）绘图，得到图7-6。

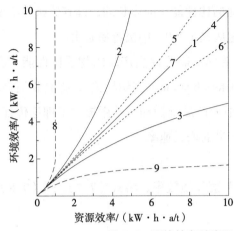

曲线1: $F_P=1\ kW\cdot h/t,\ \rho=0$;
曲线2: $F_P=1\ kW\cdot h/t,\ \rho=0.1$;
曲线3: $F_P=1\ kW\cdot h/t,\ \rho=-0.1$;
曲线4: $F_P=5\ kW\cdot h/t,\ \rho=0$;
曲线5: $F_P=5\ kW\cdot h/t,\ \rho=0.1$;
曲线6: $F_P=5\ kW\cdot h/t,\ \rho=-0.1$;
曲线7: $F_P=0.2\ kW\cdot h/t,\ \rho=0$;
曲线8: $F_P=0.2\ kW\cdot h/t,\ \rho=0.1$;
曲线9: $F_P=0.2\ kW\cdot h/t,\ \rho=0.1$。

图 7-6 环境效率随资源效率的变化曲线

资料来源：毛建素 . 铅的工业代谢及其对国民经济的影响 [D]. 沈阳：东北大学，2003.

由图 7-6 可知，在任何情况下，环境效率都随资源效率的增长而提高，并且在产量保持不变的情况下，环境效率与资源效率相等，表现为斜率为 1 的直线。在产量增长或产量下降情况下，环境效率随资源效率的变化曲线将以 45° 轴对称形式规则地分布于产量不变情况下的曲线的两侧，呈现为对称美的数学图形。

进一步分析可知，环境效率随资源效率变化的快慢将受到产量增长率、比性能两个因素的影响。其中，产量变化将影响环境效率与资源效率的相对数值：在产量增长情况下，环境效率将恒大于资源效率；反之，在产量下降的情况下，环境效率将恒小于资源效率。在产量增长率绝对值相同条件下，产量增长与产量下降恰形成斜对称关系，如图 7-6 中的曲线 2 和曲线 3。由此推测，在相同的资源效率下，产量增长有助于环境效率的提高，比性能将主要影响环境效率随资源效率变化的快慢。在产量持续增长的情况下（如图 7-6 中的曲线 2 与曲线 5），比性能越高，环境效率随资源效率的增长越慢，并且若保持资源效率相同，则比性能越高，环境效率越低。反之，在产量持续下降的情况下，比性能对环境效率与资源效率关系的影响正好相反。但无论产量增长还是下降，也无论比性能怎样，都是资源效率越高，环境效率也越高，只不过程度有所不同。因此，实践中可以提高资源效率为工作重点。

4. 资源环境比

为了清楚地看出人类活动对资源、环境改变的相对快慢，定义人类活动系统消耗的自然资源数量与其向环境排放的废物、污染物数量的比值为资源环境比，用符号 ε 表示，数学表达为

$$\varepsilon=\frac{R}{Q}$$

（7-17）

由式（7-17）可知，资源环境比恒为正值。当 $\varepsilon=1$ 时，产品系统消耗吸纳的自然资源数量等于系统向外部环境排放的废物、污染物数量，使得系统内物质数量维持不变；当 $\varepsilon>1$ 时，表示产品系统消耗吸纳的自然资源数量大于系统向外部环境排放的废物、污染物数量，从而形成系统内物质数量的净增量，意味着产品系统不断扩张增长；反之，当 $\varepsilon<1$ 时，表示产品系统消耗吸纳的自然资源数量小于系统向外部环境排放的废物、污染物数量，从而形成系统内物质数量的净减量，意味着产品系统不断萎缩减小。

为获得资源环境比变化规律，将式（7-1）、式（7-2）变形代入式（7-17）中得到

$$\varepsilon=\frac{q}{r} \tag{7-18}$$

再将资源效率变化关系式（7-9）、环境效率变化关系式（7-13）代入式（7-18）中，得到资源环境比随各参数的变化关系式：

$$\varepsilon=\frac{1+\gamma-\alpha p}{\gamma+(1-\alpha)p} \tag{7-19}$$

由式（7-19）可知，资源环境比 ε 是铅酸电池产量变化比、铅排放率、循环率的函数。为了更清楚地看出资源环境比随各参数变化的情况，假定铅排放率为 0.01，产量变化比分别取 1、0.8、1.2，代表产量不变、产量增长和产量下降三种情景，绘制得到图 7-7。

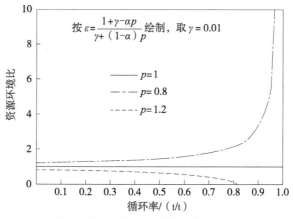

图 7-7　资源环境比随循环率的变化曲线

由图 7-7 可知，产量不变时，资源环境比是一条恒等于 1 的直线。而产量下降情况下，资源环境比总是小于 1，意味着"纳少吐多"，且将随着循环率增长而持续下降，直到零值，意味着再生资源完全替代自然资源，而不消耗任何自然资源。反之，

在产量增长情况下，资源环境比总是大于 1，意味着"纳多吐少"，物质循环也难以弥补其增长需求，仍需要消耗自然资源以满足其增长需求。

在铅酸电池产量线性变化下，将式（7-10）、式（7-11）代入式（7-19）中，整理后得

$$\varepsilon = \frac{1 + \gamma - \alpha + \alpha\rho\Delta\tau}{\gamma + (1-\alpha)(1-\rho\Delta\tau)} \tag{7-20}$$

请同学们自行绘制由式（7-20）所反映的资源环境比 ε 随各参数的变化曲线，分析其变化规律。

二、以产品数量表征的生态效率

如果我们以提供最终服务的产品数量来表征铅酸电池产品的服务量，仍可按照前面计算生态效率的方法，得到生态效率的另一种表达方式。

如果仍针对上节中的铅酸电池系统，则该系统的社会服务量将表达为

$$S' = P_\tau \tag{7-21}$$

铅酸电池系统的资源负荷和排放负荷仍为式（7-6）和式（7-7），以上各参数的单位都是 t/a。

类似地，将式（7-21）、式（7-6）和式（7-7）代入式（7-1）和式（7-2）中，并考虑式（7-10），将得到以产品产量为社会服务量的另一种表达方式，分别如下。

资源效率：

$$r' = \frac{1}{1 + \gamma - \alpha p} \tag{7-22}$$

环境效率：

$$q' = \frac{1}{\gamma + (1-\alpha)p} \tag{7-23}$$

对比式（7-22）与式（7-9）、式（7-23）与式（7-13）可知，以产品数量（物质数量）表征社会服务量时，资源效率和环境效率的变化关系式中没有显示产品比性能。意味着在这种情况下，将无法显示产品物质减量化、轻型化等所带来的收益，例如电脑小型化后，某台电脑的服务功能在加强，而所消耗的物质数量在减少，比性能获得了大幅的提高，这一点将被湮没在此研究方法中。

在以产品产量为社会服务量的情况下，仍可求解环境效率与资源效率间的关系。将式（7-22）、式（7-23）联立，即可解得

$$\frac{1}{q'} - \frac{1}{r'} = p - 1 \tag{7-24}$$

可见：①在产量不变的情况下，资源效率恒等于环境效率；②在产量增长的情况下，资源效率恒小于环境效率；③在产量下降的情况下，资源效率恒大于环境效率。这主要是由于产品产量的变化引起了产品系统的涨缩：产量增长意味着产品系统扩张，致使资源索取量大于排放量，因而资源效率小于环境效率；反之，产量下降会引起系统收缩，资源索取量小于排放量，使得资源效率大于环境效率。

若进一步考虑产量线性变化，将式（7-10）、式（7-11）代入式（7-22）和式（7-23）中，整理则可分别得到以下两式。

资源效率：

$$r' = \frac{1}{1 + \gamma - \alpha + \alpha\rho\Delta\tau} \tag{7-25}$$

环境效率：

$$q' = \frac{1}{\gamma + (1-\alpha)(1 - \rho\Delta\tau)} \tag{7-26}$$

同学们可参照前面类似的分析方法，分析式（7-25）、式（7-26）中资源效率、环境效率随各参数的变化情况。

此外，同学们还可针对改进后的动力学分析框架下所得结果进行分析，看是否消除了原始框架中识别的不足。也可验证在理想情况下，即产品系统不再消耗任何自然资源，也不再向环境排放任何废物、污染物，令式（7-6）和式（7-7）等于0，将解得排放率 $\gamma=0$，循环率 $\alpha=1$，产品产量变化比 $p=1$，或产品产量增长率 $\rho=0$；在这种情况下，资源效率和环境效率均将变成无限大。如果绘制物质流动图，将得到如图 7-8 所示的理想状态下铅的全封闭流动图形。

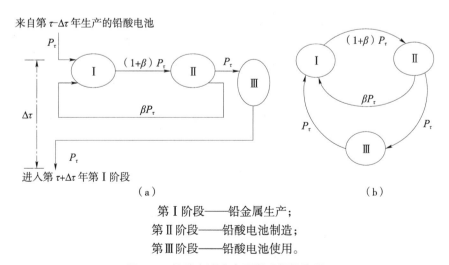

第Ⅰ阶段——铅金属生产；
第Ⅱ阶段——铅酸电池制造；
第Ⅲ阶段——铅酸电池使用。

图 7-8　铅酸电池生命周期理想铅流图

第六节　案例分析

这里借助案例分析来示例物质人为流动动力学分析方法的应用过程，仍以铅酸电池系统为例。

一、某特定年份的铅酸电池系统铅流分析

以中国 1999 年铅酸电池系统为研究背景。该年中国国内消费精炼铅 52.5 万 t。其中 66.8%（相当于 35.07 万 t）用于生产铅酸电池。根据当时的生产技术水平，在铅酸电池生产中，平均每投入 1 t 铅金属，将有 0.92 t 进入铅酸电池中，另有 0.035 6 t 以加工废铅的方式得到回收利用，其余 0.044 4 t 以含铅废物、污染物的形式被排放到环境中。铅酸电池的平均寿命估算为 3 年。

在废铅回收与再生方面，根据 1999 年中国有色金属工业协会所掌握的数据，估计有 9.09 万 t 废铅酸电池和 1.248 万 t 加工废铅投入铅的再生。铅的再生收率估计为 80%～88%，本书取 86.37% 进行计算，共可获得 8.93 万 t 再生铅，其余 1.41 万 t 铅以含铅废物、污染物的形式被排放到环境中。除再生铅以外，用于铅酸电池生产的其余量为 26.14 万 t，按原生铅计算。

在原生铅的生产中，涉及选矿、冶炼等过程。据中国有色金属工业协会统计，1999 年选矿收率为 83.8%，冶炼综合收率为 92.78%，因此为获得 26.14 万 t 原生铅，将需要投入含铅量为 33.62 万 t 的铅矿石，同时有 5.45 万 t、2.03 万 t 的铅分别损失在选矿和冶炼过程中。

另外，由于铅酸电池的平均寿命估计为 3 年，因此 1999 年回收的废铅酸电池是 1996 年生产的。表 7-1 中列出了纳入统计的中国 1990—2000 年的铅酸电池产量。考虑到表 7-1 中铅酸电池产量占全国实际总产量的 75%～85%，若 1996 年、1999 年分别按 77%、78% 计算，则可估算出 1996 年实际生产的铅酸电池的含铅量为 29.17 万 t。由于 1999 年实际回收废铅酸电池 9.09 万 t，因此有 20.08 万 t 废铅酸电池未能得以回收，或者说没有能够进入统计数据。

表 7-1　中国 1990—2000 年铅酸电池产量　　　　　　　　单位：GW·h

年份	铅酸电池产量	年份	铅酸电池产量	年份	铅酸电池产量	年份	铅酸电池产量
1990	6.980	1993	7.773	1996	9.487	1999	10.394
1991	5.146	1994	—	1997	—	2000	11.881
1992	6.837	1995	7.080	1998	—		

数据来源：《中国机械工业年鉴》。

根据以上数据，整理得到中国 1999 年铅酸电池生命周期铅流图，如图 7-9 所示。

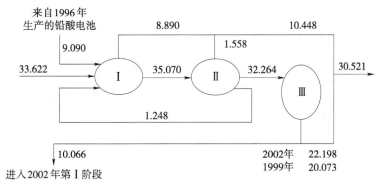

图 7-9　中国 1999 年铅酸电池生命周期铅流图（单位：万 t）

从图 7-9 中可看出铅酸电池系统中各股流动的数量分配和流动方向。

二、对比分析与管理建议

为了找到改善中国铅酸电池系统铅流状况的措施，根据铅流分析结果（图 7-9）计算资源效率、环境效率，以及各影响参数的数值，并将其与其他案例进行对比。经查询，同一时期瑞典 S. Karlsson 博士开展了铅酸电池系统的铅流分析，根据其报道数据进行估算，得到当时中国与瑞典铅酸电池系统的铅流分析结果，如表 7-2 所示。

表 7-2　中国与瑞典的铅酸电池系统中的铅流状况对比

	资源效率 /（kW·h·a/t）	环境效率 /（kW·h·a/t）	大循环率 /（t/t）	中循环率 /（t/t）	铅排放率 /（t/t）	年均增长率	使用寿命 / a
中国	118.90	130.98	0.312	0.039	0.324	0.032	3
瑞典	15 804	15 804	0.99	0.123 6	0.002 655	0	5
瑞典 / 中国	132.92	120.66	3.173	3.169	0.008 2	0	1.667

注：对铅酸电池比性能的取值，中国估算为 $F_P = 41.303$ kW·h/t，瑞典取 40 kW·h/t。

由表 7-2 可知，在铅酸电池系统中，瑞典铅的资源效率和环境效率均已高达 15.804 MW·h·a/t，分别是中国的 132.92 倍、120.66 倍。其原因在于：在循环率方面，瑞典已达到 0.99 t/t，铅几乎全部循环，而中国仅为 0.312 t/t；在铅排放方面，瑞典的 γ 仅为 0.002 655 t/t，而中国高达 0.324 t/t；在产量变化方面，瑞典至少稳定了铅酸电池的一个生命周期——5 年，而中国仍在持续增长；在电池的使用寿命方面，瑞典可达到 5 年，而中国平均为 3 年。

根据前述资源效率和环境效率变化规律，为提高中国铅酸电池系统中铅的生态效率，应着重提高铅的循环率、降低铅的排放率。对于前者，需要采取以下对策：

（1）借鉴国外先进管理经验，建立废铅回收法规与机制，引导废铅电池的回收工作步入正常的轨道。

（2）延伸铅酸电池厂的企业责任，逐步实现销售产品型企业向销售服务型企业的过渡，促进废铅酸电池回收。

（3）加强环保宣传，树立"废物也是资源"的观念，向电池用户征收消费税，向废铅排放部门收取排放税，保障废铅回收工作的顺利进行。

为降低铅的排放率，需要做到以下几点：

（1）对铅的生产企业实行特别许可证管理制度。严格规定企业的生产规模、生产技术与环保措施。坚决禁止小型开采企业，取缔、关闭小型冶炼厂。

（2）开发新型选矿技术，提高选矿的收率。推广先进的无污染冶炼铅工艺；淘汰小型的、落后的炼铅工艺；制定优惠的经济政策，鼓励冶炼铅新技术、新工艺的推广和应用。

（3）宣传教育：向公众宣传铅的危害、防止铅污染的方式和方法，形成良好的利于环境保护的习惯，努力降低废铅流入环境的数量，避免形成对人体的危害。

历史实践表明，自 2000 年起，我国陆续制定了一系列相关政策，不仅淘汰了大量小冶炼厂，而且也逐步从加强废铅回收过渡到以锂电池替代铅酸电池。尽管后续锂电池的应用仍出现了诸多不尽如人意的事件，但随着技术进步，我们仍希望开发出更为环保、可靠的产品，满足人类更高更好的服务需求。

推荐阅读

［1］KARLSSON S. Closing the technospheric flows of toxic metals: modeling lead losses from a lead-acid battery system for Sweden[J]. Journal of Industrial Ecology, 1999, 3(1): 23-40.

［2］乐萍萍 . 白洋淀流域磷物质流分析 [D]. 北京：首都师范大学，2008.

［3］刘毅 . 中国磷代谢与水体富营养化控制政策研究 [D]. 北京：清华大学，2004.

参考文献

［1］DUINKER J C, KRAMER C J M. An experimental study on the speciation of dissolved zinc, cadmium, lead and copper in river Rhine and North Sea water,by differential pulsed anodic stripping voltammetry[J]. Marine Chemistry, 1977, 5(3): 207-228.

［2］LU Z W. Iron-flow analysis for the life cycle of steel products—a study on the source index for iron emission[J]. Acta Metallurgica Sinica, 2002, 38(1): 58-68.

［3］MAO J S, LU Z W, YANG Z F. The eco-efficiency of lead in China's lead-acid battery system[J]. Journal of Industrial Ecology, 2006, 10(1-2): 185-197.

［4］GRAEDEL T E, ALLENBY B R. Industrial Ecology[M]. 2nd ed. Upper Saddle River: Prentice Hall, 2003.

［5］陈静生, 邓宝山, 陶澍, 等. 环境地球化学 [M]. 北京: 海洋出版社, 1990.

［6］戴铁军, 陆钟武. 钢铁生产流程铁资源效率的分析 [J]. 钢铁, 2006, 41(6): 77-82.

［7］乐萍萍. 白洋淀流域磷物质流分析 [D]. 北京: 首都师范大学, 2008.

［8］刘奇, 王化可, 李文达. 重金属铅的生态效应及其地球化学循环 [J]. 安徽教育学院学报, 2005, 23(6): 11.

［9］陆钟武. 钢铁产品生命周期的铁流分析 [J]. 金属学报, 2002, 38(1): 58-68.

［10］陆钟武. 工业生态学基础 [M]. 北京: 科学出版社, 2009.

［11］陆钟武. 关于进一步做好循环经济规划的几点看法 [J]. 环境保护, 2005, 33(1): 14-17.

［12］陆钟武. 关于循环经济几个问题的分析研究 [J]. 环境科学研究, 2003, 16(5): 1-10.

［13］陆钟武. 物质流分析的跟踪观察法 [J]. 中国工程科学, 2006, 8(1): 18-25.

［14］毛建素. 铅的工业代谢及其对国民经济的影响 [D]. 沈阳: 东北大学, 2003.

［15］马兰, 毛建素. 中国铅流变化的定量分析 [J]. 环境科学, 2014, 35(7): 2829-2833.

［16］马兰, 毛建素. 中国铅流变化原因分析 [J]. 环境科学, 2014, 35(8): 3219-3224.

［17］岳强, 陆钟武. 中国铜循环现状分析——具有时间概念的产品生命周期物流分析方法 [J]. 中国资源综合利用, 2005, (5): 4-8.

［18］周启星, 黄国宏. 环境生物地球化学及全球环境变化 [M]. 北京: 科学出版社, 2001.

课堂讨论与作业

一、课堂练习

1. 为进一步熟悉物质自然流动与人为流动的概念，请选择自己感兴趣的物质，思考并简单绘制其自然流动与人为流动过程示意图，对比两者间主要差异与联系。

2. 物质人为流动动力学分析框架中的显著特点之一是考虑了从材料或产品生产到报废回收间的时间差，通常以产品的使用寿命表征，请尝试观察并列出常用产品（如房屋、汽车、冰箱等）的使用寿命；另一显著特点是考虑前一生命周期年份与当前年份的产量变化比，请基于估算的常用产品使用寿命和我国统计数据，粗略估算其产量变化比。

二、课堂讨论

1. 铅酸电池可储存转移电能，使得其代表性物质铅具有了被赋予社会服务功能和被量化表征的属性。试想对其他金属物质或产品，应如何界定其社会服务，并列举一些例子。

2. 研究中选用了铅酸电池系统，这是一个简单的单一产品系统。但同一种物质通常可用于生产多种不同产品，从而形成复杂产品系统，甚至大多数产品不能由某一特定物质作为代表性物质，涉及多种不同物质，也构成另外的多物质的复杂流动系统，请思考讨论应如何处理。

3. 研究中曾作出了若干假设，如假定产品使用寿命远大于其材料或产品生产过程所花费的时间，从而忽略了生产过程所花费的时间。还假定产品使用寿命不变等，试想如果某案例不符合上述假定条件，应如何开展研究？比如铝用于制作易拉罐，而易拉罐从盛装饮品到报废可能只需几个月，与生产活动所花时间在相同量级水平。或者，对于产品使用中物质不断消耗的产品，如铅笔中的笔芯在铅笔使用过程中不断消耗等，应如何构建研究框架？

4. 如果不采用本章介绍的物质人为流动的动力学分析方法，你是否还能想出其他方法？并尝试其可行性。

5. 你认为哪种物质的人为流动最值得关注？列出其物质人为流动的研究提纲，并进行课堂分享。

三、作业

针对课堂讨论中所选的物质，借助图书馆文献系统查找其物质人为流动动力学分析的论文，以课堂报告形式分享。要求汇报中体现选题过程，体现论文中各节、段落间的逻辑关系，体现课堂讨论中所设计的研究方案与该文献的差异，并对此作出评价。整理成 8～10 分钟 PPT，下一次进行课堂分享。评分标准见表 T7-1。

表 T7-1　课堂小组汇报评分表

选题理由 （满分 10 分）	论文分享 （满分 10 分）	重点环节 （满分 10 分）	评价与感受 （满分 10 分）	表达与规范 （满分 10 分）	总分

第八章 物质人为流动（II）：STAF 方法与应用

本章重点：掌握物质人为流动 STAF 分析框架及其与动力学分析框架的差别。

基本要求：了解物质人为流动 STAF 分析框架；深入理解不同生命周期阶段物质流动分析各细节的处理办法和可能的数据来源；熟悉物质消费结构及其对生产、社会服务、资源与环境等方面的影响，了解表征物质人为流动水平的积累率、循环率、排放率等参数的物理意义；应用 STAF 分析方法开展感兴趣物质的人为流动分析。

第一节　核心议题的提出

上一章中我们曾定义了为满足人类需求，在人类活动干扰下所形成的物质在人类社会经济系统中的流动为物质人为流动。这部分流动是物质自然循环流动的一个重要环节，也是破坏其自然流动的主要原因。为弄清物质如何人为流动，有两种代表性的分析方法，一种是第七章中所学的物质人为流动动力学分析方法，另一种就是将在本章学习的 STAF 分析方法，这里的 STAF 是 STock And Flow 的缩写，表示物质的存量与流量。这种方法由耶鲁大学的 T. E. Graedel 院士于 2003 年提出并建立。

本章将首先介绍 STAF 分析框架，然后结合作者在 2005—2006 年作为耶鲁大学森林与环境学院博士后和 STAF 内阁成员的科研经历，分享在 T. E. Graedel 院士指导下一起开展并完成的铅元素人为流动研究成果。最后列出若干思考议题，供同学们扩展思考，并在今后相关研究中参考使用。

第二节　物质人为流动 STAF 分析框架概述

一、物质人为流动 STAF 分析框架

耶鲁大学 T. E. Graedel 院士研究小组首选了若干金属物质开展物质人为流动分

析。基于大量金属物质的生产与使用实际调研，构建了反映物质流动共性特征的 STAF 分析基本框架（如图 8-1 所示），主要包括 4 个阶段：材料生产、加工与制造、使用以及产品完成其使用寿命后的废物回收与处置。

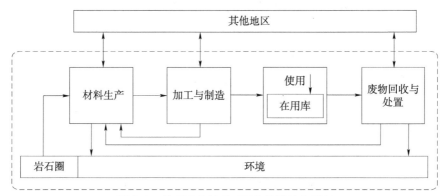

图 8-1　物质人为流动 STAF 分析基本框架

资料来源：MAO J S, DONG J, GRAEDEL T E. The multilevel cycle of anthropogenic lead: Ⅰ. methodology [J]. Resources, Conservation and Recycling, 2008, 52(8-9): 1058-1064.

在材料生产阶段，主要表现为从岩石圈中开采金属矿物，历经选矿、冶炼、精炼等过程，形成金属材料。生产过程中未能完全转变为目标工业材料的物质将以尾矿、熔渣等冶炼废物的形式被丢弃、进入环境系统。投入材料生产的原料中，除来自自然资源的矿石外，还有从金属加工与制造部门回收的边角废料，以及从废物回收部门回收的废旧制品。由于资源分布、技术水平等地域差异，在材料生产过程中，难免需要通过区域贸易满足物资类型与数量的供应与需求，如美国从墨西哥进口大量金属矿，我国从澳大利亚进口铜矿、铅矿等矿物资源。

在加工与制造阶段，主要表现为将上游生产的金属材料进一步加工转变并制造成具有特定服务功能的产品。这一过程中未能完全转变进入产品的物质将形成加工与制造中的边角废料，可被回收起来，作为二次资源送往上游材料生产部门。类似地，由于社会经济与技术水平等地域差异，在加工与制造过程中，会有零部件、半成品、成品等的区域贸易，如某企业主要制造、组装、研发计算机产品，但其所用零部件大多从其他地区进口，而生产出来的笔记本电脑既销往国内各地，又远销海外各国。

在使用阶段，主要表现为将上游生产的金属制成品投入使用，而报废的产品将不再使用，并离开其服务场所。与此同时，投入使用与离开使用的物质差额将形成使用阶段物质存量的净增量。这里，将存储使用阶段物质的场所称作物质的在用库（in-use stock），它不是自然形成的物质库存，而是为满足人类需求形成的人为库，详见第九章。这也是该框架被称作 STAF 分析框架的重要原因。

在废物回收与处置阶段，主要表现为收集报废产品，经过拆解、分类等处理过程，有用的部分作为二次资源被送往材料生产阶段进行循环再生，而不能利用的部分经过焚烧、无害化处理，以填埋或其他方式排放到环境中。其中作为二次资源的部分还可能经过贸易进出其他国家或地区。

对每一生命周期阶段，物质流入量、流出量和库存量的变化量之间遵守物质守恒定律。由物质流动的连续性构成了各阶段之间物质的流动。

二、STAF 分析框架与动力学分析框架的对比

对比图 8-1 与图 7-4 不难看出，两者具有以下主要差异：

（1）STAF 分析框架具有明显的区域边界，而动力学分析框架中未呈现区域边界；

（2）STAF 分析框架中呈现了物质跨越区域边界的流动，反映着不同产品生命周期阶段物质的区域交换，而动力学分析框架中没有跨越区域边界的流动；

（3）STAF 分析框架中，在使用阶段出现了物质在用库，而动力学分析框架中未呈现该库；

（4）STAF 分析框架中明确地呈现了废物回收与处置阶段，而动力学分析框架中却隐含了该阶段。

从上述两种方法所得研究结果可以看出，动力学分析框架下可推导出物质流动各参数间的变化关系，且可反映时间概念和产量变化，具有更显著的动态特征，研究结果的数学表达式也更加完美地展示物质人为流动的内在关系，反映物质人为流动的若干规律，具有更好的理论价值。而 STAF 分析框架下研究结果较多地反映某特定时间断面的物质人为流动状况，相当于静态结果，需要更多时间、地域、技术等的案例结果，才能推演相应规律。

对出现上述差异，陆钟武院士曾归因于动力学分析框架和 STAF 分析框架采用了两种不同的分析方法。动力学分析框架着眼于物质，采用了追踪物质生命周期整个流动过程的方法，类似于流体力学中追踪流体质点来描述流体运动的拉格朗日法。在这种方法下，所研究的物质人为流动系统由相同的"物质质点"组成，因此无论它流向哪里，都仍归属于该系统，框架中也不必显示区域边界。如同以某班集体为研究对象，无论各成员走到哪里，都仍是纳入研究的该班成员。而 STAF 分析框架着眼于特定区域，区域边界限定了纳入研究的区域范围，也因此可呈现跨越区域的流动。如同观察某特定教室，不同时段将有不同学员进出教室，他们可能从属不同的班级，这种就类似于流体力学中观察某一空间点来描述流体运动的欧拉法。

基于以上特点，陆钟武院士曾把基于动力学分析框架的物质人为流动分析方法称为物流跟踪法，而把基于 STAF 分析框架的物质人为流动分析方法称为定点观察法。应用中，将以上两种方法分别简称为物质人为流动分析的追踪法和定点法。

尽管物质人为流动分析的追踪法和定点法具有以上明显差异，但所研究的客观事物却是相同的，也都试图弄清某系统中各股流动的大小、方向，以及相关各部门间或存储库间的物质转移关系。估算的原理都是物质守恒定律，最终目的是为协调社会经济发展与资源环境间关系提供参考依据。

同学们还可进一步对比观察分析，找出其他差异和各自优势。

第三节　研究方法示例——铅元素人为流动分析

尽管图 8-1 给出了金属物质 STAF 分析的通用性框架，但具体应用到某特定研究时，还要结合特定研究目的及所选物质的特点，对分析框架进行调整，以便更有针对性地解决现实问题，实现预期研究目标。这里以铅为例，示例其物质人为流动研究过程。

一、铅元素 STAF 研究细化设想

基于 STAF 分析框架开展铅元素人为流动的研究始于 2005 年 7 月，是在完成铅元素人为流动动力学分析之后。根据此前对铅元素各生命周期阶段的大量调研，重新审视物质人为流动 STAF 分析框架（图 8-1），发现铅的人为流动中具有以下不同：

（1）由于铅的熔点较低，在铅产品加工与制造阶段常产生一些含铅废气和切削废料，且由于铅污染物具有较高的人体健康风险，因此该阶段应充分考虑其环境排放。

（2）有些铅金属产品在其使用过程中将完全或大部分损失并排放到环境中，如化妆品、釉彩油漆、含铅汽油、火药等，应充分考虑其环境排放。

（3）铅金属有多种用途，而不同用途的铅产品具有不同的服务与环境属性，如果能在铅流分析中体现铅的消费结构，将可能获得更有针对性的管理措施。同时对于其他物质而言，也常常可生产多种不同产品，甚至产业系统有着特定的行业构成，需要探求将物质消费结构纳入分析框架的可能性。

（4）尽管区域贸易中兼有进口与出口两个不同流向的物质交换，但对于同一种物质而言，经进出抵消后，都会表现为某一净进口或净出口，形成单一的物流方向。

整体看来，希望将上述因素体现到 STAF 分析框架下的铅元素人为流动研究中。

二、铅元素 STAF 分析框架

同其他金属物质一样，铅元素的人为流动主要包括 4 个阶段：铅的采选与冶炼、铅产品加工与制造、铅产品使用、废铅回收与处置（如图 8-2 所示）。

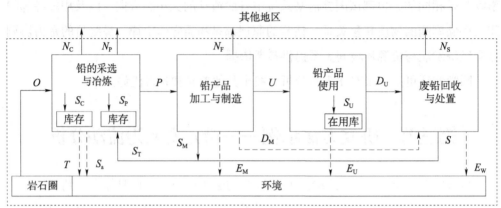

系统边界©STAF项目，耶鲁大学，2006。

符号及定义：

O	铅矿资源	S_a	含铅矿渣
P	精炼铅	S_P	精炼铅库存
U	投入使用的铅产品	S_C	精炼矿石库存
D_U	进入废铅回收与处置阶段的折旧废铅	S_U	铅使用蓄积流入量
D_M	进入废铅回收与处置阶段的加工废铅	S	经废铅回收与处置获得的废铅资源量
N	净出口（出口量－进口量）	S_T	投入冶炼的废铅量
N_P	精炼铅净出口	S_M	加工废铅量
N_C	铅矿石净出口	E	含铅废物、污染物排放量
N_S	废铅净出口	E_M	铅产品加工与制造阶段的含铅废物、污染物排放量
N_F	铅产品及半成品净出口	E_U	铅产品使用阶段的含铅废物、污染物排放量
T	铅尾矿	E_W	废铅回收与处置阶段的含铅废物、污染物排放量

图 8-2　定点法中铅元素的人为流动框架

资料来源：MAO J S, DONG J, GRAEDEL T E. The multilevel cycle of anthropogenic lead: I. methodology [J]. Resources, Conservation and Recycling, 2008, 52(8-9): 1058-1064.

与图 8-1 不同的是，图 8-2 根据铅元素 STAF 分析框架细化设想，较图 8-1 补充了以下几股流动：①在铅产品加工与制造阶段补充了含铅废物、污染物的环境排放；②在铅产品使用阶段补充了含铅废物、污染物的环境排放；③区域间物质交换以单向流动表示，并定义相反方向的流动取负值；④考虑到铅的消费结构不仅影响铅产品加工与制造，还影响铅产品使用，因此将这部分差异纳入相关生命周期阶段的详细分析框架中。

除此之外，为便于区分各股流动并定量分析各股流动间的基本关系，分别采用不同符号来表征各股流动。

三、各阶段铅流详细分析方法

为帮助同学们更清楚地了解各阶段铅流分析过程，下面分别针对不同生命周期阶段，详细叙述其涉及的各股流动及其数据可能获得途径。

1. 铅的采选与冶炼

在铅的采选与冶炼阶段，根据生产原料来源不同，分为原生铅生产和再生铅生产两部分。前者以铅矿石为生产原料，要经过采矿、选矿、冶炼、精炼等基本过程。而后者以回收的含铅废品、切削废料为生产原料，只需冶炼、精炼即可获得精炼铅。图 8-3 给出了铅的采选与冶炼阶段铅流分析详细框架。

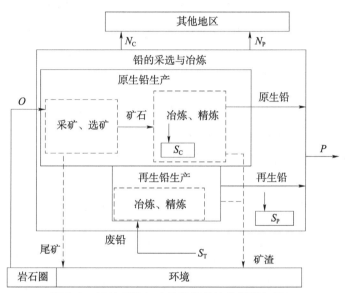

图 8-3　铅的采选与冶炼阶段铅流分析详细框架

资料来源：MAO J S, DONG J, GRAEDEL T E. The multilevel cycle of anthropogenic lead: Ⅰ. methodology [J]. Resources, Conservation and Recycling, 2008, 52(8-9): 1058-1064.

原生铅生产始于铅矿石开采。自然状态下，具有开采价值的最低铅矿石品位（单位重量矿石中有用组分的含量）通常在 0.7%～1%。通常在铅矿资源所在地设立开采企业，经过开采过程，将原生铅矿石从地表岩石中剥离出来，然后经过浮选富集（称为选矿），形成铅品位达到 45%～70% 的铅精矿，是初级工业原料，未能进入铅精矿的部分作为尾矿被丢弃在产地附近环境中（图 8-2 中 T）。由于全球资源分布不均，铅精矿常常借助贸易满足生产需求（图 8-3 中 N_C），还常作为铅生产资源储备原料，从而形成一定数量的库存 S_C。铅精矿进一步经过金属冶炼形成粗铅（含铅量可达 94%～98%），经过精炼提纯，形成精炼铅（铅锭，含铅量达到 99.940%～

99.994%），而这一过程中未能转变为精炼铅的部分将以含铅矿渣（图 8-2 中 S_a）形式被丢弃、进入环境系统。对于再生铅生产，则将回收的废铅（铅酸电池、铅管/板、电路板、高压电缆等）作为原料投入再生铅生产，经过冶炼、精炼形成再生铅；未能转变为精炼再生铅的部分也以含铅矿渣（图 8-2 中 S_a）形式被丢弃、进入环境系统。再生精炼铅的品质可达到与原生精炼铅相近的质量水平，可共同视作精炼铅。精炼铅作为重要工业金属原料，常借助贸易满足其他国家或区域生产需求（图 8-3 中 N_p），还常作为生产储备（图 8-3 中 S_p）。

对于铅的采选与冶炼阶段的数据收集、估计，可采用如下步骤：

国家层面的矿产开采量、精炼铅生产量（原生铅、再生铅分别统计）、精炼铅的国内消费量以及铅精矿和精炼铅贸易数据，通常可直接从国际铅锌组织（The International Lead and Zinc Study Group，ILZSG）、我国各年份有色金属工业年鉴、国家矿冶研究机构的报告等文献中获取。这些数据作为计算的基础数据。

在此基础上，再调研企业生产数据。在原生铅生产中，通常专业统计年鉴或专业机构研究报告中会报道其选矿、冶炼、精炼等环节的铅收率数据。如《中国有色金属工业年鉴》和北京矿冶研究总院的研究报告中曾报道铅在选矿、冶炼、精炼各生产过程中的回收率，通过将原生铅产量除以不同生产阶段的回收率，可估算得到各阶段铅的投入量；未回收部分就是该生产阶段的铅损失。类似地，再生铅生产中，投入生产的含铅废料数量可估计为再生铅产量除以再生过程的回收率，通常冶炼和精炼的铅回收率分别在 86%、98.5% 左右。含铅废料主要来源于报废铅产品，还有少部分来自加工废料。精炼铅的国内生产量与消费量的差额较大部分用于进出口贸易，可查询当年的贸易明细；另外小部分用于库存，可从差额中估算。

估算中所用主要铅矿品位与生产技术数据参见表 8-1。

表 8-1　2000 年若干国家和全球铅矿品位与生产回收率估算

	法国	意大利	日本	美国	英国	印度	全球
铅矿品位 /%	3.4	3.4	3	5.1	3.4	3.0	3.47
选矿回收率	0.84	0.84	0.82	0.89	0.84	0.79	0.84
原生铅冶炼回收率	0.98	0.98	0.98	0.98	0.99	0.94	0.95
再生铅冶炼回收率	0.99	0.99	0.99	0.99	0.99	0.87	0.99

数据来源：MAO J S, DONG J, GRAEDEL T E. The multilevel cycle of anthropogenic lead: I. methodology [J]. Resources, Conservation and Recycling, 2008, 52(8-9): 1058-1064.

2. 铅产品加工与制造

铅有多种用途，可用于生产铅酸电池、高压电力电缆、建筑材料（铅管、铅板、化学容器）、焊接物料、染料、弹头、炮弹军火物资、添加剂（稳定剂、防腐剂）等，如图 8-4 所示。

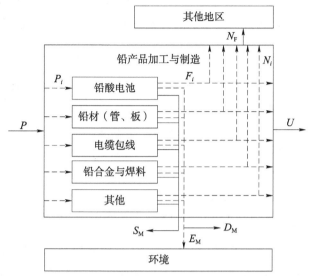

图 8-4　铅产品加工与制造阶段铅流分析详细框架

资料来源：MAO J S, DONG J, GRAEDEL T E. The multilevel cycle of anthropogenic lead: Ⅰ. methodology[J]. Resources, Conservation and Recycling, 2008, 52(8-9): 1058-1064.

从铅的消费角度来看，不同类型产品占据着不同数量的铅消费（称作铅消费结构系数，按百分比表示），从而呈现出特定的消费结构。尽管不同国家铅的消费结构具有一定的差异，但同一时期的主导产品大同小异。就 2000 年而言，大多以生产铅酸电池为主，约占总铅消费的 75%。为便于分析，将铅产品归类为表 8-2 中的 5 类。

表 8-2　2000 年若干国家和全球铅的消费结构估算　　　　　单位：%

	法国	意大利	日本	美国	英国	印度	全球
铅酸电池	86.3	73.0	74.5	33.7	72.7	72.9	74.5
铅材（管、板）	3.1	6.8	3.3	33.0	1.1	1.5	4.8
电缆包线	0.2	3.7	0.6	3.0	1.5	5.0	2.4
铅合金与焊料	0.9	2.3	1.1	7.2	3.4	6.9	3.5
其他	9.6	14.1	20.5	23.0	21.4	13.7	14.9

数据来源：基于 ILZSG 的 2005 年统计数据，全球数据是 52 个国家的汇总结果。
MAO J S, DONG J, GRAEDEL T E. The multilevel cycle of anthropogenic lead: Ⅰ. methodology[J]. Resources, Conservation and Recycling, 2008, 52(8-9): 1058-1064.

不难设想，不同铅产品的加工与制造过程中，制造出的产品不同，所采用的生产工艺不同，铅的生产加工效率（投入生产的铅量中能进入铅产品的比率）也不同

（如表 8-3 所示），相应地，损失的铅量（包括能回收的加工废铅和不能回收而排放到环境中的含铅废物、污染物）也不同。该阶段铅流分析详细框架如图 8-4 所示。所生产的各类产品都以产品、半成品、零部件、配件等形式参与到区域物资贸易中。例如，主要产品铅酸电池的一部分以铅酸电池的形式参与进出口贸易，还有一大部分作为汽车配件（用于汽车启动），随汽车一起行销至其他国家或地区。

表 8-3　2000 年若干国家和全球主要铅产品的加工效率估算

	美国	法国	英国	意大利	日本	印度	全球
铅酸电池	0.93	0.93	0.93	0.93	0.93	0.91	0.91
铅材（管、板）	0.91	0.91	0.91	0.91	0.91	0.88	0.89
电缆包线	0.89	0.89	0.89	0.89	0.89	0.86	0.87
铅合金与焊料	0.90	0.90	0.90	0.90	0.90	0.87	0.88
其他	0.98	0.98	0.98	0.98	0.98	0.95	0.96

在铅产品加工与制造阶段的铅流估算中，以国家层面的总铅消费量为起算点，根据其消费结构数据，即总铅消费量乘以铅消费结构系数，估算各类铅产品的生产投入量。再进一步乘以各产品的加工效率，得到产品的产出量，并与各国不同产品的产量数据进行对比验证，但通常该类数据很难获得。未进入产品系统的铅一部分以加工废铅（图 8-4 中 S_M）形式经回收返回铅的再生；另一部分能够收集但不具有经济价值的铅（图 8-4 中 D_M）则纳入废物无害化处理；还有一部分无法收集的铅（图 8-4 中 E_M）则直接排放到环境中。S_M、D_M、E_M 各股所占比例可根据生产企业的实地调研、相关技术专家调研等进行估算，最终取决于各地环境管理的水平，三股流动占比为 5∶3∶2。不同铅产品的贸易额从 ILZSG 以及各国商贸部门统计数据中获取。

3. 铅产品使用

铅产品制成后，将投入使用。产品的使用较大程度地受到社会消费偏好、消费模式的影响。如欧美国家传统中常用釉彩制作彩色玻璃、室内外屋顶，从而使用了大量含铅染料，这需要大量调研，以便获取各国不同类型铅产品消费量的数据。铅产品消费量与报废后废物处理量间的差额主要体现在铅产品服务性能和铅产品消费量的年度变化上，其中铅产品服务性能体现在服务模式、使用功能、环境性能等多方面，而铅产品消费量的年度变化体现在投入使用的物质数量与离开使用的物质数量截然不同。当某一时期内投入使用的物质数量多于离开使用的物质数量时，其差额部分将积累在使用阶段，物质在使用阶段累积，长此以往，则形成了物质的在用库（in-use stock）（详见第九章），如图 8-5 所示。

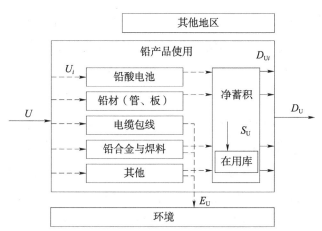

图 8-5 铅产品使用阶段铅流分析详细框架

资料来源：MAO J S, DONG J, GRAEDEL T E. The multilevel cycle of anthropogenic lead: Ⅰ. methodology [J]. Resources, Conservation and Recycling, 2008, 52(8-9): 1058-1064.

在铅产品使用过程中，铅产品服务性能的差异主要体现在产品使用功能、使用寿命、环境损耗等方面。如启动型铅酸电池［SLI（starting，lighting，and ignition）battery］容量较小，可蓄积电能并启动汽车引擎，通常可用在汽车、电动自行车、动力机械中，起到牵引、启动作用，使用寿命在 3～5 年；而固定型铅酸电池（stationary battery）往往容量更大，通过蓄积与释放电能，用作电信装置、信号系统、计算工作站等的工作电源，使用寿命可达 8～15 年。其他铅产品中，铅管具有耐腐蚀的特点，可用于输送酸性物质，具有几十年的使用寿命；铅板具有防辐射功能，常用于医疗、军事等的特种设施中。主要铅产品的使用寿命如表 8-4 所示。

表 8-4　主要铅产品的使用寿命

铅产品	使用寿命 /a
启动型铅酸电池	3～5
固定型铅酸电池	8～15
铅管	10～50
铅板	20～100
电缆包线	20～50
半成品	5～40
军火弹药	0*
汽油添加剂	0*
焊料合金	0*
其他	0*

注：* 该类应用估计使用寿命为 0，因投入使用后势必损失到环境中。

在铅产品使用阶段的铅流估算中，以铅产品投入国内消费量为起算点，但离开铅产品使用阶段的铅量受到产品使用模式、使用寿命等因素的影响。如用作焊料的铅，在使用过程中由于受热熔化，致使一部分铅以气体、碎屑形式散失到环境中，表现为"随用即逝"，可看作零寿命产品；另一部分与拟连接的零部件融为一体，成为产品的重要组成，其寿命按连接的零部件寿命计算，使用过程中虽有磨损、脱落，但仍有一部分可随零部件回收再利用，其回收的比例需要借助实地考察、专家咨询等予以估算。还有一些铅产品，在其使用过程中产品性能较为稳定，产品具有特定的使用寿命，极少有物质损失，因此在其报废时，废旧产品中的物质含量仍可采用原产品中的物质含量，但需要特别注意产品报废与其生产年份相差一个产品的使用寿命的时间差。例如，某铅酸电池使用寿命是 4 年，如果 2016 年投入使用的铅酸电池数量为 10 t，则 2020 年将报废的铅酸电池数量为 10 t。

4. 废铅回收与处置

由于铅是有毒有害重金属物质，含铅废物的回收与处置一直备受关注，也是铅的人为流动的重要环节。废铅回收与处置阶段主要用于收集生产和使用中产生的含铅废物，将其具有利用价值的部分分拣出来，作为二次资源，以送铅的生产企业循环再生；而不再具备利用价值的部分需进行无害化处理，进而安全地排放到环境中。该阶段的铅流分析详细框架如图 8-6 所示。进入该阶段的铅主要有两个来源：一是来自铅产品使用阶段的报废铅产品，较多地混杂于电子废物、城市固体废物、建筑垃圾、危险废物中；二是来自工业生产过程中产生的工业废物。离开该阶段的铅主要有废物回收利用、出口废料和环境排废三个去向。

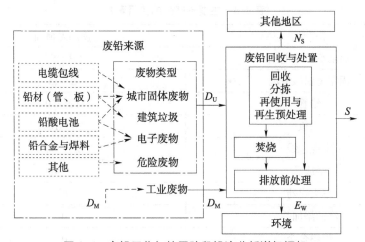

图 8-6 废铅回收与处置阶段铅流分析详细框架

资料来源：MAO J S, DONG J, GRAEDEL T E. The multilevel cycle of anthropogenic lead: I. methodology[J]. Resources, Conservation and Recycling, 2008, 52(8-9): 1058-1064.

在废铅回收与处置阶段的铅流分析中，投入废铅回收与处置阶段的废铅数量取决于铅产品加工与制造阶段和铅产品使用阶段的技术与管理，通常基于以上两个阶段的铅流分析结果和实地考察，取以上两个阶段铅废物产生量的某特定百分比进行估算。而离开废铅回收与处置阶段的废铅数量与废铅规模、种类、铅的赋存形态、再生技术和管理水平有关，其中能够作为二次资源循环再生的废铅数量可通过铅的采选与冶炼阶段再生铅统计数据和再生效率反推估算，而该阶段废铅净出口量可根据出口与进口贸易量的差额计算。在此基础上，最终以环境废物、污染物的形式排放到环境的铅的量可根据该阶段的物质平衡关系估算，数学表达为

$$E_W = D_U + D_M - N_S - S \qquad (8-1)$$

式中：$S = S_T - S_M$，即投入再生的废铅总量与加工废铅数量之差。

以上方法可用于其他金属物质的人为流动分析。但要注意在物质用途、产品种类、生产技术、使用模式和回收处置等方面的差异。

第四节　研究结果示例——铅元素人为流动分析结果

依照前述研究方法，针对特定区域某一特定年份，收集统计数据和生产过程中的多种技术数据，可得到特定区域该年份的铅流图。下面以 2000 年作为基准年份，选择若干典型研究结果予以分享。

一、全球层面的铅流图

不难设想，全球层面的铅流图将反映人类与环境间的作用水平，也可反映各人为流动阶段间的流动关系，是希望获得的重要结果之一。

研究中选择了 52 个国家，其铅相关的生产与消费约占世界总量的 95% 以上，可较好地代表全球状况。在分别估算各国 2000 年铅流状况基础上，将同股流动进行汇总，得到图 8-7a。考虑全球范围内，全球各国的净进口总量与净出口总量相抵，整体上应表现为零贸易。为消除图 8-7a 中的贸易流动数据，以数据可得性较好的数据（如列入各国实际统计的资源开采量、精炼铅产量等），以及基于可得数据可直接计算的数据（如基于国家层面报道的资源开采量和采选冶炼效率的统计数据等）作为各个阶段的已定数据，将贸易数据和其他辅流数据（如生产阶段的库存等）按该阶段物质平衡计算纳入待定主流数据（如返回铅的采选与冶炼阶段的废铅流）中，进行上述全球贸易归零处理后，得到图 8-7b。

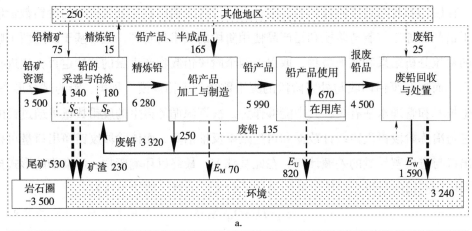

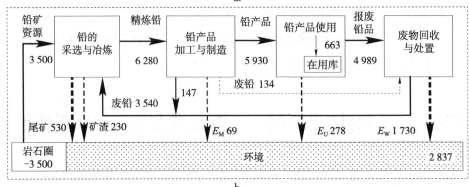

图 a 由各国铅流汇总；图 b 经贸易归零处理简化。

图 8-7　2000 年全球铅元素人为流动简图（单位：Gg/a）

资料来源：MAO J S, DONG J, GRAEDEL T E. The multilevel cycle of anthropogenic lead: Ⅱ. results and discussion[J]. Resources, Conservation and Recycling, 2008, 52(8-9): 1050-1057.

由图 8-7 可知，就人类圈与环境之间作用强度来看，2000 年全球约消耗 3.500 Mt 铅矿石，同时向环境释放 2.837 Mt 含铅废物、污染物，这里 1 Gg=10^9 g=1 000 t。而人类圈内部，共生产精炼铅 6.28 Mt，其生产原料中约一半来自废铅资源，并形成 5.93 Mt 铅产品；与此同时，近 5 Mt 铅产品报废而进入废物处理系统。在进入环境的各类含铅废物、污染物中，废物回收与处置阶段占比最高，约占 61%；其次是铅的采选与冶炼阶段形成的尾矿废物，约占 19%。由此也表明环境管理的工作重点应放在废物处置与矿冶工业区域。

二、区域铅流详图示例

依照前述细化分析方法，针对特定区域，可得到特定年份的铅流详图。图 8-8 是北美洲 2000 年的铅流详图。不难看出，与图 8-1 物质人为流动 STAF 分析基本框架相比，图 8-8 不仅涵盖系统内部各主要生命周期阶段和系统与环境各股流动定

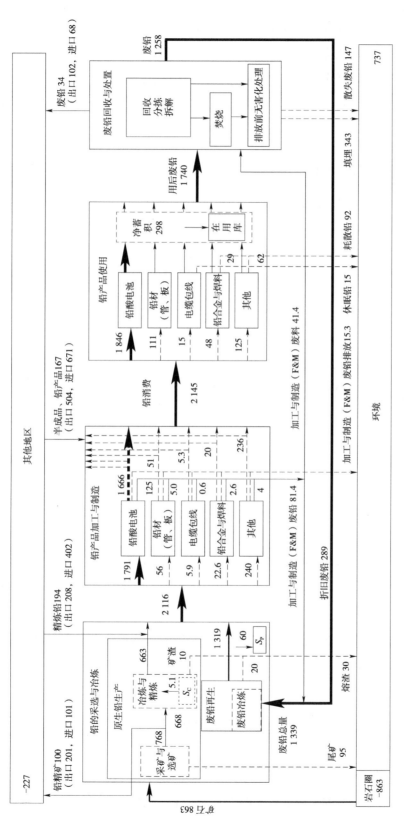

图 8-8 2000 年北美洲铅元素人为流动详图（单位：Gg/a）

资料来源：MAO J S, DONG J, GRAEDEL T E. The multilevel cycle of anthropogenic lead: II. results and discussion[J]. Resources, Conservation and Recycling, 2008, 52(8-9): 1050-1057.

量关系，还能展示铅金属的消费结构及其影响下的铅产品结构、贸易结构、废物结构等重要信息。例如，从铅的消费结构来看，2000 年北美洲约 86% 的铅用于生产铅酸电池，2.6% 用于生产铅板、铅管等；在铅的贸易中，精炼铅和铅产品整体上都呈现为净进口，而铅精矿方面呈现为净出口。以上信息对提升管理水平具有重要参考价值。

三、典型国家的铅流图

研究过程中获得了 52 个国家的铅流详图。对于不同国家，其铅流状况各异，是各国铅流管理的重要依据。

这里选择中国作为典型国家，展示其 2000 年铅流分析结果，如图 8-9 所示。

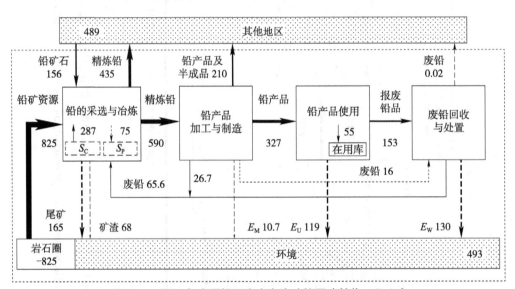

图 8-9　2000 年中国铅元素人为流动简图（单位：Gg/a）

资料来源：MAO J S, DONG J, GRAEDEL T E. The multilevel cycle of anthropogenic lead: Ⅱ. results and discussion[J]. Resources, Conservation and Recycling, 2008, 52(8-9): 1050-1057.

另外，如果对比图 8-2 和图 7-2，还可看出分别利用追踪法和定点法两种方法所获得的铅流图的主要差别。

第五节　管理应用

管理中常常通过对比不同物质、不同区域、不同历史时期的物质人为流动状况，以辨别差异、剖析原因，寻求改善的措施与对策。这里分享若干示例，供同学们借鉴。

一、若干流动特征参数的定量表征

在某一区域的整个流动图中，各股流动的意义、重要性各有不同，并且彼此间存在着内在联系。选择其中若干股重要流动，界定某一参数来反映各股流动之间的关系，是刻画整个流动"几何"形状特征的有效方法。

1. 若干流动特征参数的界定

在铅的采选与冶炼阶段（图 8-2 或图 8-3），较关心作为二次资源可投入生产的废铅数量与铅金属产量之间的关系。定义再生资源供应率（secondary supply ratio）：

$$\theta = \frac{S_{\mathrm{T}}}{P} \tag{8-2}$$

在铅产品加工与制造阶段（图 8-2 或图 8-4），管理中较关心有多少物质能投放给用户并得以利用。不能利用的部分主要以废物形式直接排向环境系统，或经过收集进入废铅回收与处置阶段。定义物质使用率（utilization efficiency）：

$$\psi = 1 - \frac{E_{\mathrm{M}} + D_{\mathrm{M}}}{U} \tag{8-3}$$

在铅产品使用阶段（图 8-2 或图 8-5），管理中较关心投入使用的物质中有多少被积累到该阶段中。定义物质积累率（accumulation ratio）：

$$\alpha = \frac{S_{\mathrm{U}}}{U} \tag{8-4}$$

与此同时，研究者还关心该阶段形成的废物中有多少被纳入统一的废物回收与处置。定义废物管理率（discard-management ratio）：

$$\mu = \frac{D_{\mathrm{M}}}{D_{\mathrm{M}} + E_{\mathrm{M}}} \tag{8-5}$$

在废铅回收与处置阶段（图 8-2 或图 8-6），较关心能进入该阶段的物质中有多少能返回铅的采选与冶炼阶段循环再生。定义废物循环率（end of life recycling ratio）：

$$\xi = \frac{S_{\mathrm{T}} - S_{\mathrm{M}}}{D_{\mathrm{U}} + D_{\mathrm{M}}} \tag{8-6}$$

上述参数界定后，可根据各个国家或地区的铅流分析结果图，计算其参数数值。该结果将反映特定国家或地区的物质人为流动特征。

需要提醒大家注意的是，以上特征参数并非一成不变，仍可结合管理中的关心事项，侧重某股流动或属性，定义其他表征参数。

2. 物质流动的横向对比

在界定物质人为流动表征指标的基础上，根据不同国家或地区的铅流分析结果，可用式（8-2）～式（8-6）计算各国或地区的参数数值。例如，基于前述方法，选定若干洲和6个典型国家，计算其物质积累率、废物循环率和再生资源供应率，计算结果列入表8-5中。

表8-5 2000年若干国家或地区间铅流参数对比

参数	亚洲	欧洲	北美洲	大洋洲	美国	意大利	法国	英国	日本	印度	全球
物质积累率	0.17	0.02	0.14	0.13	0.10	0.01	-0.02	0.02	-0.07	0.45	0.11
废物循环率	0.47	0.71	0.72	0.73	0.74	0.78	0.51	0.67	0.72	0.19	0.66
再生资源供应率	0.29	0.61	0.63	1.00	0.63	0.60	0.52	0.57	0.63	0.22	0.57

数据来源：MAO J S, DONG J, GRAEDEL T E. The multilevel cycle of anthropogenic lead: II. results and discussion[J]. Resources, Conservation and Recycling, 2008, 52(8-9): 1050-1057.

由表8-5可知，在物质积累率方面，印度的数值最高，达到0.45，表明其处于高速发展下的物质快速积累阶段；而法国出现了负值，意味着铅的使用量处于下降阶段。在废物循环率方面，印度的数值最低。在再生资源供应率方面，大洋洲达到最高数值（1.00），意味着完全以再生资源维持铅的生产，其次是美国和日本的再生资源供应率（也高达0.63），表明再生资源在铅生产中占据较大份额。

二、校核物质消费与社会经济间的基本关系

在第二章中曾分析了人类与环境间的定量关系，包括IPAT方程和ISE方程，也曾以日本、美国、中国为例，校核过商用能源消费与经济增长间的关系。在本章52个国家铅流分析结果基础上，可校核铅消费与社会经济发展之间的变化关系。

若选择铅消费量作为资源负荷，选择GDP作为经济服务量，则可根据研究结果绘制52个国家的铅消费量随GDP变化的曲线，得到图8-10。从整体来看，铅消费量随GDP的增长呈增长趋势。我国处于右上角位置，表明经济总量和铅消费总量都较其他国家更大。

但如果用人均值来考量，即以人均GDP为横坐标，表征经济水平，而以人均铅消费量为纵坐标，表征资源负荷，则得到52个国家的人均铅消费量随人均GDP变化的曲线（如图8-11所示）。

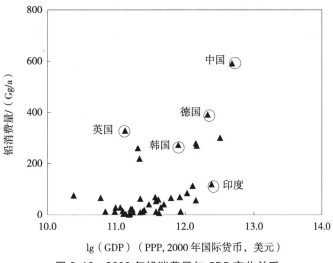

图 8-10 2000 年铅消费量与 GDP 变化关系

资料来源：MAO J S, DONG J, GRAEDEL T E. The multilevel cycle of anthropogenic lead: Ⅱ. results and discussion[J]. Resources, Conservation and Recycling, 2008, 52(8-9): 1050-1057.

由图 8-11 可知，整体上人均铅消费量也大致随人均 GDP 的增长而增长，但与图 8-10 相比，各国在图中的位置发生了较大变化。例如，我国处于图 8-10 的右上角，但以人均值计算后，处于图 8-11 的左下角，表明 2000 年我国人均 GDP 和人均铅消费量都尚处于较低的水平。

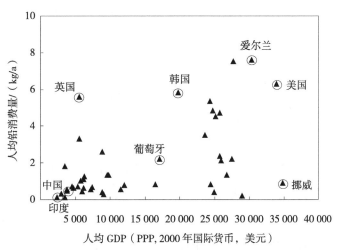

图 8-11 2000 年人均铅消费量与人均 GDP 变化关系

资料来源：MAO J S, DONG J, GRAEDEL T E. The multilevel cycle of anthropogenic lead: Ⅱ. results and discussion[J]. Resources, Conservation and Recycling, 2008, 52(8-9): 1050-1057.

从另一方面讲，仍有大量学者对采用 GDP 或人均 GDP 表征社会经济发展持质疑态度。1990 年，联合国开发计划署（The United Nations Development Programme，UNDP）在《人类发展报告》中提出了以预期寿命、教育水平和生活质量三项变量为基础，分别按照特定的方法计算相应指数，然后再计算其几何加权平均数，以此来表征一个国家或地区的社会经济水平，该指数称作人类发展指数（Human Development Index，HDI）。如果用一个国家的 HDI 替换图 8-11 中的人均 GDP，则得到 2000 年 52 个国家的人均铅消费量随 HDI 变化的曲线图（如图 8-12 所示）。

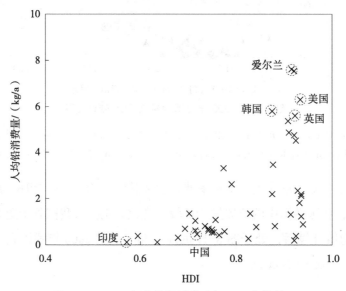

图 8-12　2000 年人均铅消费量与 HDI 变化关系

资料来源：MAO J S, DONG J, GRAEDEL T E. The multilevel cycle of anthropogenic lead: Ⅱ. results and discussion[J]. Resources, Conservation and Recycling, 2008, 52(8-9): 1050-1057.

由图 8-12 可知，人均铅消费量也大致随 HDI 的增长而增长，但与图 8-11 相比，各国在图 8-12 中的位置也发生了些许变化。例如，我国转移到图 8-12 的下侧偏中间的位置，表明我国虽然人均铅消费量较低，但整体发展状况良好。

图 8-10～图 8-12 还表明，就铅的人类使用状况而言，2000 年全球社会经济发展仍是以资源消耗为代价的发展模式。

以上 STAF 方法已经被广泛用于几十种金属的人为流动分析中。由于不同金属的用途不同，资源转变技术也有所不同，体现在物质消费结构、生产方式、产品使用等各阶段，使得不同金属的人为流动详图各具特色。与此同时，矿产资源日趋短缺和生产技术更新加快也使得其人为流动逐年动态变化。所有这些都为深入开展不同金属的人为流动分析、持续关注其发展动态提供了契机，也为社会经济与资源环境综合管理提供了科学方法。

推荐阅读

［1］LIANG J, MAO J S. A dynamic analysis of environmental losses from anthropogenic lead flow and their accumulation in China[J]. Transactions of Nonferrous Metals Society of China, 2014, 24(4): 1125-1133.

［2］RECK B, GRAEDEL T E. Challenges in metal recycling[J]. Science, 2012, 337(6095): 690-695.

［3］陆钟武. 物质流分析的跟踪观察法 [J]. 中国工程科学，2006，8(1)：18-25.

参考文献

［1］HARPER E M, KAVLAK G, BURMEISTER L, et al. Criticality of the geological zinc, tin, and lead family[J]. Journal of Industrial Ecology, 2015, 19(4): 628-644.

［2］LIANG J, MAO J S. Source analysis of global anthropogenic lead emissions: their quantities and species[J]. Environmental Science and Pollution Research, 2015, 22(9): 7129-7138.

［3］MAO J S, CAO J, GRAEDEL T E. Losses to the environment from the multilevel cycle of anthropogenic lead[J]. Environmental Pollution, 2009, (157): 2670-2677.

［4］MAO J S, DONG J, GRAEDEL T E. The multilevel cycle of anthropogenic lead: Ⅰ. methodology [J]. Resources, Conservation and Recycling, 2008, 52(8-9): 1058-1064.

［5］MAO J S, DONG J, GRAEDEL T E. The multilevel cycle of anthropogenic lead: Ⅱ. results and discussion[J]. Resources, Conservation and Recycling, 2008, 52(8-9): 1050-1057.

［6］MAO J S, GRAEDEL T E. Lead in-use stock: a dynamic analysis[J]. Journal of Industrial Ecology, 2009, 13(1): 112-126.

［7］OHNO H, NUSS P, CHEN W Q. Deriving the metal and alloy networks of modern technology[J]. Environmental Science & Technology, 2016, 50(7): 4082-4090.

［8］GRAEDEL T E, ALLENBY B R. Industrial Ecology[M]. 2nd ed. Upper Saddle River: Prentice Hall, 2003.

［9］毛建素，等. 铅元素人为流动 [M]. 北京：科学出版社，2016.

[10] 马兰, 毛建素. 中国铅流变化的定量分析 [J]. 环境科学, 2014, 35(7): 2829-2833.

[11] 马兰, 毛建素. 中国铅流变化原因分析 [J]. 环境科学, 2014, 35(8): 3219-3224.

课堂讨论与作业

一、课堂练习：对比两种物质人为流动分析方法

我们探讨了两种分析物质人为流动的方法，即动力学分析方法（又称追踪法）和 STAF 方法（又称定点法），请选取不同流动属性，对比这两种方法的差异和优缺点，将讨论结果列入表 T8-1 中。

表 T8-1   两种物质人为流动分析方法的对比分析

序号	不同点	
	追踪法	定点法
1		
2		
3		
...		
	相同点	
1		
2		
3		
...		

二、课堂讨论：物质人为流动分析可能有哪些用途？

物质人为流动分析方法建立了人类活动中不同部门间的内在联系。但管理工作中，不同部门服务的领域不同，因此所关心的流动也有所不同。试选择你感兴趣的某股流动或感兴趣的某一物质人为流动进行分析，讨论其可能的用途、研究中拟关注的工作要点，并将讨论结果填入表 T8-2 中。

表 T8-2　物质人为流动分析的若干用途

序号	研究内容	用途	研究要点
1	同种物质同一区域不同历史时期的物质人为流动对比		
2	同期不同物质间相关关系研究		
3	某物质空间分布研究		
4	某物质历史演变分析		
5	其他研究		

三、作业

基于第七章课堂讨论中所选的物质，小组讨论形成预想研究方案。查找一篇应用 STAF 方法开展物质人为流动分析的论文，以课堂报告形式分享。要求汇报中除体现论文中主题与研究各环节间逻辑关系外，还应体现 STAF 方法与动力学分析方法的差异，并对小组预想研究方案与论文中实际研究方案进行对比，并作出评价。整理成 8～10 分钟 PPT 汇报，下一次进行课堂分享。评分标准见表 T8-3。

表 T8-3　课堂小组汇报评分表

预想研究方案（满分 10 分）	论文分享（满分 10 分）	重点环节（满分 10 分）	评价与感受（满分 10 分）	表达与规范（满分 10 分）	总分

第九章　物质人为流动（Ⅲ）：外部效应

本章重点：物质在用量（in-use stock）、环境污染物存量的概念及其变化规律。

基本要求：了解物质人为流动对外部环境所产生的影响后果；理解外部效应的概念及其基本类型；掌握物质在用量的概念、形成过程、估算方法和社会经济意义；熟悉物质人为流动分析对环境污染源头管理的基础作用；掌握借助物质人为流动分析估算环境污染物存量的基本方法；应用物质人为流动分析开展感兴趣物质的外部效应分析。

第一节　核心议题的提出

在前面两章中，我们分享了两种物质人为流动分析方法。从中看出物质的人为流动将经历多种资源转变的生产过程和物质产品使用过程，不仅支撑了社会经济发展，还干扰了外部资源环境系统。但前面的分析只关注某一时间断面的物质流动，可以获知特定统计期或特定年份的流动状况，却无从知晓这些流动长期作用下将产生怎样的后果。

为此，本章将从产业系统角度，结合产业系统与社会经济、资源环境间的基本关系，界定物质人为流动的外部效应基本概念。在此基础上，分别针对社会消费和环境释放两个重要环节，重点分析物质人为流动长期作用下对社会、环境造成怎样的后果，这类研究将应用于哪些场所等基本议题。以此引导同学们了解物质人为流动的外部效应，并借助研讨和分享应用案例，获知其应用状况。

第二节　物质人为流动外部效应概念与框架

一、物质人为流动与外部关系分析框架

从系统论角度来看，任一系统都有其内部特定组分，也有着与外部环境之间的分界线，即边界。系统边界以外的环境系统是研究对象的外部环境。系统运行中，

系统各组分间、系统与外部环境间相互作用，产生诸多物质、能量交换，从而对系统外部环境产生影响，这种影响持续作用下将形成环境系统的某种变化结果，称为该系统运行的外部效应。

为弄清物质人为流动的外部效应，首先需要明确研究对象，在了解研究主体事物的边界基础上，分清"内"与"外"的关系，才能进一步研究其外部影响及其后果。

研究对象的选择受到对客观事物认知水平、研究目标等因素的影响。如物质人为流动动力学分析框架（图7-2、图7-4）中，以构成物质人为流动的所有"物质质点"的集合体为研究主体，是为满足人类需求而形成的从资源开采到报废回收、环境排放的各人为过程的集合。虽然没有画出系统的边界，但图中标示的都是研究系统的主体，隐示人类活动与自然系统发生作用的界面就是系统的边界。如资源开采是物质人为流动的起点，而环境废物、污染物的环境释放是物质人为流动的终点，因为开采以前和环境释放以后，都没有人为干扰。可见这种框架是以整个人类活动圈中的物质人为流动作为研究对象的，为人类提供自然资源的资源系统和接纳环境废物、污染物的环境系统是其外部环境。

与此相对，在物质人为流动 STAF 分析框架（图8-1）中关注的是某一空间区域，研究对象囊括了该区域中物质人为流动涉及的各个部分，包括资源与环境系统，而系统边界是区域边界，与该区域有物质联系的其他区域（如与该区域具有贸易往来的其他国家和地区）就成为研究对象的外部环境。

在"产业生态学"课程中，我们以产业系统为研究对象，因此更关心物质人为流动中隶属产业系统的那部分流动。根据第一章中产业系统与社会经济、资源环境间的关系框架（图1-7），将物质在产业系统中的流动作为本章物质人为流动的研究主体，而将物质满足人类最终产品消费所形成的在用量隔离出来并视为社会消费系统，即图9-1 中的内边界。同时，与产业活动相关的资源系统、环境系统、经济系统也都成为其外部环境系统，即图9-1 中的外边界。基于以上分析，本章中物质人为流动与外部环境间的关系框架表达为图9-1，其中仍保留了区域边界属性，以便将研究结果应用于区域管理。图中隐含的社会消费系统、经济系统，以及以岩石圈表征的资源系统和接纳环境释放物的环境系统，都是驱动、维持、支撑产业系统的外部环境系统。尽管图9-1 中仅显示了物质流动关系，并未绘制各股流动的经济属性，但各股流动实现过程中都要经过市场交换活动，表现出物质流动特有的经济属性，产生一定的经济影响，因此还隐含着与经济系统间的作用关系。

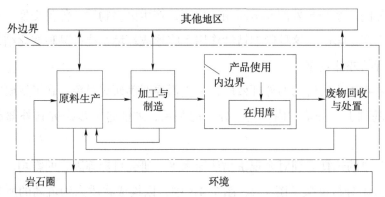

图 9-1   产业系统物质人为流动与外部环境间的关系框架

二、外部效应的概念与分类

基于图 9-1 中产业系统物质人为流动与外部环境间的关系框架，物质人为流动的外部效应可定义为产业系统物质人为流动长期运行下对外部环境系统造成的后果。

由于产业系统物质人为流动的外部环境有社会消费系统、经济系统、资源系统和环境系统 4 个子系统，相应地，其运行中的外部影响也将分为社会、经济、资源、环境 4 类影响。在物质方面以上影响表现为：①从资源系统索取一定数量的自然资源，年复一年，将可能造成资源系统被破坏、资源短缺，甚至造成不可再生资源耗竭，这样的一系列后果称为物质人为流动的资源效应。②向社会系统提供一定数量的具有特定服务功能的产品，满足人类特定服务需求，长此以往，将使得越来越多的物质蓄积在社会消费系统中，形成物质的新的滞留、储存场所，即物质在用库或在用库，这一社会后果称为物质人为流动的社会效应。③向环境系统排放特定数量的废物、污染物，这些物质不再是物质的原有自然状态，而是人类干扰后的形态（即人为形态），日积月累，滞留并储存在环境系统中，形成物质的环境释放库（Environmental Stock of Anthropogenic Emissions，ESAE），这一环境后果称为物质人为流动的环境效应。不难设想，物质的在用库和环境释放库都是人类活动下产生的人为库，而且环境释放库既是物质人为流动的终点，又是物质人为释放物的汇，还是该物质后续地表迁移转化的起点，决定着其后续的环境行为和生态环境影响。④物质人为流动对经济系统的影响是指产业系统物质人为流动对经济方面的贡献，表现为物质各加工转变过程给相关企业所带来的经济产出或经济收益，推进着经济系统的经济构成、规模等演变发展，称作物质人为流动的经济效应。

由于本章仍侧重于物质方面的影响，仅分析物质人为流动的社会效应、环境效应和资源效应。分别按照其基本概念、形成过程、估算方法和应用案例 4 个方面逐次分享。暂不分析物质人为流动的经济效应。

第三节　外部效应 1——物质在用量

一、什么是在用物质、社会存量？

当我们使用某种产品时，该产品就处于使用状态，形成产品的所有物质也处于使用状态，称处于这种状态的物质为在用（in-use）物质。例如，人们居住的房屋，构成房屋的钢筋、水泥、玻璃等物质都处于使用状态，也都属于在用物质。当核算物质的数量时，将正在向人类提供各类服务的某一物质的数量总和称为该物质的在用量。如某住宅含有钢铁 10 t、木料 20 m³、玻璃 2 000 m²，则这些物质的数量就分别是该住宅的钢铁、木料和玻璃的在用量。由于这部分物质处于为人类服务的状态，具有社会属性，隶属社会系统，因此又称作社会存量。

任何物质都要占据一定的空间或占有盛放的场所。这里，将盛放在用物质的场所统称为 in-use stock。例如，人类将钢铁用于构建房屋、道桥、家电等多种用途，不同用途的钢铁也分别占据着不同的空间位置，将这些钢铁所占据的各种空间的总和统称为钢铁的在用库。

严格来说，物质在用量或社会存量与其在用库并非一回事，如同衣柜与所放的衣服不同，但国际上也都使用了同一个词汇——"in-use stock"，这一术语于 2004 年由莱顿大学的 Elshkaki Ayman 教授率先提出，后经与耶鲁大学 T. E. Graedel 研究小组的多次研讨，2006 年正式被纳入 T. E. Graedel 研究小组建立的物质人为流动 STAF 分析框架，并将这一术语定义为正在向人类提供各类服务的所有物质的总和，可译作物质在用量或社会存量。后者取义于这部分物质处于为人类提供最终服务的状态，隶属社会消费系统。从物质空间属性来看，物质的在用库显然不是物质自然存储场所，而是经过人类活动干扰后的新场所，是物质的人为的（anthropogenic）、次生的（secondary）场所。综上，"in-use stock"具有双重含义，既可指处于使用状态的物质数量，又可指处于使用状态的物质的存放场所。

一个国家或地区物质在用量的多少或者在用库的大小可反映该国家或地区特定技术水平下的生活水平。例如，发展中国家可能每四人拥有一辆轿车，而发达国家可能每人拥有一辆轿车，因此物质人均在用量可作为欠发达国家或地区获得与发达国家或地区相同生活水平时所需的物质数量指标。另外，物质在用量还可反映未来用于回收再生和废物管理的物质数量。因为每一产品都有某一特定的使用寿命，在其报废后，报废产品中的物质将离开物质的在用库，一部分回收后循环再生，另一部分未能回收的可能会经过废物处理过程被排放到环境中，这些都是废物管理和循环再生的重要数据。

二、物质在用库是如何形成的？

我们都有过这样的体验，当我们想向某水箱充水时（如图 9-2 所示），需要调整阀门使得水的流入量大于流出量，这种情况持续发生时，将使水面持续上升，最终水箱被充满；反之，当水箱泄水时，则将调整出水口和入水口的阀门，流出量大于流入量，最终可泄空水箱。

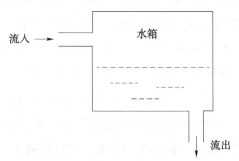

图 9-2　物质在用库形成过程示意图

类似地，把使用阶段看作研究对象，当某一时期投入使用的物质数量大于离开使用的物质数量时，其差额部分将积累在物质使用阶段，使得物质在用量增多，在用库变大。当物质在用量持续增长一定时间，物质在人类社会系统中持续积累，长此以往，最终可形成与矿产资源量匹敌的物质的在用库。

三、如何估算物质的使用蓄积？

通常可采用两种方法估算物质在用量：一种是借助物质人为流动分析，计算投入使用和离开使用的物质数量的差值，进而在一定历史时期进行累积计算的方法，称为自上而下法（top-down approach）；另一种是借助数据计算含有某特定物质的每一个服务单元的数量，并分析各服务单元该物质的含量，进而计算该物质在用总量的方法，称为自下而上法（bottom-up approach）。下面以铅为例，分别展示这两种方法的计算过程。

1. 估算方法 1——自上而下法

如前所述，自上而下法估算物质在用量需要借助物质人为流动分析。不妨将

图 9-1 中产品使用阶段的物流图分隔出来，如图 9-3 所示。

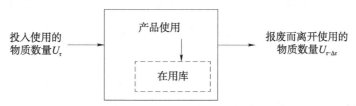

图 9-3　某物质在用量的净增加量估算示意图

（1）简单系统中物质的蓄积

首先，从分析单一产品系统入手，即物质仅用于生产某一种产品的简单系统。

为便于计算，我们假设：①产品的使用寿命是 $\Delta\tau$ 年；②产品使用过程无任何物质损失。这种情况下，物质的报废、回收和环境释放仅发生在产品投入使用 $\Delta\tau$ 年以后。如果在第 τ 年投入使用的物质数量为 U_τ，该年因报废而离开使用阶段的物质量将是 $\Delta\tau$ 年以前投入使用的物质数量，即 $U_{\tau-\Delta\tau}$，同时这股流出将分为两股流动，一股是未来可回收用于循环再生的折旧废品（End-of-life Discards，EOF 废物），表示为 D_U，另一股则是不再有任何用途而排向环境的废物 E_U。

由此可知，对于某一产品系统，第 τ 年物质在用量的净增量可表达为

$$S_{U_\tau} \equiv U_\tau - U_{\tau-\Delta\tau} \equiv U_\tau - D_{U_\tau} - E_{U_\tau} \tag{9-1}$$

式（9-1）中呈现了两种计算方法，第一种是根据不同年份投入使用阶段物质量的差额，以时间间隔为标准，在一个产品使用寿命内的两个年份分别采集数据，这意味着需要追溯 $\Delta\tau$ 年前投入使用的物质数量；第二种则是考察同一年份产品使用阶段的流入量和废物回收与环境释放量。通常情况下，第一种方法中的数据可得性更好，因此更常用。

对于某时间跨度为 T 的特定时期，即所选定的时间区间，进入物质在用库的物质总量可表达为该期间内各年度进入物质在用库的物质数量的总和，表达为

$$M \equiv \sum_{\tau=0}^{T} S_{U_\tau} \equiv \int_0^T S_U \mathrm{d}t \tag{9-2}$$

式（9-2）中前半部分可用于年净增量是不连续函数的情况，而后半部分可用于年净增量是连续函数的情况。应用中，所用数据大多来自行业统计，呈现为非连续函数，因此多采用逐年累计的方法计算物质在用量。

（2）复杂系统中物质的蓄积

事实上，往往一种物质可具有多种不同用途，也可用于生产不同类型的产品，

并涉及多个产品系统。如对于铅，第八章中曾提到 5 种铅产品，包括铅酸电池、铅材（管、板）、电缆包线等。不同类型的产品的使用寿命、使用过程中物质稳定性、报废后的可回收性能各不相同，需要在估算物质在用量时区别对待，因此变成了复杂系统中物质的蓄积。

如果每个产品系统仍符合前面所述两条假定，即具有固定使用寿命且使用过程中物质零损耗，则可将其中各产品子系统的物质社会存量进行汇总。如果采用下标 i 来表示产品类型，用 N 表示产品类型总数，则对于含有多种产品的复合系统而言，某年投入使用的物质量将是该年投入使用的各类产品的物质总和，即

$$U = \sum_{i=1}^{N} U_i \qquad (9-3)$$

将式（9-3）代入式（9-1）中，得到多种铅产品情况下某年的在用量净增量：

$$S_{U_\tau} \equiv \sum_{i=1}^{N} S_{U_{\tau i}} = \sum_{i=1}^{N} (U_\tau - U_{\tau - \Delta \tau_i})_i \qquad (9-4)$$

将式（9-4）代入式（9-2）中，则得到多种铅产品情况下某特定时期内物质在用累积总量 M 可表达为

$$M \equiv \sum_{\tau=1}^{T} \sum_{i=1}^{N} (U_\tau - U_{\tau - \Delta \tau_i})_i \qquad (9-5)$$

此外，还有很多产品并不符合前面的两条假设，也就是说产品使用寿命长短不一，使用过程中有各种物质损耗。在这种情况下，就需要进一步深入分析，在充分调研的基础上，根据产品使用性能进行合理归类，进而估算产品使用中的物质散失去向，但不外乎式（9-1）中右边 3 项流动。详见下一节应用案例。

综上所述，采用自上而下法估算物质在用量，将涉及物质的消费结构（产品类型）、各类产品的使用寿命、产品年产量的增减、考察的历史时段等因素。不难看出，物质社会存量在物质净投入使用的数量的长期增长下形成。如果某一历史时期内物质投入使用的数量低于离开使用的数量，则物质社会存量将呈现萎缩状况。

2. 估算方法 2——自下而上法

如前所述，自下而上法是针对每一个物质的服务单元计算物质数量并进行汇总来统计研究区域物质在用量的办法。应用自下而上法，首先按物质使用类型分为不同的产品类型，然后计算研究区域内各类产品数量，并分析每类产品中的物质含量，从而可计算研究区域中目标物质的在用量 M，表达为

$$M = \sum_{i=1}^{N} C_i \cdot N_i \qquad (9-6)$$

式中：N_i——第 i 类产品的数量，个；

　　C_i——第 i 类产品中目标物质的含量，kg/ 个；

　　N——产品种类数；

　　M——物质在用量，kg。

如果研究中所选研究区域较大，还可将研究区域分为若干区域单元，分别针对各区域单元计算物质在用量，然后汇总得到整个研究区域的物质在用量总值。

四、案例 1——铅的在用量估算

现在以铅为例，示例采用自上而下法估算物质在用量的研究过程。

如前所述，采用自上而下法估算物质在用量，需要锁定产品使用阶段，重点考察各年投入使用的物质数量和离开使用的物质数量。

1. 投入使用的物质数量估算

对于投入使用的物质数量，由于隐含在多种不同产品中，通常很难从统计数据直接获取其详细数量，因此制约了该方法的可用性。为此，希望能借助其他更易获得的数据进行间接估算。

从物质人为流动 STAF 分析框架来看，投入使用的物质可向上追溯至物质的加工与制造阶段，该阶段属于物质的生产消费，而该数据较流入使用阶段的物质量数据更容易获得。如果能建立铅产品消费量与铅消费量间的数学关系，将大大提高估算铅的在用量的工作效率。基于此，引入铅的消费结构系数 f_i 和加工利用率 f_{mi} 两个参数，这种情况下，投入使用的物质数量与铅消费量 P 之间存在如下关系：

$$U_i = P \cdot f_i \cdot f_{mi} \tag{9-7}$$

式中：P——统计期内的铅消费量，可从统计数据获得；

　　f_{mi}——在制作第 i 种铅产品时的加工利用率，可通过工程技术手册或企业实地调研获取。

　　f_i——铅的消费结构系数，表示用于制作第 i 种铅产品的铅量与铅消费总量的比值，可借助物质的消费结构统计数据进行估算；

　　其他符号含义同前。

估算过程中所用的铅消费结构系数、加工利用率列入表 9-1。值得注意的是，表 9-1 中数据仅是 2000 年的参数。这些参数会随技术进步而不断变化，在物质数量的历史变化估算中，应根据研究时段选用相应技术数据。

表 9-1 采用自上而下法估算铅在用量过程中参数选值示例（2000 年）

	消费结构系数	加工利用率	使用寿命 /a
铅酸电池	0.73	0.91	4（牵引型）；12（稳定型）
铅材（管、板）	0.06	0.89	30（管）；50（板）
电缆包线 *	0.02	—	—
铅合金与焊料	0.03	0.88	10
其他	0.16	0.96	12

资料来源：MAO J S, GRAEDEL T E. Lead in-use stock: a dynamic analysis[J]. Journal of Industrial Ecology, 2009, 13(1): 112-126.

2. 离开使用的物质数量估算

如前所述，离开使用的物质数量既与上一个生命周期投入使用的产品量有关，也与产品的使用性能有关，包括使用寿命、使用过程中物质损失情况等。若按照离开使用阶段后物质的去向分类，即式（9-1）右边的后两项，一部分是使用阶段能够收集的废物，将被纳入废物管理系统，表达为 D_{U_r}；另一部分是无法收集的废物，这部分将从使用阶段直接散失进入环境，表达为 E_{U_r}。

对于铅产品使用阶段，考虑铅产品使用性能与废物排放情况，将铅产品分为如下三类：①产品使用过程中性能稳定，具有较为固定的使用寿命（表 9-1），使用过程中基本没有物质散失，且具有较好的回收并再生形成物质材料的潜力，称作稳定型产品。如铅酸电池、铅板或管材，这类产品报废（使用寿命结束）后形成纳入废物管理系统 D_U 的主要部分。②尽管产品使用过程中性能稳定，但与稳定型产品的主要差异是这类产品使用寿命结束时很难回收，或报废产品具有很低的商业价值，使得这类产品一旦投入使用，就永远滞留在使用场所，如同进入了"休眠"，称作休眠型产品。如铺设在海底或偏远险要地带的电缆，这类产品是流入环境 E_U 的组成。③产品使用过程中物质逐渐消散进入环境，称作耗散型产品，如图 8-4 或图 8-5 中列入其他类中的弹药、农药、化妆品等。还有一些介于以上各类之间的产品，如铅合金，有的作为生产原料经加工形成稳定型产品，可按稳定型产品计算；有的仅作为连接部件的焊接物，使用中以熔渣、熔气形式散失到环境中。应用中可参考调研产品设计专家和产品用户使用体验进行估测。

3. 研究结果表达

按照前述方法，针对某年分别估算投入使用与离开使用的物质数量，其差额就是本年度在用库的净流入量。在此基础上，就某一历史时期，逐年累计，可得到该历史时期的物质在用库增量。如果从人类开始使用某物质的年份算起，就可得到全球该物质的社会存量总值。

对于铅金属，全球铅金属生产量可看作全球铅金属消费量。根据历史数据，如图 9-4 所示，20 世纪铅金属产量长期持续增长，为铅金属在用库的形成奠定了基础。

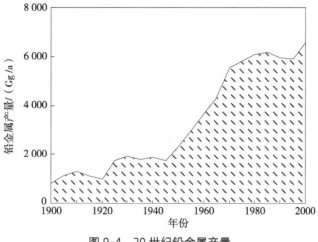

图 9-4　20 世纪铅金属产量

资料来源：MAO J S, GRAEDEL T E. Lead in-use stock: a dynamic analysis[J]. Journal of Industrial Ecology, 2009, 13(1): 112-126.

在查阅大量历史资料基础上，针对不同年代，估算并选取计算参数，包括铅的消费结构系数、铅产品加工利用率、使用寿命等，逐年计算铅在用库的净流入量，并绘制成图，得到图 9-5。不难发现，该图中的阴影面积就是 20 世纪铅的累积数量，表示 20 世纪形成的铅的在用库的总量。

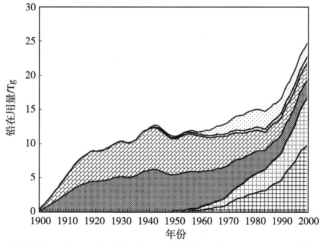

□ 启动型铅酸电池 □ 固定型铅酸电池 ▨ 铅管 ▨ 铅板 □ 铅合金与焊料 □ 其他

图 9-5　20 世纪全球铅在用量的历史变化

资料来源：MAO J S, GRAEDEL T E. Lead in-use stock: a dynamic analysis[J]. Journal of Industrial Ecology, 2009, 13(1): 112-126.

由图 9-5 可知，20 世纪铅的在用量呈上升趋势，但基本构成发生着巨大变化，主要体现在 20 世纪 60 年代以后，电池中的铅在用量迅速增加，但其他产品的存量逐渐减少。反映出 20 世纪中叶以来，工业技术发展所带来的铅消费模式变化和社会经济影响。

第四节　外部效应 2——环境排放累积效应

在弄清外部效应 1 的基础上，按照类似的方法考察物质人为释放所造成的环境中污染物的累积结果。仍按类似的顺序依次简述，并请同学们留意其与在用量的差异。

一、物质的环境释放与环境释放库

如图 9-1 所示，物质的环境释放是物质人为流动过程中向环境排放废物、污染物的过程。在人类长期活动下，从人类活动圈向自然系统排放的废物、污染物的数量不断增加，形成了物质的环境释放库（Environmental Stock of Anthropogenic Emissions，ESAE）。为便于区分和理解，将图 9-1 中的环境分为自然环境和人类扰动后的环境两部分，后者如图 9-6 的"环境"中阴影部分，是收纳人为释放物的场所，称为环境释放库。

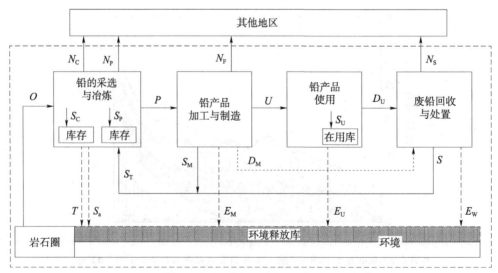

图 9-6　物质人为流动与环境释放库形成关系示意图

与物质的在用库类似，这里物质的环境释放库仍包括双重含义，既可指物质的数量，也可指物质储存的场所。不难设想，这部分物质是经过人类活动的干扰、被人类废弃的物质，排放进入环境以后，将不再受人类活动干扰，而是开始其在自然地表的迁移转化。因此，环境释放库也是物质的人为、次生库。为了更好地区分环境释放库与自然环境库，设定物质排放进入环境但尚未与外部环境介质发生反应的临界位置作为环境释放库的边界，这也是物质人为流动与自然流动的结合位置。一个国家或地区的环境释放库越大，意味着环境中污染物的数量就越多，浓度越高，环境质量就越差。在用库是某一定时期内投入使用的量多于离开使用的量所致，发生于社会服务量增长阶段；与物质在用库不同的是，环境释放库是只要人类活动中向环境排放废物、污染物，就会有该库存的净增量，只有是零排放时，环境释放库才停止增长。

二、如何估算物质的环境释放库大小

这里仅分享借助物质人为流动分析估算物质的环境释放库的方法。估算过程可分为某年份环境释放量估算和某时期环境释放总量两部分。

首先估算某年份的环境释放量。基于图9-6，某年份环境释放量分别来自物质人为流动所经历的4个阶段。按照第八章物质人为流动分析方法，可估算得到物质人为流动中各股流动的物质数量。这里针对其中各股流向环境的废物、污染物，分别简述如下。

尾矿量T：是指矿产开采、浓缩（又称选矿）阶段未能形成精矿组分，以尾矿和熔渣形式散落在矿产开采场所和选矿厂废弃物堆放场的废物、污染物的量。其数量可按采矿量与精矿（选矿后形成的矿产品）量的差额估算。其中采矿量可从矿业统计数据获取，精矿量可按采矿量乘以选矿回收率（表8-1）获得。

熔渣量S_a：是指金属冶炼、精炼过程中未能形成精炼金属的部分（包括原生金属生产和废金属再生生产两部分），以熔渣形式散落在冶炼厂、精炼厂，经收集后废弃进入环境的废物、污染物的数量。从数据可得性来看，其数量估算可基于原生金属与再生金属的产量统计数据，依此分别除以金属冶炼、精炼的金属回收率（由表8-1可查取统计数据），得到相应冶炼、精炼阶段的投入量，投入量与金属产量的差额就是对应阶段排向环境的熔渣量。

加工与制造阶段排废量E_M：是指产品加工与制造过程中未能形成金属产品的部分。由于同一种物质多用于不同产品，因此这部分环境释放物分别来自不同产品的生产加工厂。估算中较多地以产品生产的金属消费量乘以该生产的加工效率（表8-3，多借助工程技术手册获取）得到产品数量，再以金属消费量与产品数量的差额作为污染物总量，最后基于相关企业的废物管理水平调研情况，估测废物中排向环境部分所占的百分比，以此乘以加工与制造阶段的释放物总量，即得到释放进入环境的废物、污染物数量。

使用阶段排废量 E_U：是指产品使用过程中或报废后未能收集起来而进入废物处理系统的部分。主要涉及耗散型产品、冬眠型产品和部分介于稳定型与耗散型之间的产品。毋庸置疑，耗散型产品和冬眠型产品一旦投入使用，就被认定为完全进入了环境系统，因此相关环境释放量就是这类产品的投入使用量。而对于介于稳定型与耗散型之间的产品，通常可基于产品使用部门和物质回收部门的调研，取产品投入量的某百分比进行估算。

废物回收与处置阶段的排废量 E_W：是指废物处理过程中不具备循环再生潜力而经过无害化处理、释放进入环境的那部分废物。通常可采用纳入废物处理阶段的废物数量与经处理后用作废物资源的废物数量的差额进行估算。

基于以上分析，第 τ 年流入环境释放库的废物、污染物数量就是物质人为流动中的环境释放量，可表达为

$$S_{E_\tau} = T + S_a + E_M + E_U + E_W \equiv \sum_{j=1}^{L} E_{\tau j} \qquad (9-8)$$

式中：S_{E_τ}——第 τ 年环境释放库净增量，t/a；

j——物质人为流动经历的生命周期阶段编号；

L——物质人为流动经历的生命周期阶段总数。

在选定某时间跨度为 T 的特定时期后，将该期间各年份的环境释放量累计汇总，就得到该期间的环境释放总量，也就是该期间环境释放库的净增量 Q，数学表达为

$$Q \equiv \sum_{\tau=1}^{T} S_{E_\tau} \equiv \int_0^T E_\tau \mathrm{d}t \qquad (9-9)$$

式（9-9）中前半部分可用于年净增量是不连续函数的情况，而后半部分可用于年净增量是连续函数的情况。应用中，所用数据大多来自行业统计，呈现为非连续函数，因此多采用逐年累计的方法计算环境释放库的净增量。

若考虑环境释放物的来源，可将式（9-8）代入式（9-9）中，则表达为

$$Q \equiv \sum_{\tau=1}^{T} \sum_{j=1}^{L} E_{\tau j} \qquad (9-10)$$

以上方法是从人类活动角度，基于物质人为流动分析估算环境释放量的方法。

在环境科学领域，还有通过环境监测等来估算人类环境释放量的方法。从物质

人为流动与自然流动的关系来看，环境释放物既是人为流动的终点，又是后续接入自然地球化学循环流动的起点，这些人为释放物的形态、数量、排放地点等决定着后续的环境行为和可能的生态环境风险。这样看来，与地学方法相比，通过物质人为流动分析环境释放物的方法侧重于从污染物的形成源头着手，因此可称作环境污染物源头分析方法。

三、应用示例——铅的人为释放库若干研究结果

定量分析物质的人为释放总量，一方面有利于弄清环境污染物的来源，从而可针对所涉及的生产或消费部门进行更有效的管理；另一方面，这些污染物日积月累所形成的环境释放库的大小将影响环境中污染物的浓度，污染物的形态还影响其后续地表迁移转化，可能形成生态风险或人体健康风险。下面以铅为例，分享若干典型环境释放库的研究结果示例。

1. 结果示例 1：环境释放物的来源

应用前述的物质环境释放库分析方法，基于我国相关统计数据和实际生产状况，估算了 1960—2010 年铅的环境释放库总量，弄清了该期间人为释放铅主要来自使用阶段，约占人为释放总铅量的一半，其次是经过废物处理后排入环境的释放物（如表 9-2 所示）。究其原因，历史上铅曾较多地用于生产耗散型产品和类似产品，如油漆染料、焊料、炸药、农药等。伴随产业的绿色化，已有多种产品被禁止生产，如 2000 年前后，我国多地陆续淘汰了以烷基铅作为防爆剂的汽油生产与使用。

表 9-2　中国 1960—2010 年铅的环境释放量的生命周期阶段来源

	铅释放量 /Mt	占比 /%
采矿尾渣	3.148	16.11
冶炼熔渣	2.063	10.56
加工与制造阶段排废	0.979	5.01
使用阶段排废	9.081	46.47
废铅回收与处置阶段排废	4.270	21.85
总量	19.542	100.00

资料来源：LIANG J, MAO J S. A dynamic analysis of environmental losses from anthropogenic lead flow and their accumulation in China[J]. Transactions of Nonferrous Metals Society of China, 2014, 24(4): 1125-1133.

2. 结果示例 2：以什么形态出现在环境中？

如前所述，物质的人为流动过程是转变自然资源、满足人类特定需求的过程，涉及多个生命周期阶段。而每个生命周期阶段都有其特定的物质技术转变过程，如金属冶炼中，根据矿物的物理化学性质，通过还原反应，使金属化合物中的金属离子得到电子，被还原为金属单质，即 $M^{n+} + ne^- = M$。从而形成了物质在人类社会经济系统中的功能、形态的转变和时空再分配，称作物质的人为迁移与转变。分析每一个过程中物质所发生的物理化学转变，可获知物质数量在不同形态间的分配关系。通过追踪物质的人为流动过程，逐次分析各环节的物理化学转变，并结合技术水平，可以估算整个物质人为迁移转变过程中各阶段物质数量、形态间的变化关系，也可获知物质以怎样的形态、数量进入了环境系统。图 9-7 是我国 2010 年铅的人为释放物分析结果，其中包括各生命周期阶段释放物的形态与数量，决定着后续与环境介质的作用关系和作用水平。

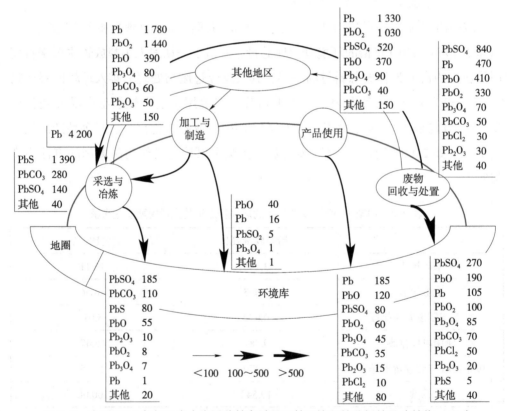

图 9-7   中国 2010 年铅元素人为迁移转变过程及其环境释放分析结果（单位：kt/a）

来源：LIANG J, MAO J S. Lead anthropogenic transfer and transformation in China[J]. Transaction of Nonferrous Metals Society of China, 2015, 25(4): 1262-1270.

3. 结果示例 3：环境释放物产生于哪个年代？

如果逐年对铅元素人为流动过程进行资源形态转化分析，并累计不同年代的各种环境释放物的数量，将获得特定时期内环境释放物随时间的动态变化。图 9-8 是 1960—2010 年全球铅的人为环境释放物的数量与形态。结果表明，$PbSO_4$ 排放量为 39.6 Mt，占排放总量的 28.5%；PbO 排放量为 15.7 Mt（11.3%），Pb 和 PbS 排放量分别为 15.3 Mt（11.0%）和 14.6 Mt（10.5%）。这四种形态的铅污染物排放量占排放总量的 61.2%。1960—2010 年，铅污染物的排放量以及污染物的形态构成都随时间推移发生了巨大变化。

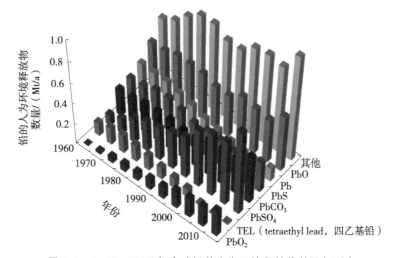

图 9-8　1960—2010 年全球铅的人为环境释放物数量与形态

来源：LIANG J, MAO J S. Source analysis of global anthropogenic lead emissions: their quantities and species[J]. Environmental Science and Pollution Research, 2015, 22(9): 7129-7138.

4. 结果示例 4：建立环境释放物源头行业和环境间的联系

物质的人为流动要经历多个资源转变过程，分别隶属不同产业、行业，涉及一系列生产部门或社会消费部门。每一个过程所释放的环境废物、污染物既与物质的自然属性（资源分布、品位、物理化学性质等）有关，也与人类需求、产品设计、生产加工技术等人为因素密切相关。通过分析物质的人为流动基本过程，可相继锁定各人为流动节点，并针对该节点，一方面具体分析其物质转变过程，获知环境污染物形成原因，了解其归责的行业生产部门；另一方面，可追踪其进入环境的形态、数量、释放地点与周边环境，从而建立环境释放物源头行业和环境之间的联系。图 9-9 示例了铅元素人为转变过程中环境释放物的源头产业部门与外部环境之间的作用关系。

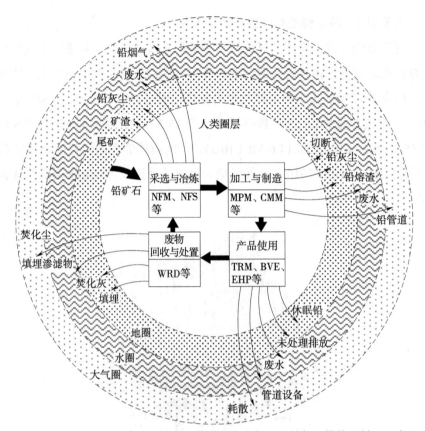

图 9-9　铅元素人为转变中环境释放物源头产业部门和外部环境作用关系示意图

各符号含义：NFM，有色金属矿采选业；NFS，有色金属冶炼和压延加工业；MPM，金属制品业；CMM，计算机、通信和其他电子设备制造业；TRM，交通运输、仓储和邮政业；BVE，建筑业；EHP，电力、热力生产与供应业；WRD，废弃资源综合利用业。

来源：LIANG J, MAO J S. Lead anthropogenic transfer and transformation in China[J]. Transaction of Nonferrous Metals Society of China, 2015, 25(4): 1262-1270.

第五节　物质人为流动分析有哪些用途

借助物质人为流动分析，可获得诸多定量信息，是对资源、环境、人类社会经济等进行有效管理的重要依据。这里给出若干示例，供同学们借鉴。

一、用途示例1：了解全球不同国家社会经济发展与环境变化间关系

通过物质人为流动分析，可得到不同地区资源消费量、污染排放量、社会服务量等参数间的定量关系；同时，不同地区社会经济发展状况不同，将同期内不同发展水平的各个地区的相关数据进行整理，可实证第二章中所述的人类发展与环境变

化间的定量关系。

　　例如，从全球 52 个国家的铅流分析结果中，提取铅矿资源消耗量、铅环境释放物排放量作为环境负荷，以铅产品投入使用的数量作为社会服务量，可了解 2000 年全球 52 个国家铅的人为流动系统的环境负荷随铅产品社会投入量的变化关系，如图 9-10 所示。

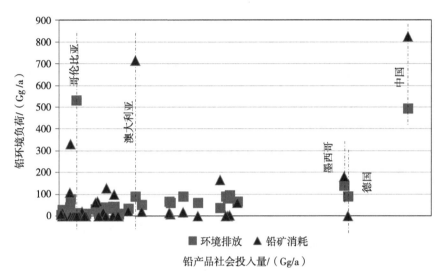

图 9-10　2000 年全球铅环境负荷随铅产品社会投入量的变化关系

资料来源：MAO J S, GRAEDEL T E. Lead in-use stock: a dynamic analysis[J]. Journal of Industrial Ecology, 2009, 13(1): 112-126.

　　由图 9-10 可知，绝大多数国家位于图中左下临近底线区域，表示仍有一定数量的社会投入量，但较少地消耗自然资源和排放较少的环境废物，而这些环境负荷却集中地发生于少数几个国家。环境负荷较重的国家根据矿产消耗量和环境排放量的相对大小分为两类，一类是矿产消耗量大于环境排放量的国家，即图 9-10 中▲高于■的国家，如中国和澳大利亚；另一类则相反，是矿产消耗量小于环境排放量的国家，即图 9-10 中▲低于■的国家，如哥伦比亚和德国。究其原因，与其内部产业结构和贸易格局密切相关。例如中国大量开展生产，并有较大部分精炼铅和铅产品净出口到其他国家［如图 9-11（b）所示］；而澳大利亚由于矿产资源丰富，开采后向国外出口大量的铅精矿和精炼铅［如图 9-11（a）所示］。相应地，两国在成品、半成品贸易等方面也差别巨大。

　　请同学们按照类似方法，基于其他典型物质的人为流动分析，进一步研究其环境负荷随社会服务量的变化关系。

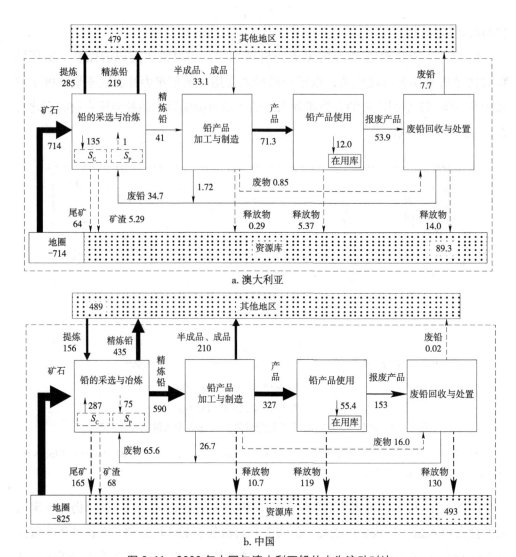

图 9-11　2000 年中国与澳大利亚铅的人为流动对比

资料来源：MAO J S, GRAEDEL T E. Lead in-use stock: a dynamic analysis[J]. Journal of Industrial Ecology, 2009, 13(1): 112-126.

二、用途示例 2：了解特定国家或区域物质流动的时空动态

在前述的铅的人为流动分析中，全球层面的流动包括 52 个国家，而就国家或区域层面而言，同一统计期不同国家或区域的铅的人为流动状况各不相同，表现为人为流动的区域分布。与此同时，前面的研究针对 2000 年开展，获得的是特定时间节点 2000 年的铅的人为流动状况。不难设想，如果选择其他年份，将得到其他年份铅的人为流动状况，而不同年份同一物质的人为流动状况将各不相同，特别是当时间间隔较大时，这种差异愈加明显。这里推荐阅读毛建素研究小组于 2018 年

发表于 *Science of the Total Environment* 的文章 *Quantitative Analysis of the Spatio-temporal Evolution of the Anthropogenic Transfer of Lead in China*。

类似地，其他物质的人为流动也将呈现随时间、空间的变化，称为物质人为流动的时空动态，其变化结果则构成物质人为流动的时空格局，深刻地反映着人类活动与地表间的相互作用变化关系。

三、用途示例 3：全面了解人类所面临的资源环境状况

应用物质人为流动分析方法，可针对各种金属资源开展物质人为流动分析，从而不仅可了解每一种物质的人为流动变化过程，而且可了解人类活动对金属类资源的干扰与应用进程，从而更清楚地了解地表环境所发生的变化，以及未来可能发生的变化。这里推荐同学们阅读由 T. E. Graedel 研究小组于 2012 年发表在 *Science* 上的论文 *Challenges in Metal Recycling*。

除教材中分享的方法外，伴随物质人为流动研究的不断深入，研究方法也发生着诸多变化。这里还推荐阅读 T. E. Graedel 研究小组关于研究方法的综述类文献 *Criticality of Non-fuel Minerals*：*A Review of Major Approaches and Analyses* 和关于物质在用量估算方法改良的研究类文献 *Improved Alternatives for Estimating In-use Material Stocks* 等。

推荐阅读

[1] CHEN W Q, GRAEDEL T E . Improved alternatives for estimating in-use material stocks[J]. Environmental Science & Technology, 2015, 49(5): 3048-3055.

[2] HARPER E M, KAVLAK G, BURMEISTER L, et al. Criticality of the geological zinc, tin, and lead family[J]. Journal of Industrial Ecology, 2015, 19(4): 628-644.

[3] SUN M Y, YU Y X, SONG Y, et al. Quantitative analysis of the spatio-temporal evolution of the anthropogenic transfer of lead in China[J]. Science of the Total Environment, 2018, 645: 1554-1566.

参考文献

[1] ELSHKAKI A, DER VOET E V, HOLDERBEKE M, et al. The environmental and

economic consequences of the developments of lead stocks in the Dutch economic system[J]. Resources Conservation and Recycling, 2004, 42(2): 133–154.

[2] ILZSG. Principal Uses of Lead and Zinc 2005[M]. London: ILZSG, 2005.

[3] ILZSG. Lead and Zinc: End Use Industry Statistical Supplement, 1994–2005[M]. London: ILZSG, 2005.

[4] LIANG J, MAO J S. Lead anthropogenic transfer and transformation in China[J]. Transaction of Nonferrous Metals Society of China, 2015, 25(4): 1262–1270.

[5] LIANG J, MAO J S. A dynamic analysis of environmental losses from anthropogenic lead flow and their accumulation in China[J]. Transactions of Nonferrous Metals Society of China, 2014, 24(4): 1125–1133.

[6] LIANG J, MAO J S. Source analysis of global anthropogenic lead emissions: their quantities and species[J]. Environmental Science and Pollution Research, 2015, 22(9): 7129–7138.

[7] LIANG J, MAO J S. Risk assessment of lead emission from anthropogenic cycle[J]. Transactions of Nonferrous Metals Society of China, 2016, 26(1): 248–255.

[8] ERDMANN L, GRAEDEL T E. Criticality of non–fuel minerals: a review of major approaches and analyses[J]. Environmental Science & Technology, 2011, 45(18): 7620–7630.

[9] MAO J S, CAO J, GRAEDEL T E. Losses to the environment from the multi level cycle of anthropogenic lead[J]. Environmental Pollution, 2009, (157): 2670–2677.

[10] MAO J S, GRAEDEL T E. Lead in–use stock: a dynamic analysis[J]. Journal of Industrial Ecology, 2009, 13(1): 112–126.

[11] OHNO H, NUSS P, CHEN W Q. Deriving the metal and alloy networks of modern technology[J]. Environmental Science & Technology, 2016, 50(7): 4082–4090.

[12] RECK B, GRAEDEL T E. Challenges in metal recycling[J]. Science, 2012, 337(6095): 690–695.

[13] 梁静，毛建素 . 铅元素人为循环环境释放物形态分析 [J]. 环境科学，2014, 35(3): 1191–1197.

课堂讨论与作业

一、课堂练习与讨论

1.选择某一感兴趣的金属物质，在课堂讨论其物质在用量或环境释放量的估算方法，列出研究提纲。

2.对于非金属类物质，以某一感兴趣物质为例，思考其物质在用量或环境释放量的估算方法，讨论其与金属类物质在研究方法上的主要差异。

3.除物质人为流动外，能量人为流动应如何分析？与物质人为流动存在怎样的关系？延伸讨论其他流动分析的研究方法与应用进展。

二、作业

基于课堂讨论，针对所选感兴趣物质，借助图书馆文献系统查询一篇物质在用量或环境释放量的研究论文，以课堂报告形式分享。要求汇报中体现研究小组预想研究方案、他人实际研究中论文主题与各重点环节间的逻辑关系，并简单对比两者差异。整理成8～10分钟PPT汇报，下次课程中进行课堂分享。评分标准见表T9-1。

表 T9-1 课堂小组汇报评分表

选题理由 （满分10分）	预想研究方案 （满分10分）	论文分享 （满分10分）	重点环节 （满分10分）	评价与感受 （满分10分）	表达与规范 （满分10分）	总分

第十章　为环境而设计（Ⅰ）：概念与材料选择

本章重点：生态材料的概念、材料选择主要原则。

基本要求：了解为环境而设计（Design for Environment, DfE）的概念；理解影响产品生态环境性能的各种因素。掌握产品设计中材料选择的基本原则，掌握生态材料的概念，熟悉材料选择中的常用技术措施。

第一节　核心议题的提出

如前所述，产业系统将自然资源转变成为具有特定服务功能的产品，而这些产品投入使用后其服务功能得以发挥，从而满足人类某特定消费需求，这两个过程分别表现为人类生产活动和消费活动。不难设想，产品一旦付诸生产，其成品的服务性能就已确定，人类生产活动决定着消费活动；同时，产品一旦付诸生产，产品生命周期过程中将发生的各种环境影响也会相继发生。能否赶在产品生产之前，找到更有效的方法，来避免或降低产品或服务的环境影响呢？

人类生产活动是有目的的活动。为了使生产活动实现预期目标，在开展生产之前，需要对生产活动进行全面的设计，不仅需要设计出预期产品的使用性能、结构，还需要设计出生产该目标产品所采用的生产工艺与技术设备。如果在设计阶段充分地考虑产品的环境性能，从产品生命周期各环节都积极预防，将可能从设计源头上避免生产和消费中对环境造成不良的影响。

本章将从分析产品设计中应考虑的因素入手，引出为环境而设计的概念。然后，针对产品设计中的材料选择进行深入分享，并引导同学们分析如何通过改进材料来提升产品的环境性能。

第二节　什么是为环境而设计

一、产品设计中应考虑哪些因素？

产品设计是面向人类特定服务目的，对产品的结构和运行方式进行整体构思，并以图文形式表达出来的过程。产品设计是产品付诸生产实施的前提，产品设计中应考虑以下因素。

1. 消费者预期的产品性能

产品设计的最终目的是满足消费者某特定需求，因此产品消费者期望产品应具备的性能对产品设计具有重要引导作用。从同学们日常认知来看，可能会期望产品具备以下几个方面的性能：

（1）产品的使用性能（即产品在一定条件下所能发挥的服务功能）是否能满足用户的特定需要，如空调是否能及时地制冷或制热、提供合适的温度，通信网络是否稳定、能否实现流畅的通信服务。

（2）产品的价格，即购买产品时支付单位产品的货币数量。产品单价越低，可能越容易吸引更多的消费者，但同时也会降低单位产品的利润。

（3）产品的外观，即产品的外在造型、图案、款式、颜色、结构、大小等方面的综合表现。进一步受到审美观念、心理偏好等的影响。

（4）产品的安全性，是指产品在使用、储运、销售等过程中，不会对人身、财产造成任何伤害或损失。

（5）产品的可维修性，是指当产品发生故障后，能较快地通过更换部件、清出杂物等措施恢复产品服务能力。该性能可帮助延长产品的使用寿命，减少经济损失。

（6）产品的环境友好性能，是指产品生命周期中对环境产生最小的影响。

除以上所列性能外，可能还期望产品便于携带、操作简单、具有市场竞争力等。

2. 产品设计者应考虑的因素

产品预期性能需要借助产品的设计、生产才能得以实现。产品设计者承担着沟通消费者、生产者和管理者等多方需求的角色，需要兼顾多方利益，考虑更多的影响因素。主要体现在以下三个基本环节：

（1）面对社会用户，考虑如何实现所需要的特定服务功能，满足用户需要。

（2）面对生产企业，如何借助生产设备、工艺等基础条件，将所需要的服务呈现出来，或者如何生产出具有特定功能的产品。

（3）面对其他经济与产业部门，如何获取生产所需的各类物质、能源，以及如何将所转变的产品或服务送到用户手中。

上述每一个环节都受到多种社会人文因素和生产性要素的影响，主要包括：

（1）满足消费者的需求，包括产品性能、感官、价位、消费偏好、便于维护维修等因素。不同的消费需求将意味着需要设计出不同的产品。例如选择交通工具时，某些人可能偏爱颜色亮丽、豪华气派、功率较大的越野车，而另一些人可能偏爱经济实用、轻便简单的电动自行车。

（2）在企业自身生产方面，企业现有生产设备、生产工艺、基础设施等是否具备完成预期产品生产过程的基本条件？人力、财力是否充足？还需要增补哪些新设施或工艺？所生产的产品是否符合现行法律法规和设计标准？例如，某汽车厂传统上只生产燃油轿车，而市场上对电动汽车需求渐旺，企业就可能考虑拓展业务、生产电动汽车，在这种情况下，可能需要改进或增设电动汽车生产车间，特别是需要改变汽车动力车间的基础设施。

（3）在与其他经济与产业部门的关系方面，企业生产所需的生产原料、辅助材料和动力设施是否便于采购？是否易于保管？从哪里采购？价格如何？产品消费群体状况怎样？市场营销的时空范围多大？产品是否便于运输？将采取怎样的包装和怎样的运输工具送至用户？与其他同类产品相比，具有哪些竞争优势？对于发现的不利因素，如何规避和改善？

二、为环境而设计的概念

1. 产品新性能与为环境而设计

开展一项新设计，尤其需要赋予产品一个新的性能，使产品具备以往产品所不具备的性能，如针对社会老龄人员的护理问题，设计家政机器人；针对新冠肺炎疫情期间返校受阻，设计线上教学课程等。但更多的产品设计是基于原有产品，结合用户某特定需要，使产品获得以往产品所不具备的新性能，或者在某一方面较以往产品更为优秀的性能。应用中，把为使产品具备某些新性能 X 而进行的产品设计称作"为 X 而设计"（Design for X, DfX），其中 X 表示产品待改善的新性能。如为装配而设计，这意味着针对某一现有装配不方便的产品，开展提升其可装配能力的设计，使其更容易装配、无失误装配；也可能为拆解而设计，面向生命周期结束时产品的高效拆解，从而进一步进行废物资源循环再生；还可能为节省空间、减少重量、提升使用效果，将 20 世纪 80 年代流行的"大背头"电视设计为现在的超薄液晶电视机，不仅获得视觉效果的巨大改善，而且更便于放置和运输。

当待改善的产品新特征是为了改善产品的环境性能时，这种设计是为环境而设计（Design for Environment，DfE）。可见，它是面向环境改善的产品设计，又叫生态设计（eco-design）或绿色设计（green design）。常见的与环境改善相关的新特征包括产品材料低毒性、低能耗、可循环再生、资源供应充足，制成品便于维护和拆解、小型化，生产制造过程中清洁、无环境有毒有害污染物产生等。

可见，生态设计是生态优先的设计，将环境因素纳入设计中，利用生态学思想，在产品及其生命周期全过程的设计中，综合考虑与产业相关的生态环境问题，设计出既对环境友好又能满足人的需要的一种新的产品设计方法。生态设计要求在产品开发的所有阶段均考虑环境因素，从产品的整个生命周期减少对环境的影响，最终引导产生更具有可持续性的生产和消费系统。既实现社会价值，又保护自然价值，促进人与自然和谐发展。

2. 生态设计与传统设计的差异

与传统设计相比，生态设计的服务目标、考虑范围、设计团队等都发生了诸多变化。主要有以下差别：

（1）服务目标不同：传统设计侧重产品本身的服务性能及其生产过程的设计，较多地从产品生产企业角度进行设计。而生态设计强调将产品的环境性能纳入产品设计考虑事项，将保护环境的义务和责任融入产品生产企业服务过程中。

（2）考虑范围不同：传统设计主要针对产品本身的结构、功能、外观，以及产品加工与制造过程而进行。而生态设计的范围扩展到产品的整个生命周期，不仅要考虑产品本身的加工与制造，还要考虑构成产品的物质材料的采掘、产品的使用，以及产品报废后的处置等各个生命周期环节（如图10-1所示），从整个产品生命周期的角度，设计出具有环境友好性能的产品。

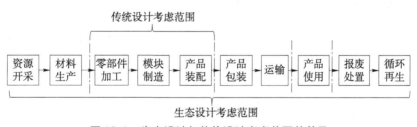

图 10-1　生态设计与传统设计考虑范围的差异

（3）设计内容不同：传统设计中重点围绕产品的使用性能进行设计。根据不同设计在实现产品服务功能中的作用，可进一步分成系统设计、工艺设计、机械设计、外观设计、设备配置、水电配套设计等，旨在从产品结构与组成上获得预期功能的有效发挥。而生态设计会通过选用生态材料（详见下一节）、系统优化、清洁生产工艺、产品小型化、产品模块化等技术手段，设计出较以往产品环境性能更好的产品。换句话说，产品的环境性能设计成为产品性能设计的另一重要内容。

（4）设计团队的专业构成不同：传统设计团队主要由生产相关技术的设计人员组成。而生态设计中，由于要兼顾产品的环境性能，而且设计范围更加广泛，因此其设计团队还要将环境、生产原料采购、包装、营销、产品生命周期策划、财务等方面的专家囊括进来，甚至将主要生产原料供应商、产品消费者等代表人员也囊括进来。而且，环境设计师将在设计团队中起到较显著的主导作用。

（5）对环境设计师的专业素养要求更高：由于生态设计是为环境改善而进行的设计，因此要求环境设计师具有极其丰富的多专业复合知识，不仅要熟悉产品生命周期各阶段环境影响形成原因，而且要熟悉全球性、国家层面、区域层面的资源与环境状况（如全球变暖、生态环境破坏、局地富营养化、有毒有害物质超标等），以及相关管理政策、法律法规。例如，对于石油资源充足的地区，产品设计中应优先选择油品作为其生产或产品使用的动力类型；而对于某典型污染物严重超标的地区，设计中应优先采用其他物质或其他服务形式来替代可能产生该污染物的相关服务。

第三节　如何选择产品的生产材料

有形的产品都是由物质构成的，而物质在工业生产中又较多地呈现为生产材料。在第四章至第六章中我们获知，绝大多数产品生命周期中的环境影响都是与物质材料有关的，因此在产品设计阶段，选择合适的生产材料，对降低产品的环境影响起到至关重要的作用。

一、材料选择时需考虑的因素

在选择产品的生产材料时，一方面应满足传统设计所考虑的产品服务性能对材料的基本要求，主要包括：①所选材料应具备拟生产产品所需的物理化学性能，如机械强度、导电率、折射率、溶解度、光敏性、反应性等；②材料具有可得性，是指所选材料具有较稳定的市场供应，可从市场上购买获得；③材料具有可承受的价格，是相对于企业生产成本管理和用户购买力而言的，材料的价格处于企业和用户支付得起的水平。另一方面，所需材料具备良好的生态环境性能，包括材料应无毒、无害，其加工、生产与使用中不会给相关人员或生态环境带来任何潜在危害；材料应来自充足的自然资源，其使用不会造成资源短缺，或供应中不会受到地域限制或资源垄断的限制；材料具有良好的可加工性能，在其生产与产品制造中消耗较少的能源等。

这里推荐同学们自行学习我国于 2020 年 2 月发布的《新化学物质环境管理登记办法》，并留意各化学物质允许使用和禁止使用的行业。表 10-1 示例了我国 2021 年颁布的危险废物名录，供设计者了解重要危险废物的表现形式与行业来源。类似地，表 10-2 示例了我国有毒有害污染物的名称。对于拟出口至其他国家或地区的产品，还应避免选用含有国际违禁物质的材料，以免贸易受挫。

表 10-1 国家危险废物示例

废物类别	行业来源	废物代码*	危险废物	危险特性#
HW01 医疗废物	卫生	831-001-01	感染性废物	In
HW02 医药废物	化学药品原料药制造	271-002-02	化学合成原料药生产过程中产生的废母液及反应基废物	T
HW03 废药物、药品	非特定行业	900-002-03	销售及使用过程中产生的失效、变质、不合格、淘汰、伪劣的化学药品和生物制品（不包括列入《国家基本药物目录》中的维生素、矿物质类药、调节水、电解质及酸碱平衡药，以及《医疗用毒性药品管理办法》中所列的毒性中药	T
HW04 农药废物	农药制造	263-009-04	农药生产过程中产生的废母液与反应罐及容器清洗废液	T
HW05 木材防腐剂废物	木材加工	201-002-05	使用杂酚油进行木材防腐过程中产生的废水处理污泥，以及木材防腐处理过程中产生的沾染该防腐剂的废弃木材残片	T
HW06 废有机溶剂与含有机溶剂废物	非特定行业	900-409-06	900-401-06、900-402-06、900-404-06 中所列废有机溶剂再生处理过程中产生的废水处理浮渣和污泥（不包括废水生化处理污泥）	T
HW07 热处理含氰废物	金属表面处理及热处理加工	336-002-07	使用氰化物进行金属热处理产生的淬火废水处理污泥	T，R
HW08 废矿物油与含矿物油废物	精炼石油产品制造	251-004-08	石油炼制过程中溶气气浮选工艺产生的浮渣	T，I
HW09 油/水、烃/水混合物或乳化液	非特定行业	900-006-09	使用切削油或切削液进行机械加工过程中产生的油/水、烃/水混合物或乳化液	T
HW10 多氯（溴）联苯类废物	非特定行业	900-008-10	含有多氯联苯（PCBs）、多氯三联苯（PCTs）和多溴联苯（PBBs）的废荧光电容器、变压器	T
HW11 精（蒸）馏残渣	煤炭加工	252-011-11	焦炭生产过程中硫铵工段煤气除酸净化产生的酸焦油	T
HW12 染料、涂料废物	涂料、油墨、颜料及类似产品制造	264-011-12	染料、颜料生产过程中产生的废母液、残渣、废液附剂和中间体废物	T

续表

废物类别	行业来源	废物代码*	危险废物	危险特性#
HW13 有机树脂类废物	合成材料制造	265-102-13	树脂、合成乳胶、增塑剂、胶水/胶合剂生产过程中合成、酯化、缩合等工序产生的废母液	T
HW14 新化学物质废物	非特定行业	900-017-14	研究、开发和教学活动中产生的对人类或环境影响不明的化学物质废物	T, C, I, R
HW15 爆炸性废物	炸药、火工及焰火产品制造	267-003-15	生产、配制和装填铅基起爆药剂过程中产生的废水处理污泥	R, T
HW16 感光材料废物	印刷	231-002-16	使用显影剂进行印刷显影、抗蚀图形显影，以及凸版印刷产生的废显（定）影剂、胶片和废像纸	T
HW17 表面处理废物	金属表面处理及热处理加工	336-053-17	使用镉和电镀化学品进行镀镉产生的废槽液、槽渣和废水处理污泥	T
HW29 含汞废物	照明器具制造	387-001-29	电光源用固汞及含汞电光源生产过程中产生的废液	T
HW33 无机氰化物废物	金属表面处理及热处理加工	336-104-33	使用氰化物进行浸洗过程中产生的废液	T, R
HW37 有机磷化合物废物	基础化学原料制造	261-062-37	除农药以外其他有机磷化合物生产、配制过程中产生的废滤渣吸附介质	T
HW49 其他废物	非特定行业	900-044-49	废弃的镉镍电池、荧光粉和阴极射线管	T
HW50 废催化剂	生物药品制品制造	276-006-50	生物药品生产过程中产生的废催化剂	T

资料来源：《国家危险废物名录（2021 年版）》。

注：* 采用 8 位数字代码表示危险废物。其中，第 1～3 位为危险废物产生行业代码〔依据《国民经济行业分类》（GB/T 4754—2011）确定〕，第 4～6 位为危险废物顺序代码，第 7～8 位为危险废物类别代码。

其危险特性包括腐蚀性（Corrosivity, C）、毒性（Toxicity, T）、易燃性（Ignitability, I）、反应性（Reactivity, R）和感染性（Infectivity, In）。

表 10-2 有毒有害污染物示例

序号	有毒有害大气污染物	有毒有害水污染物
1	二氯甲烷	二氯甲烷
2	甲醛	三氯甲烷
3	三氯甲烷	三氯乙烯
4	三氯乙烯	四氯乙烯
5	四氯乙烯	甲醛
6	乙醛	镉及镉化合物
7	镉及其化合物	汞及汞化合物
8	铬及其化合物	六价铬化合物
9	汞及其化合物	铅及铅化合物
10	铅及其化合物	砷及砷化合物
11	砷及其化合物	

资料来源：《有毒有害水污染物名录（第一批）》，2019 年 7 月；《有毒有害大气污染物名录（2018 年）》。

二、材料选择基本原则

实际中常常遇到某种材料在某些属性方面具有优势，而在其他方面存在劣势的情形，这需要生态设计应用中权衡材料的属性，在不同材料间进行选择。通常遵循以下基本原则：

（1）优先选用可再生材料，减少自然资源开采，如采用再生纸张制作印刷品、采用再生金属制作金属制品等；近些年来，越来越多种类的金属物质都实现了循环再生，并且再生材料占比逐渐上升。伴随循环经济的开展，2010—2020 年 10 年间上升 10%～25%。

（2）优先选用资源充足的材料。对于大多数矿产资源，通常用资源储量与矿产年开采量的比值（即资源保证使用年限）来表征资源的充裕程度。表 10-3 列出了若干金属资源的保证使用年限。对于濒临短缺资源，应尽可能使用可替代资源；对于稀缺性材料，只应用于特殊性质的场合，避免将这类材料用于低附加值的场合。

（3）尽量选用低能耗、低污染、符合国家法律法规规定的材料。如果生产过程必须使用有毒有害物质，则应尽可能就地生产，并做好污染防治措施。表 10-2 中给出了列入我国有毒有害物质名录的若干物质。

表 10-3 若干金属物质的资源储备与再生水平

物质名称	资源保证使用年限 /a	再生材料占比 /%
铝	82	81
钴	45	—
铜	42	34
铅	14	58
镍	35	82
钢铁	53	86
锌	19	11

数据来源：基于美国地质勘探局（USGS）2021 年统计数据估算，资源保证使用年限取资源储量与矿产年产量之比；再生材料占比取再生金属占金属总产量的百分比。统计数据取自 https: // www.usgs.gov/centers/national-minerals-information-center/commodity-statistics-and-information。

（4）尽量选择易于废后回收、再利用、再制造或者容易被降解的材料。例如，日常中用于盛装矿泉水、纯净水的聚碳酸酯塑料。

（5）对于有毒有害物质或稀缺性物质，可以考虑选用其他物质来替代相应的材料，即材料替代（material substitution），这通常会与新资源开发、新技术应用、经济成本降低等因素有关。如近些年来逐步推动锂电池替代铅酸电池。

（6）产品或工艺的设计中，应力争减少各种物质材料的用量。如设计轻型和小型化产品、新技术产品或以销售服务替代销售产品等。这种通过提高物质材料的附加值、产品的耐用性能，减少化石燃料的消耗和其他耗散性媒质的使用等，来提高资源效率和劳动效率，进而实现经济增长的战略称为物质减量化或非物质化（dematerialization）。见推荐阅读文献。

三、生态材料

为了更有效地表征工业材料的生态环境性能，研究者提出了生态材料（eco-material）的概念。生态材料是在开采和使用过程中消耗较少天然资源、产生较小环境影响、较少受到环境法规约束的材料。评估一种材料的生态环境性能，可从自然资源供应、材料再生性能、环境影响等 7 个方面进行，具体如表 10-4 所示。例如，对于资源供应是否充足，我们按资源保证使用年限估算，并定义资源保证使用 100 年以上为 A 级，保证使用 51～100 年为 B 级，依此类推。

表 10-4　生态材料评估方法

生态材料属性	评估方法
资源供应充足	按资源保证年限估算：A——大于 100 年，B——51～100 年，C——25～50 年，D——小于 25 年
使用再生材料生产	按再生材料占比：A——全部再生材料；B——50% 以上再生材料；C——50% 以下再生材料；D——全部天然材料
材料生产中能源效率高	能源效率取单位材料能耗的倒数。其中单位材料（每千克材料）能耗：A——小于 50 MJ；B——50～99 MJ；C——100～200 MJ；D——大于 200 MJ
材料环境影响很小或不存在[#]	按材料的环境危害指数评定：A——小于 25；B——25～50；C——51～75；D——大于 75
材料使用不受环境法规限制	A——环境友好；B——不会受到环境法规限制；C——将来可能受到环境法规限制；D——当前受到环境法规限制
材料使用寿命长	按材料性能在使用中的衰退情况评定：A——材料性能不受使用寿命限制；B——材料性能缓慢退化；C——材料性能中速退化；D——材料性能迅速退化
材料可被循环再生	按循环率评定：A——完全可循环再生；B——超过 50% 可再循环；C——低于 50% 可再循环；D——完全不可循环再生

资料来源：基于文献 Graedel and Allenby, 2003，调整修正。

注：# 大多数普通化学品的危险指数可从 http：//scorecard. goodguide.com 获取。

　　对于某一种材料，在表 10-4 中的 7 个不同属性将反映不同方面的生态水平，而不同属性又不在同一维度上。为了更直观地看出材料的生态环境性能，通常将该 7 个属性分别作为 7 个评估维度，设定从低到高作为生态水平各维度的方向，将其性能绘成七点星形图（seven-pointed star diagram），可反映某材料的整体生态环境性能。当对比两种以上材料的生态环境性能时，可根据其图形所覆盖的面积大小确定其生态水平的高低，同时可根据其图形的形状对比不同属性的差异。如图 10-2 所示，将各属性表达为生态水平的指标，如将表 10-4 中的"使用再生材料生产"表达为图 10-2 中的"再生材料占比"，将表 10-4 中的"材料环境影响很小或不存在"表达为图 10-2 中的"环境适宜水平"等。

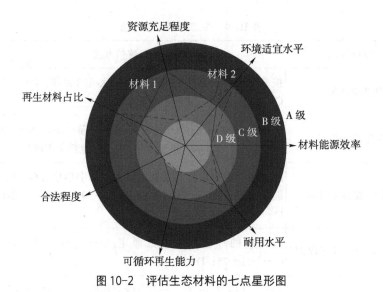

图 10-2　评估生态材料的七点星形图

第四节　材料选择的其他措施

除在设计中尽量选用生态材料外，还常采用材料替代、非物质化、销售服务替代销售产品等技术措施。

一、材料替代

材料替代（material substitution）是指使用具有相同性能的其他材料来代替制造产品的某种材料。材料替代通常需要具备以下条件：①替代材料与被替代材料在拟设计产品中可发挥相同的使用性能；②替代材料较被替代材料具有更低的价格；③替代材料的资源更为充足，或生态环境性能更为优越。

一个典型的材料替代示例是：由于铜的导热性能好，工业中曾较多地使用铜管制作换热设备。但铜矿资源并不丰富，铜材售价一直远高于其他金属，我国长期以来不得不依靠进口废铜来维持铜材生产。近些年来，越来越多地使用铝金属替代铜金属生产换热设备。此外，基于相似的导电性，铜在电力电缆中的使用也陆续被铝替代。根据国际电缆制造商联合会的报道，2010—2022 年间，铜铝价格比在 3～4，使得这些材料替代的应用大大地降低了生产成本。

另一常见的材料替代示例是：传统中较多地使用铅金属生产铅酸电池，用于制造机动车动力或牵引型电池。由于铅是有毒有害物质，21 世纪后陆续淘汰了铅在多种产品中的使用，也开发了锂电池来替代铅酸电池。目前我国市场上的电动车大都是以锂电池作为动力的。但锂电池应用中曾引发多起火灾事故，也存在续航时间短等弊端，这就有待提升生产技术水平，或找寻更适合的材料予以替代。

二、非物质化（物质减量化）

生态设计者应努力减少所设计的产品或服务的资源消耗数量。最理想的情况是获得满足社会经济特定需求的服务，却不需要消耗任何物质资源，称作非物质化服务。而更可能实现的情况是在满足社会经济特定需求下，尽量减少其消耗的物质资源数量，称作物质减量化（dematerialization）。应用中常把"非物质化"和"物质减量化"混同使用，都指用尽量少的资源去实现尽量多的人类服务。不难设想，非物质化将在满足人类需求条件下，不仅消耗尽量少的物质资源，起到保护资源的作用，还将减少资源转变过程中的能源消耗和各类环境废物、污染物排放，收到改善环境的效果，是实现人类可持续发展的重要措施。

较为常见的非物质化示例如近年来兴起的无纸化办公、借助计算机网络系统整理并上传办公文件、借助互联网开放平台完成线上教学等，这些活动节约了大量纸张，也潜在地保护了制作原生纸张的木材、麻、竹等自然资源，还避免了在制浆、蒸煮、洗涤、漂白等过程中产生生化需氧量（Biochemical Oxygen Demand，BOD）、化学需氧量（Chemical Oxygen Demand，COD）、悬浮物和其他有毒物质。

另一个典型的物质减量化示例是产品的小型化、轻型化设计。如目前所用的液晶电视已经替代了 20 世纪 80 年代曾盛行的"大背头"电视机，智能手机也替代了曾盛行的大哥大和照相机，这些都是产品小型化的例子。还有越来越多地采用铝、塑料、钢化玻璃等轻型材料替代钢铁材料，用于房屋建筑（如铝质门窗、塑料门窗等）和汽车（车架、挡板等）制造，这些都是产品轻型化的例子。整体上使得相同服务下涉及的物质数量或重量减少到原来的一半甚至 1/10。

三、销售服务替代销售产品

在第四章中曾介绍过"产品"和"服务"的概念，曾广义地统称为"产品"，并用于产品生命周期评价中。同时，也曾分享两者在狭义上的区别，将产品看作承载某特定服务功能的、按照特定技术方式组合起来的物质实体，是触之可及的；而服务是产品使用过程中所发挥的服务功能，是不能"称量"却能享用的部分。如果设计者作出能直接提供服务却又不涉及物质产品的设计，其实施后无疑将节省大量的物质资源。

为实现销售服务替代销售产品，需要设计者针对产品及其服务模式进行整体的设计，构思、梳理、分解相关各方在服务提供中的作用，为相关各方明确职、权、责提供技术依据。

现实中销售服务的示例并不少见，如复印文件时，并不需要购买复印机，而是直接前往复印室，支付复制费用；大多旅行中，并不需要购买火车、飞机或私家车，而是仅需购买火车票、机票或支付租车费。随处可见公用自行车，通过扫码支付租金，即可获得短途交通，而不需要用户自己购买自行车。小区物业管理、公租房等也都是向用户销售服务的例子。

课程结束前，向大家推荐阅读由 R. U. Ayres 等撰写的 *A Theory of Economic Growth with Material/Energy Resources and Dematerialization：Interaction of Three Growth Mechanisms* 和 R. U. Ayres 撰写的 *On the Practical Limits to Substitution* 两篇文献，以更清楚地理解材料替代和物质减量化的概念及其在可持续战略中的作用。同时推荐文献 *Reusable Plastic Crate or Recyclable Cardboard Box? A Comparison of Two Delivery Systems*，以了解对比性研究的做法。

推荐阅读

［1］AYRES R U, JERPEM C J M, VAN DEN B. A theory of economic growth with material/energy resources and dematerialization: interaction of three growth mechanisms[J]. Ecological Economics, 2005, 55: 96-118.

［2］AYRES R U. On the practical limits to substitution[J]. Ecological Economics, 2007, 61: 115-128.

［3］ROAF S, FUENTES M, THOMAS-REES S. 生态建筑设计指南 [M]. 吴小菁，译 . 北京：电子工业出版社，2015.

参考文献

［1］GRAEDEL T E, ALLENBY B R. 产业生态学 [M]. 2 版 . 施涵，译 . 北京：清华大学出版社，2004.

［2］KOSKELA S, DAHLBO H, JÁCHYM J, et al. Reusable plastic crate or recyclable cardboard box? A comparison of two delivery systems[J]. Journal of Cleaner Production, 2014, 69(15): 83-90.

［3］林纯正，刘依德．智能城市与生态设计 [M]．贾丽奇，彭琳，刘海龙，译．北京：
中国建筑工业出版社，2013.

［4］陆钟武．工业生态学基础 [M]．北京：科学出版社，2010.

［5］山本良一．环境材料 [M]．王天民，译．北京：化学工业出版社，1994.

［6］苏达根，钟明峰．材料生态设计 [M]．北京：化学工业出版社，2007.

［7］袁长祥．用能产品生态设计实用指南 [M]．北京：中国标准出版社，2009.

课堂讨论与作业

一、课堂练习与讨论

1.针对某一熟悉的产品，分别假定由两种不同的材料 A 和材料 B 生产，试分析两种产品间的环境影响差异，列出研究提纲。

2.选择某一产品，对比分析销售产品或销售服务之间的环境影响差异，并讨论开展相关研究时应考虑的主要事项，列出研究提纲。

二、作业

基于课堂讨论的产品，借助图书馆文献系统查询一篇选用不同生产材料或销售服务替代销售产品的研究论文，以课堂报告形式分享。要求汇报中体现研究小组预想研究方案、他人实际研究中论文主题与各重点环节间的逻辑关系，并简单对比两者差异。整理成 8～10 分钟 PPT 汇报，下次课程中进行课堂分享。评分标准见表 T10-1。

表 T10-1　课堂小组汇报评分表

选题理由（满分 10 分）	预想研究方案（满分 10 分）	论文分享（满分 10 分）	重点环节（满分 10 分）	评价与感受（满分 10 分）	表达与规范（满分 10 分）	总分

第十一章　为环境而设计（Ⅱ）：生命周期
阶段技术措施

本章重点：产品生命周期各阶段的生态设计技术措施。

基本要求：针对产品生命周期不同阶段，掌握产品生产与工艺、能源使用、包装与运输、废物处置等方面的生态设计技术措施，能够应用生态设计理念来构思新产品或针对已有产品提出改进方案。

第一节　核心议题的提出

上一章在分析产品设计应考虑的因素基础上，引出了为环境而设计的概念。由于构成产品的物质材料对生态环境性能起着非常重要的作用，因此从产品制造材料选择角度，分享了生态材料的概念，并分享了材料选择的原则与材料选择相关技术措施。但材料选择后，还需要一系列材料加工、制造过程，才能形成预期的产品，甚至在产品使用过程以及报废后也会遇到各种各样的技术问题，而这些物质材料的生产转变、使用方法、产品废后处置也都需要面向环境的改善进行预先的生态设计。

本章将按照产品生命周期的经历顺序，从设计角度，依次分享材料生产、能源消费、产品使用、废后处置等主要环节的产品生态环境性能改善技术措施。

第二节　生产工艺的设计与运行

一、生产工艺的概念与组成

从自然资源到形成具有特定服务功能的产品需要一系列资源转变的生产活动，而实施生产活动之前，需要对生产加工过程无论从整体上还是每一个生产工序上都进行设计。由于工序是生产活动的基本单元，在第四章产品生命周期评价中曾被用于收集数据，是生产中能实现某一预期结果的生产过程。生产工序中使各种原材料、半成品成为特定产品或半成品的技术、方法称为工艺，因此针对工序或工艺进行设计也成为生产设计的基础。"工序"与"工艺"都是描述生产过程属性的，但"工序"更侧重实际生产活动，"工艺"则侧重所用方法与技术。

生产工艺的设计将涉及两大要素：一是设计目的，即拟实现的结果；二是采用的技术方法，即如何才能实现既定结果，这通常涉及特定的设备以及连接各设备并发挥其特定专业效能的技术系统。例如，某制冷系统的工艺设计的目的是针对特定大小的房间，获得某一特定的预期温度（如21℃）；为实现这一目的，设计中选用特定容量的制冷系统（如图11-1所示），包括匹配容量适当的压缩机、蒸发器、冷凝器、引风机等机械设备，连接各设备的管道，承载冷量的制冷剂，以及驱动设备运行的配电系统等。在其面向环境改善的设计中，可能针对传统的氟利昂制冷剂，采用氢氟化碳制冷剂 HFC-134a 替代 CFC 和 HCFC 族制冷剂，以避免破坏臭氧层；采用高能效的电机，以提升能源效率；采用智能控制系统，以适应不同用户对房间温度的个性化使用需求，同时起到节能的作用。

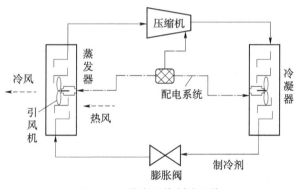

图 11-1　蒸汽压缩制冷系统

针对工艺进行生态设计，就是在传统设计的基础上，找出系统中可能造成环境影响的因素，采用更友好的方法来消除或减少环境影响。这是实现绿色产品生产制造的一个重要环节，是既能提高经济效益，又能减少环境影响的技术方法。

二、绿色工艺设计技术途径

绿色工艺设计主要有以下几个方面的技术途径：

（1）改变原材料的投入方式，尽量就地取材利用资源，同时加大再生资源占比并充分利用具有实用价值的副产品和可回收的废旧产品，在工艺设计中考虑并循环利用各种物质材料。例如，在居民生活区设置污水处理系统，直接将处理后的二次水回送至小区二次水管道，用于环卫、林草灌溉等，从而节省新水，并降低市政污废水处理压力。

（2）改变生产工艺或制造技术。通过对比不同生产工艺的生态环境性能（如表 11-1 所示），发现相同工序下采用不同生产工艺时，可能产生差别巨大的工序能耗。基于这一差别，设计时可从中择优使用环境影响更小的工艺，淘汰效能低下的工艺、设备与技术。例如，使用一些多孔材料来吸收烟气中的 SO_2，以降低 SO_2 大气排放量，还可改善工艺控制方式，如设计出可随生产载荷变化而自动增减容量的智能控制运行模式，以保障工艺系统节能高效运行，从而将原材料消耗量、废物量、能源消耗、健康与安全风险以及对生态环境的损害降到最低。

表 11-1　工序能源单耗等级指标　　　　　　单位：kg 标准煤 /t

等级	粗铜工艺	阳极铜熔炼工艺	阴极铜冶炼工艺	电解精炼工序	铜精炼工艺[#]	火法精炼工序[#]
特级	≤650	≤700	≤950	≤200	≤350	≤165
一级	≤750	≤830	≤1 200	≤250	≤430	≤190
二级	≤950	≤1 000	≤1 400	≤300	≤480	≤210
三级	≤1 200	≤1 400	≤1 700	≤380	≤560	≤240

资料来源：中华人民共和国有色金属行业标准《铜冶炼企业产品能耗》（YS/T 101—2002）。
注：# 固体料（矿铜占 92% 时）。

（3）对所设计的工艺进行生命周期环境影响评价，了解其工艺系统（包括设备、管道、工质、辅助材料等）在建设、使用、报废等生命周期阶段对自然环境中的空气、土壤、水体造成的影响，并根据环境负荷波及的时空尺度，确定其对生物多样性、人体健康和自然资源的影响。基于工艺的生命周期环境影响评价结果，提出改善设计的方案，避免不利于环境的设计付诸生产。对于具有多种不同工艺组成的复杂生产过程，则需要进行整体工艺规划，结合实际生产制造系统的功能需要，尽量规划出物料和能源消耗少、废物少、对环境污染少的工艺方案和工艺路线。

（4）采用易维修、模块化、可升级的生产工艺。生产运行中难免会有设备零部件损坏，在设计工作中应针对易损部件设计便于部件拆卸、更换的连接模式，或使用更加耐用的材料以提高部件使用寿命。对于需求量变化较大的产品，宜进行模块化设计，以便于用户匹配组合。对于运行管理系统，应设计可升级的软件，尽可能地与生产系统技术升级相适应。

（5）整个生产过程的设计中，还要贯彻清洁生产理念，从整个产品生命周期角度进行生产流程设计，通过污染预防，降低环境风险。

（6）设计完成后，针对设计中的生产能力、生产工艺、选用设备、产品和使用的物质材料，逐一进行核对检查，切忌设计中存在已经被列入淘汰目录的生产能力、工艺、设备和产品，以及国际、国内明令禁止使用的物质材料。这里选择我国淘汰目录中的若干示例列入表 11-2，主要是国家经济贸易委员会相继发布的三批《淘汰落后生产能力、工艺和产品的目录》，以及国家发展和改革委员会与国家环境保护总局联合发布的淘汰落后造纸、酒精等行业生产能力的通知等文件。还有淘汰的落后机电设备、技术装备产品的若干示例，分别见表 11-3 和表 11-4。

表 11-2 落后生产能力、工艺和产品淘汰目录示例

淘汰类型	淘汰的名称
落后生产能力	年生产能力小于 1 万 t 的化学制浆造纸生产装置 [#]
	年生产能力小于或等于 50 万条的斜交轮胎，或以天然棉帘子布为骨架的轮胎 [#]
	每分钟生产能力小于 100 瓶的碳酸饮料生产线 [#]
	淘汰年产 3.4 万 t 以下草浆生产装置、年产 1.7 万 t 以下化学制浆生产线；排放不达标的年产 1 万 t 以下以废纸为原料的纸厂 [*]
	酒精行业主要淘汰高温蒸煮糊化工艺、低浓度发酵工艺等落后生产工艺装置，以及年产 3 万 t 以下企业（废糖蜜制酒精除外）[*]
落后生产工艺	小混汞碾提金工艺 [#]
	T100、T100A 推土机 [#]
	含氰电镀（2003 年）[#]
	手工胶囊填充 [#]
	高汞催化剂生产设备（氯化汞含量 6.5% 以上）[X]
	有钙焙烧铬化合物生产装置 [X]
	采用重铬酸盐钝化技术的电解锰工艺设备（2023 年 12 月 31 日）[X]
	采用马弗炉、马槽炉、横罐等进行焙烧，简易冷凝设施进行收尘等落后方式炼锌或生产氧化锌工艺装备 [X]
落后产品	化油器类轿车及 5 座客车（指生产与销售）[#]
	PY5 型数字温度计 [#]
	一次冲水量大于 9 L 的便器 [#]
	用普通天然胶塞作为包装的生物制品、血液制品 [#]
	黄标车淘汰工作专项 [+]

注：[#] 国家经济贸易委员会. 淘汰落后生产能力、工艺和产品的目录（第三批）[EB/OL]. 2002-06-02. http://www.nea.gov.cn/2011-08/18/c_131057676.html.

[*] 国家发展和改革委员会，国家环境保护总局. 关于做好淘汰落后造纸、酒精、味精、柠檬酸生产能力工作的通知 [EB/OL]. 2007-10-22. http://www.mee.gov.cn/gkml/hbb/gwy/200910/t20091030_180714.html.

[+] 环境保护部，公安部，财政部，等. 关于全面推进黄标车淘汰工作的通知 [EB/OL]. 2015-10-12. http://www.mee.gov.cn/gkml/hbb/bwj/201510/t20151014_314984.html.

[X] 工业和信息化部. 限期淘汰产生严重污染环境的工业固体废物的落后生产工艺设备名录 [EB/OL]. 2021-09-23. https://www.miit.gov.cn/cms_files/filemanager.

表 11-3   高耗能落后机电设备（产品）淘汰目录示例

序号	淘汰的落后技术装备名称	淘汰原因
1	JD 型深井泵用电动机	结构陈旧，效率低，堵转转矩低
2	交流弧焊机 BX1-135，BX2-500	20 世纪 50 年代仿苏老产品，体积大，较重，耗材多，性能差
3	配电变压器 SL7-30/10～SL7-1600/10，S7-30/10～S7-1600/10	原材料消耗量大，空载损耗高，负载损耗高，运行可靠性较低
4	振动炉排蒸汽锅炉 KZZ2-13	老式振动炉排锅炉，热效率低，污染严重
5	SD50 系列隧道轴流通风机	效率低
6	小型潜水电泵 QY-7	结构陈旧，电机效率低，水泵效率低
7	B-1.3/15 型空气压缩机	结构陈旧，性能落后，能耗高，效率低
8	制冷机 4AJ-15	产品结构陈旧，体积大，性能指标落后
9	481 柴油机	系仿福格森 20 世纪 50 年代的产品，投产 20 余年未做重大改进。出厂标准燃油耗率高

资料来源：工业和信息化部.《高耗能落后机电设备（产品）淘汰目录（第一批）》公告 [EB/OL].
2009-12-04. http://www.miit.gov.cn/n1146295/n1146592/n3917132/n4061768/n4061782/n4061783/
n4061785/c4169975/content.html.

表 11-4   落后安全技术装备淘汰目录示例

序号	淘汰的落后技术装备名称	淘汰原因	建议淘汰类型	建议限制范围	代替的技术装备名称
1	煤矿井下油浸变压器和油开关等油浸电气设备	绝缘水平和分断能力低，可靠性差，运转费用高，维护量大，绝缘油存在燃烧的危险，且机电硐室内的油浸设备已淘汰	禁止		干式变压器和真空（或空气）断路器
2	S7 动力变压器	安全可靠性差，且原材料消耗量和能耗大	限制	新产品不使用	S9 及以上动力变压器
3	合成氨半水煤气氨水液相脱硫工艺	没有配套硫黄回收装置，工艺过程控制复杂，危险有害因素及不可预见性危险多，自动化控制程度低，安全性差，易发生泄漏、中毒、爆炸、火灾等安全生产事故	禁止		配套有硫黄回收装置的栲胶湿式脱硫工艺
4	爆竹生产的手工混装药	人与药物直接接触，现场存药量大，极易发生燃烧和爆炸，造成人员伤亡	禁止		机械化混装药
5	热处理工艺井式热处理电炉	电炉在"固溶—淬火—回火"转换期间，需要人工将产品用桁车吊出、放入另一个炉中，安全性差	禁止		热处理工艺、燃气连续热处理炉

续表

序号	淘汰的落后技术装备名称	淘汰原因	建议淘汰类型	建议限制范围	代替的技术装备名称
6	未单独设置喷漆间的木质家具制造喷漆工艺	喷漆环节产生的化学毒物容易对其他工艺作业人员产生危害	禁止		设置独立的喷漆间
7	负压氧气呼吸器	使用过程中呼吸器整个系统内的压力是正负交替进行，呼气时系统内的压力高于外界的大气压，而在吸气时系统内的压力会低于外界的大气压，一旦口鼻具松动或脱落，容易造成人员受有害气体伤害，安全性较低	禁止		正压氧气呼吸器

资料来源：国家安全监管总局 . 国家安全监管总局关于印发淘汰落后安全技术装备目录（2015 年第一批）的通知 [EB/OL]. 2015-07-10. http: //www.chinasafety.gov.cn/newpage/Contents/Channel_5330/2015/0717/254848/ content_ 254848.html.

第三节　面向能源效率提升的设计

　　能源在资源转变活动和产品发挥有效功能中起着重要的驱动作用，同时能源消费常与碳排放及其他大气污染物排放密切相关，因此面向能源效率提升开展设计，可收到节能减排的效果。这是为环境而设计的第二个主要技术措施。

一、能源效率若干规律

1. 能源效率的概念

　　在前述生态效率概念基础上，当以能源消耗数量作为产品系统的环境负荷时，生态效率就变成能源效率。换言之，能源效率就是消耗单位数量能源情况下，产品系统所能提供的服务量。能源效率越高，意味着获得相同服务下产品系统所消耗的能源数量越少，或者消耗相同的能源量而获得更多的服务。

　　如果单独考察能量方面的效率，用 E 表示流入某系统的能量，而 U 表示得以有效利用的能量，则该系统的能源效率（e）可表达为

$$e = \frac{U}{E} \qquad (11-1)$$

　　式（11-1）可用作能源效率的定义式。

　　应用中，也常常将系统的产品产量或经济产量作为系统的服务，替代式（11-1）

右侧的 U 来考察系统的能源消耗水平，也称作系统能源效率。可根据研究需要，灵活调整并界定能源效率的概念。

由于能源消费常常与大气污染物排放相关，因此在考察能源效率时，往往也可考察与能源消费相关的环境效率。同学们可在实践中延伸应用。

2. 典型能流模型下的能源效率

由于能源效率是针对某特定系统而言的，而系统又具有多层结构，大到全球人类活动系统，小到某特定生产工序，但任一低层级的系统又是构成更高层级母系统的重要组成部分。不同子系统之间具有内在的物质、能量联系，从而使得整个系统的能源效率也与系统构成、每一子系统的能源效率密切相关。

现实中生产系统的能量流动关系十分复杂，仍可借鉴第三章第四节"产业系统评价"中的计算方法，但各指标的物理含义有所不同，可作为提升能源效率的设计依据。

（1）串联式能量流动模型下的能源效率

当能源"单行道"顺次经过各个生产与消费部门时，称为能量的串联式流动，如图 11-2 所示。

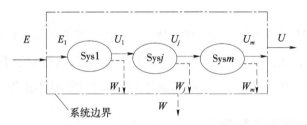

图 11-2   串联式能量流动模型框架

如一次能源（如原煤、石油等）从自然资源系统中开采出来，经过能源加工转变形成电力、热力等二次能源，再经过能量输送、分配，进入终端设备（如灯具、暖气、汽车等）；在终端设备运行中，用户获得预期的特定服务，如明亮的房间照度、舒适的房间温度。整个过程中所经历的每一能源转变或使用过程，都具有特定的能源效率。例如，我国一次能源加工转换效率约为 45%，电动机的效率一般为 75%～92%，大多数终端设备使用中的能源效率在 50%～95%。每个过程的能源效率可表达为该过程 j 的能源产品形成量（U_j）与能源输入量（E_j）的比值，同时该过程的能源输入量 E_j 来自上一个生产过程的有用能量 U_{j-1}，因此该过程的能源效率可表达为

$$e_j = \frac{U_j}{E_j} \equiv \frac{U_j}{U_{j-1}} \tag{11-2}$$

对于整个串联式能量流动系统而言，由于各个过程首尾相接，其总能源效率可整理表达为各过程能源效率的乘积，即

$$e_{串}=\frac{U}{E}\equiv\prod_{j=1}^{m}e_j=\prod_{j=1}^{m}\frac{U_j}{U_{j-1}} \tag{11-3}$$

式（11-3）表示串联式能量流动模型下的能源效率与能量流经的基本过程数量以及各过程的能源效率两个参数有关。因此，提升能源效率既应尽量减少经历的过程数，又要提升每一过程的能源效率。

（2）并联式能量流动模型下的能源效率

当能源"多行道"同时经过不同生产与消费部门时，称为能量的并联式流动，如图 11-3 所示。

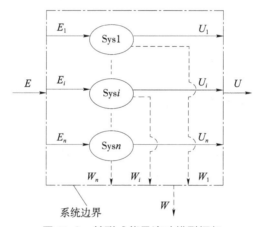

图 11-3　并联式能量流动模型框架

在统计中，常根据各企业隶属的行业进行能源消费、经济产值等的统计工作，从而使得产业系统中各行业间形成并联式能量流动，可采用并联式能量流动模型估算其能源效率。

在并联式能量流动模型下，其任一能流路径（子系统）i 的能源效率仍可表达为式（11-2）左侧等式，只是将下标 j 换为 i。与串联式不同的是，对于整个并联式能量流动系统而言，其有效能量总量、能源总消耗量都将是各能流子系统的和，即

$$U_{并}=\sum_{i=1}^{n}U_i \tag{11-4}$$

$$E_{并}=\sum_{i=1}^{n}E_i \tag{11-5}$$

为了反映并列的某一子系统能量占输入能量总量的比例，定义能源消费结构系

数（φ）：

$$\varphi_i = \frac{E_i}{E} \tag{11-6}$$

且

$$\sum_{i=1}^{n} \varphi_i = 1$$

经推导整理，得到整个并联式能量流动系统的能源效率为

$$e_{并} = \sum_{i=1}^{n} (\varphi_i \cdot e_i) \tag{11-7}$$

式（11-7）表示并联式能量流动系统的能源效率与其结构系数及各子系统的能源效率两个参数有关。若要提升其整体能源效率，既要改善结构，即加大具有较高能源效率的子系统的占比，减少较低能源效率的子系统在整个系统中的占比，又要提升各子系统的能源效率。

二、能源效率改善的设计原理

1. 优先提升能源消费大户、能源效率低的用户的设计

为了开展面向能源效率的设计，首先需要知道能源消费主要发生在哪里。为回答这一问题，通常需要查找能源消费统计数据。根据《中国统计年鉴》的行业能源消费数据，可绘制能源消费的行业构成图，如图 11-4 所示。可见总能源消费中，制造业占据 55%，是目前我国的能源消费大户。

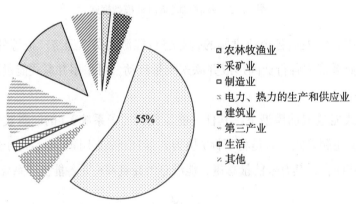

图 11-4　2019 年中国能源消费的产业构成

而对于制造业来说，又进一步由 30 余个工业行业组成，如果进一步查询各行业的能源消费情况，可类似地找到能源消费较高的工业行业。

针对每一能源消费部门，可借助其能源消费、产品产出、经济获益等情况，按

照前面的能源效率计算公式，考察其能源效率状况。通过对不同行业间、不同区域间的能源效率进行对比分析（如图11-5所示），发现同一城市中不同行业的能源效率各不相同，同时不同城市的某一相同行业的能源效率也各不相同，表明通过调整系统结构和改进行业能源效率可整体提升系统的能源效率。基于这样的定量分析，可找出能源效率低的行业部门和区域，从而可进一步挖掘内在原因，提出有针对性的改善措施。

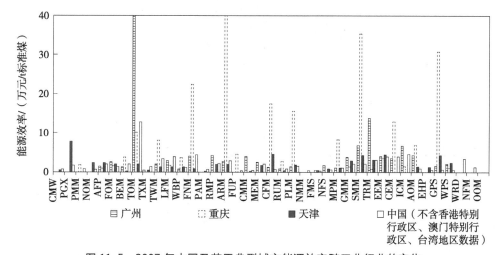

图11-5　2007年中国及若干典型城市能源效率随工业行业的变化

资料来源：MAO J S, DU Y C, CAI H, et al. Energy efficiencies of industrial sectors for China's major cities[J]. Procedia Environmental Sciences, 2010, (2): 781-791.

实际应用中，还常常把除能源消费外的其他因素（如耗水量、矿产资源等）纳入考虑范围，从更多因素角度来调整系统的组成结构和生态效率，综合地提升整个系统的生态效率。

2. 兼顾环境污染物排放，改善能源品种构成

能源中含有的多种物质成分在能源转变中将以各种废物、污染物的形式排放进入环境，特别是大气污染物的排放极大地影响人类生存环境的质量。不同品种的能源含有不同的物质成分，所造成的污染物种类也有所不同，为从能源品种角度改善环境提供了契机。

据统计，煤炭仍在我国能源消费中占据主导地位，如图11-6所示。而相较于其他能源，煤炭的成分更复杂，其燃烧过程可能造成更多的环境污染。表11-5列出了若干主要能源品种的温室气体排放潜力。可见，每获得1 TJ的能量，煤炭或焦炭燃烧将造成约100 Mg CO_2排放，而油类和天然气仅产生50%～70%的排放量。同学们可尝试从能源技术手册中查询不同能源的成分或其他污染物排放系数，从而

估算能源使用中其他类型污染物的排放水平。

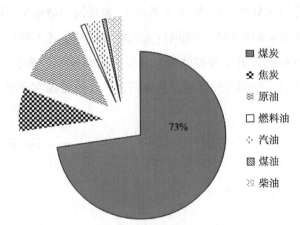

图 11-6　2019 年中国能源消费的能源品种构成

表 11-5　不同品种能源的温室气体排放潜力

能源	$CO_2/(Mg/TJ)$	$CH_4/(kg/TJ)$	$N_2O/(kg/TJ)$
煤炭	98.3	1	1.5
焦炭	107	1	1.5
原油	73.3	3	0.6
汽油	70.0	3	0.6
煤油	71.9	3	0.6
柴油	74.1	3	0.6
燃料油	77.4	3	0.6
天然气	56.1	1	0.1
电能	0	0	0

资料来源：IPCC, 2006. http://www.ipcc-nggip.iges.or.jp/public/2006gl/vol2.html.

上述分析启示设计者，为改善大气质量，应减少化石燃料在能源消费总量中的比例，优先选用污染物含量较少的能源类型。

3. 开展产品生命周期能耗分析，改进高能耗工序的能源效率

能源是驱动资源转变的动力，而资源转变是为了满足人类某一最终服务需求，因此可从服务或产品角度，追溯其生命周期各阶段的能源消费状况，包括消费数量、能源效率等。以金属制品为例，其生命周期中主要包括矿产开采、金属冶炼、零部件加工、产品组装、运输、使用、报废处置等；大量研究表明，在金属冶炼生产阶段消耗的能源数量最多，是设计中最值得关注并精心提升能源效率的环节。通常，针对能耗较大的生产环节，国家已经制定相关技术标准，表 11-6 是针对铅冶炼企业设定的单位产品综合能耗限额。从表中可知，新标准较旧标准的单位产品能

耗降低了 13%～35%，意味着能源效率提升 15%～54%。不同技术标准分别对应着特定的生产能力和生产工艺，在产品系统设计中应尽多采用低能耗的新技术、新工艺。

表 11-6　铅冶炼企业单位产品综合能耗限额　　　　单位：kg 标准煤 /t

工序、工艺	《铅冶炼企业单位产品能源消耗限额》（GB 21250—2007）			现行标准《铅冶炼企业单位产品能源消耗限额》（GB 21250—2014）		
	现有企业	新建企业	先进值	现有企业	新建企业	先进值
粗铅工艺	≤460	≤400	≤330	≤400	≤260	≤250
铅电解精炼工序	≤170	≤140	≤120	≤140	≤110	≤105
铅冶炼工艺	≤650	≤540	≤470	≤540	≤370	≤355

与此同时，设计中优先选用或设计能源效率较高的生产工艺、生产设备和终端产品。如采用热电冷联产技术替代传统的单项生产技术；采用低压钠蒸气放电发光技术制作低压钠灯，替代传统白炽灯；针对产品设计节能运行模式，如尤其避免选用列入高能耗产品淘汰目录中的产品或设备。

4.改善能源管理模式，提高能源效率

伴随现代控制技术进步，大多数工业系统已逐步实现智能控制管理。如供暖、通风与空调（Heating，Ventilation，Air-Conditioning，HVAC）系统通过采用智能控制设备，用户可在房间任选所需温度，而离开房间时，该房间的终端能源设备将停止运行，有效避免了设备按额定功率运转，可节省 HVAC 系统 60%～80% 的能源。

新型工业设备或产品中，也较多地设计了节能运行模式，如日常所用的电脑、洗衣机、电暖器等。通过档位选择或自动识别技术，设备可在低于额定功率的情况下运行，从而节约 30%～50% 的能源。为推动节能产品使用，国家发展和改革委员会还印发了《节能产品政府采购品目清单》，引导消费者选用节能产品。

在能源输送管道设计中，选用隔热性能良好的保温材料，对冷热管道进行保温层设计，避免或减少能源输送过程中的能量散失。在金属资源利用方面，优先开展废金属资源再生，替代原生金属生产，因为废金属再生的能源消耗量通常仅为原生金属生产能耗的 20%～40%。

第四节　产品包装与运输的设计

一、产品包装

完成产品制造后，制造厂家要对产品进行包装，以保证产品安全完整地送达客户手中。产品包装的目的通常有：①保护产品，如防锈蜡纸、防水塑料、防震气泡膜包装等；②方便运输，如瓦楞纸箱、聚氯乙烯贴布革水产袋等；③促进营销，如具有精美外观的礼品盒。产品送达客户手中后，包装产品所用的包装材料就成为包装废物。据统计，包装废物体积约占城市固体废物体积的1/3。因此，对产品包装进行生态设计，将有利于减少产品生命周期的废物排放。

对产品包装进行面向生态环境的改善又称为绿色包装（green package）或环境友好包装（environmental friendly package），是符合环保要求的包装，要求商品包装无害于环境、无害于人类健康。在设计中可以采取以下优先次序选择包装方法：首先尽量不包装，如超市销售的散装水果、蔬菜等；其次尽可能少包装，如大多数家庭日常用品。对于必须进行包装的情况，应遵循以下设计原则：

（1）包装作为产品本身的一个组成部分，避免包装，如冰激凌的包装杯是可食用的冰激凌的一部分；

（2）通过改进老技术或采用新技术，节约和简化包装，避免过度包装，如简化传统食品月饼的包装；

（3）采用可再使用或可循环再生的材料，如大多数啤酒瓶、酸牛奶罐实施再使用模式，而塑料类、纸类大都可循环再生，其再生塑料、再生纸较多地用于制作包装材料；

（4）尽可能采用单一材料，以便包装报废后可直接采用材料再生技术进行循环再生；

（5）必须采用多种材料时，应进行特殊的包装结构设计，使得不同材料之间容易分离，以便废后拆解和不同材料分类再生处理。

二、运输

运输是实现人和物空间位置变化的活动。在人类社会经济活动中，运输贯穿产品的整个生命周期，既有最终产品的运输，也有产品生产过程所需各种物料、能源、零部件、半成品、废弃物等的运输。运输过程不仅占用道路等公共设施，而且需要燃油、电力等能源供应，是影响环境质量的重要环节。

为减少运输过程对环境的影响，设计中应主要考虑以下几个方面：

（1）选择高效、清洁的运输设备和运输方式，如采用新能源汽车、选用大型公共运输工具，以减少运输过程中运输设备或基础设施产生的环境影响；

（2）采取有效设计措施，防止运输过程中物料撒落和泄漏，如建筑施工车辆运送建筑废物时采取建筑垃圾封闭措施，易燃、易爆、易散失的化学材料也都应由专用运输车封闭运输；

（3）针对有毒有害物质制定包装、运输操作规范或标准，设计中使用标准化的运输包装，并在产品说明书上明确运输中应遵循的技术标准和规范，指导运输人员并确保安全。

第五节　面向产品使用的设计

对于有些产品而言，其使用过程中所产生的环境影响是整个产品系统环境影响的主要内容。产品使用阶段的环境影响不可轻视，针对产品使用阶段生态环境性能的改善也是生态设计的重要内容。

进行产品使用阶段的生态设计，要求产品设计者清楚地了解所设计的产品在使用过程中可能发生的一切变化，并努力寻求避免构成产品的物质散失到环境中的方法。通常应考虑以下内容：

（1）避免设计耗散型产品，在耗散型产品使用过程中构成产品的所有物质或部分物质将排放到环境中。常见的耗散型产品包括油墨、涂料、洗涤产品、化妆产品、农药、化肥等。近年来，数码相机一定程度地替换传统胶片相机，激光打印机替换传统的喷墨打印机，电动汽车逐步替换了传统的燃油汽车，大大减少了胶卷、墨盒、汽油等耗散型产品的使用。

（2）对产品使用阶段进行节能降耗设计。充分考虑产品使用过程中的能源消费类型，选择清洁能源；考虑能耗，进行高、中、低多档设计，适应不同运行负荷需求；设计产品节能运行模式和自动关机功能，避免能源浪费。

（3）对产品实施延长使用寿命的设计，借助改善产品结构设计，提高产品易损部件耐用性能，采用模块化设计，促进部件的便捷更换和维修维护，延长产品整体寿命。

（4）设计向社会销售服务来代替销售产品的服务公司。如农业中的病虫害防治技术服务，物业管理中的房屋修缮与维护技术服务，医疗卫生中的防疫检查、身体保健服务等，借助大型的专业化服务，不仅可提高物质材料的使用效率，获得高质量的预期服务，而且可对有毒有害物质进行安全管理。

第六节　面向产品废后处置的设计

产品报废后所形成的废物既是环境废物的主要来源，又是废物再资源化的重要来源。为便于这部分废物重新利用，在产品设计中应对产品的废后处置进行生态设计。

针对产品进行废后处置设计，主要应深入考虑构成产品的各个部件是什么材质，产品报废后各部件间是否便于拆解，不同材质部件或组分间是否容易或怎样分离，这些废物材料怎样归类，如何循环再生，对不能再利用的废物又将如何进行无害化处理，以怎样的形态释放或向环境排放等。在通盘考量的基础上，为便于产品废后处置，生态设计中通常采用以下几种做法：

（1）选用国家标准零件、部件或通用型零部件设计产品，以便产品报废后仍能拆解出可再用（reuse）的部分，用于同类其他产品的维修维护中，减少材料生产与废物处理规模。

（2）开展面向废旧产品的再制造（remanufacture）的设计。近年来，随着国内外再制造技术兴起，设计时应积极尝试将产品再制造纳入其中。再制造是以旧设备或产品（如发动机、轴承等）为作用对象，通过探伤检验、伤损定位、精准修复来实现旧设备性能还原并达到与新设备相同的水平。其中，高分子复合材料在修补设备局部磨损、腐蚀、划痕方面发挥了重要作用。

（3）产品废后处置设计纳入产品设计，在设计产品时增加废后处置办法，并将这些办法与对应的产品部件、材料信息集成于一个产品信息卡，随产品一起生产，并作为产品重要辅助部件随产品到达用户手中，指导用户的废后处置工作。

（4）将产品废后处置设计融入生产者责任延伸（Extended Producer Responsibility，EPR）。生产者责任延伸制度将产品生产者的责任由原来的生产责任延伸到了产品整个生命周期，其中还特别强调了产品报废后的处置。这要求产品设计中直接将废旧物质回收措施、处理办法纳入产品设计。

第七节　面向系统整体优化的设计

前述几项措施都是针对产品生命周期某一特定阶段而言的，每一阶段都是产品系统的重要组成部分。在产品系统运行中，各部分相互制约、共同作用，形成了产品系统的特定结构和服务功能。而任一产品系统又与其他产品系统、外部环境存在着物质、能量、价值、信息等多方面有机联系，共同构成更大、更复杂的服务系统。为了实现人类环境的整体改善，需要从系统论角度，对整个产业系统乃至人类社会经济系统进行整体生态优化设计。

第七章至第九章中讲述了物质人为流动分析方法。应用这一方法，可弄清某一典型金属物质人为流动系统中的生命周期阶段组成、各阶段间的物质定量联系，还能了解相关影响因素对系统的影响，以及系统运行对外部环境的影响。由此可找出改善或优化物质人为流动的技术措施，如开展废物回收再利用，提升循环率；开展清洁生产，应用湿法生产工艺替代传统工艺，减少生产中的污染物排放；采用物质替代，减少有毒有害物质使用规模等。整体上获得预期的社会服务，同时可大幅降低环境影响。

美国化学家 Mario José Molina 曾于 20 世纪 70 年代与同事共同研究臭氧空洞问题，发现某些特定工业气体氯氟碳（chlorofluorocarbon，CFC）会造成臭氧破坏，由此引发了 20 世纪末采取国际行动禁止 CFC 类物质的使用。基于这一对人类的重大贡献，1995 年，Mario José Molina 及其同事共同获得诺贝尔化学奖。

这里也希望同学们针对现有某特定重大环境问题，应用所学，发挥聪明才智，找到优化人类活动系统的科学方法，造福人类。

推荐阅读

［1］BEVILACQUA M, CIARAPICA F E, GIACCHETTA G. Design for environment as a tool for the development of a sustainable supply chain[J]. International Journal of Sustainable Engineering, 2008，1(3): 188-201.

［2］林纯正，刘依德 . 智能城市与生态设计 [M]. 贾丽奇，彭琳，刘海龙，译 . 北京：中国建筑工业出版社，2013.

［3］上海市建筑科学研究院有限公司，中国建筑设计研究院有限公司，同济大学 . 适应夏热冬冷气候的绿色公共建筑设计导则 [M]. 北京：中国建筑工业出版社，2021.

参考文献

［1］DU Y W, SUN G L, ZHENG B W, et al. Design and implementation of intelligent gateway system for monitoring livestock and poultry feeding environment based on bluetooth low energy[J]. Information, 2021, 12(6): 218.

［2］GRAEDEL T E, ALLENBY B R. 产业生态学 [M]. 2 版 . 施涵，译 . 北京：清华大学出版社，2004.

［3］NOCHUR K S. Design for environment: Creating eco-efficient products and processes[J]. Journal of Products Innovation Management, 1997, 14(1): 69-70.

［4］MAO J S, DU Y C, CAI H, et al. Energy efficiencies of industrial sectors for China's major cities[J]. Procedia Environmental Sciences, 2010, (2): 781-791.

［5］GHAZILLA R A R, SAKUNDARINI N, TAHA Z, et al. Design for environment and design for disassembly practices in Malaysia: a practitioner's perspectives[J]. Journal of Cleaner Production, 2015, 108: 331-342.

［6］ROAF S, FUENTES M, THOMAS-REES S. 生态建筑设计指南 [M]. 吴小菁, 译. 北京: 电子工业出版社, 2015.

［7］崔愷, 刘恒. 绿色建筑设计导则——建筑专业 [M]. 北京: 中国建筑工业出版社, 2021.

［8］陆钟武. 工业生态学基础 [M]. 北京: 科学出版社, 2010.

［9］山本良一. 战略环境经营生态设计——范例 100[M]. 王天民, 译. 北京: 化学工业出版社, 2003.

［10］苏达根, 钟明峰. 材料生态设计 [M]. 北京: 化学工业出版社, 2007.

［11］苏晓明. 基于生态理论的低碳节能建筑设计研究 [M]. 长春: 吉林科学技术出版社, 2021.

［12］谭良斌, 刘加平. 绿色建筑设计概论 [M]. 北京: 科学出版社, 2021.

［13］徐玉俊, 韦保仁. 为环境而设计 (DfE) 在室内装饰装修的研究应用 [J]. 中国建材科技, 2011, (4): 75-78, 86.

［14］袁长祥. 用能产品生态设计实用指南 [M]. 北京: 中国标准出版社, 2009.

课堂讨论与作业

一、课堂练习与讨论

1. 为了更好地理解生产工艺，请针对清洗盘子，对比手洗和机洗两种工艺下的环境影响，列出研究方案。这里特别提醒，只需注意清洗盘子这一过程，而非洗碗机或其他设备的整个生命周期。

2. 结合日常生活，列出可能实施的改善环境的行为措施。以某一措施为例，估算实施后可能减少的环境负荷数量。

3. 针对某一备受诟病的产品，提出生态设计方案。

二、作业

基于课堂讨论的诟病产品，查询一篇面向环境设计的研究论文，以课堂报告形式分享。要求汇报中体现研究小组预想研究方案、他人实际研究中论文主题与各重点环节间逻辑关系，并简单对比两者差异。整理成 8～10 分钟 PPT 汇报，下次课程中进行课堂分享。评分标准见表 T11-1。

表 T11-1　课堂小组汇报评分表

选题理由 （满分 10 分）	预想研究方案 （满分 10 分）	论文分享 （满分 10 分）	重点环节 （满分 10 分）	评价与感受 （满分 10 分）	表达与规范 （满分 10 分）	总分

第十二章　产业生态规划管理

本章重点：产业生态管理方法。

基本要求：了解产业调研的目的和基本步骤，掌握辨识产业系统薄弱环节的方法，熟悉企业层面、行业层面、城市层面等不同层面下产业生态规划的基本原理，了解我国现有产业环境管理若干法规与技术措施，引导学生分析产业系统的生态管理改进措施。

第一节　核心议题的提出

为应对环境挑战，产业生态学以产业系统为研究对象，试图借鉴自然生态系统运行规律来寻求减少人类活动对环境的影响的科学方法。前面我们借助产品生命周期评价弄清了环境影响的表现形式、产生环节与成因，又通过物质人为流动分析梳理了不同生产与消费环节的内在物质关系，还从设计角度给出了改善生产与需求的技术措施，形成了产业生态学的主要理论基础，但这些理论如何应用于管理产业系统尚未可知。

本章将从应用管理角度，在获知研究地点产业系统现状的基础上，找到最值得管理的产业子系统，然后应用产业生态学基本原理，从企业、行业、区域三个层面分享产业系统生态规划管理基本方法和规划案例，并分享我国现行管理制度，引导同学们分析所熟悉的产业系统的生态规划。

第二节　识别最重要的产业子系统

产业系统是由多层子系统共同构成的复杂系统，从哪里入手才能尽快地抓住主要矛盾？这需要识别出产业系统中最重要的产业子系统。这里的"最重要"有两方面含义，一是对当地社会经济发展起重要支撑作用，二是在资源环境质量方面起明显的抑制作用。两者都是产业生态管理中需要兼顾并协调的管理要素。从中辨识出的最重要的产业子系统可能是某特定行业，或某特定生产企业，或某特定生产环节，也可能是某特定资源或环境污染物。为获知最重要的产业子系统，主要经历产业系统调研、定量估算和系统辨识三个基本步骤。下面分别叙述。

一、如何开展产业系统调研

开展产业系统调研是了解产业系统现状的第一步。根据所能获得的产业信息，产业系统调研可分为初步调研和现场调研。

1. 初步调研

初步调研是通过现有开放的公共服务系统获取产业系统基本信息的调研方式。常用公共服务系统包括当地政府网站、企业网站、统计年鉴、大气质量报告、行业年度报告、发表的研究性论文或其他文献等。

如《中华人民共和国国民经济和社会发展第十四个五年规划和2035年远景目标纲要》中明确提出"加快发展现代产业体系，巩固壮大实体经济根基"，其中强调了提升产业链供应链现代化水平、推动制造业优化升级、构筑产业体系新支柱、构筑现代能源体系等。又如某地区的政府网站显示，该地区主导产业是软件信息服务、机械装备制造、商务商贸物流。

通过初步调研，基于这些公开信息或数据，开展一般分析，弄清研究区域的主导产业和主要环境问题类型，甚至初步锁定代表性资源或污染物名称。如按照第十一章中"面向能源效率提升的设计"的方法，根据能源消费统计数据，计算得到图11-4、图11-5，从中锁定能源消费大户以及能源效率低的工业行业。又如根据我国开展的全国污染源普查的数据，确定重点关注的污染物类型（如COD、TN、Cr、Cd等）、相关行业和发生地点。

初步调研结果可作为开展现场调研的依据。

2. 现场调研

现场调研是针对初步调研中确定的主导产业和主要环境问题，开赴研究地点，深入相关管理与生产部门（如生态环境局、发展和改革委员会、统计局、水务局、典型企业等），获取定量数据的调研方式。现场调研前应做好调研准备工作，包括：①设计好调研表，明确拟调研的部门和拟获取的产业信息，如表12-1、表12-2调研表示例；②联系相关部门，确定接洽人、接洽时间和调研内容。此外，调研过程中还要注意充分尊重调研部门意愿，遵守企业技术保密制度，尽量将各种干扰减少到最小程度。在没有现成数据的情况下，还可通过现场实测、专家访谈估算等办法获得数据。

表 12-1　针对典型物质 M 的企业调研表示例

单位名称		填表人		职务职称	
主要含 M 的产品					
单位地址		联系方式		填表日期	

生产简述（企业性质、规模等概况）：

工艺流程简图：

主要生产原料及来源（物料投入侧）（原料名称，来自当地、外地、国外，产地或厂家名称）：

主要产品及用户（侧重产品）（中间产品、终产品的下级用户，地名或厂家名称）：

物料流失及去向（侧重含 M 废料、废物 M 含量、M 存在形态）：
废水类：
固体废物类：
废气类：
其他：

物料 M 平衡图（或表）：

其他文件材料：
环保建设资料：
能耗水平：
其他：

表 12-2　针对生产企业或典型生产工序的调研表示例

	物料名称	单位	数量	化学形态或结构	备注
投入项	物质类：				
	水	m³	100		地表水
	能源类：				
	原煤	t	150		

续表

	物料名称	单位	数量	化学形态或结构	备注
产出项	主产品				
	钢锭	t	70		
	副产品				
"三废"排放	固体废物				
	钢渣	kg	50		
	废气				
	SO_2	kg	0.02		
	废水				
	含铬废水	m^3	12	Cr 浓度为 0.01×10^{-6}	
	其他				
未尽事宜联系人：　　　　　　手机：　　　　　　　电子邮箱：					

二、定量估算方法示例

定量估算的目的是获得表征产业系统运行水平管理指标的定量数据，涉及管理指标的选取和估算方法。管理指标的选取与估算都基于产业生态学基本理论，包括前面所阐述的应用 LCA 方法获得环境影响定量结果，以此作为确定重要生命周期阶段或工序的依据；应用 MFA 方法获得物质人为流动中各股流动的定量结果，以此作为锁定资源消耗或污染物排放重点环节的依据。这里分享从产业系统结构组成角度来进行定量估算的方法。

1. 产业系统与外部环境间关系理论分析

第一章中我们学习了产业系统及其组成。第十一章中曾针对能源，分析了产业系统中能源总消费和总能源效率随能源消费结构系数、能源效率的变化关系。考虑产业系统统计工作中，大多以企业为统计单元，分别统计其产品品种与产量、经济产出量、资源与能源消耗和各种环境废物、污染物排放数量，并将统计数据按企业的属性归类到某特定行业，从而形成各行业的社会经济与资源环境统计结果。因此，产业系统与外部环境之间的关系可通用性地表达为图 12-1。尽管图 12-1 与图 3-7、图 11-3 十分相似，但所针对的研究对象、问题等不同，应注意区分。

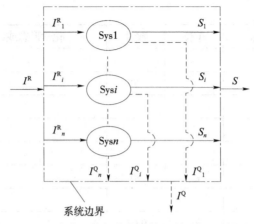

图 12-1   产业系统与外部环境间关系通用性框架

图 12-1 中，I 表示环境负荷，反映产业系统对外部环境系统产生的影响大小；又进一步采用上标符号 R 和 Q 分别表示资源消耗和环境废物、污染物排放，表征环境负荷的类型；下标符号 1、i 和 n 分别表示第 1 行业、任一第 i 行业和第 n 行业的行业识别编号，n 还表示行业总数。与此同时，S 表示服务量，反映产业系统向社会经济提供的服务数量，可表达为产品实物产出量，也可表达为经济方面的增加值。

不难看出，针对任一种环境负荷或服务，产业系统的总量与其构成行业间总是存在如下关系：

$$I = \sum_{i=1}^{n} I_i \qquad (12\text{-}1)$$

$$S = \sum_{i=1}^{n} S_i \qquad (12\text{-}2)$$

每一行业的某属性（包括环境负荷类、服务类）参数 X 分量占产业系统总量的比例称为该行业在该属性方面对产业的贡献率，反映该行业在产业系统中的贡献水平，以及在该属性方面的行业结构，又称作行业结构系数，以 φ 表示，即

$$\varphi_i = \frac{X_i}{X} \qquad (12\text{-}3)$$

且

$$\sum_{i=1}^{n} \varphi_i = 1$$

经推导，关注行业的环境负荷类结构系数 φ^I 时，产业系统的生态效率为：

$$e = \sum_{i=1}^{n}\left(\varphi_i^{\mathrm{I}} \cdot e_i\right) \qquad (12\text{-}4)$$

而关注行业的服务类结构系数 φ^{S} 时，产业系统的生态效率则变为：

$$e = \left[\sum_{i=1}^{n}\left(\varphi_i^{\mathrm{S}} \cdot e_i^{-1}\right)\right]^{-1} \qquad (12\text{-}5)$$

式（12-4）、式（12-5）表示产业系统的生态效率与行业结构系数、关注的属性、行业生态效率等参数有关。值得注意的是，在特定属性方面，某行业在产业系统中的占比越高，意味着在该属性方面贡献越大，在该属性管理中应予以重视；同时，某行业在特定属性方面的生态效率越高，意味着技术水平较其他行业更高，在结构调整中可加大其份额，如果其生态效率高于国家层面该行业的生态效率，则可向生态效率低的其他地区推广其技术。反之，则需重点关注，开展技术革新。

2. 定量分析结果示例

在图 12-1 框架下，产业系统的环境负荷和服务水平是产业系统生态改善的"抓手"，而各行业在这两个方面的结构系数不仅反映行业在目标属性方面的贡献水平，还影响整体生态效率水平。依此，可定量分析特定区域行业贡献水平，从中找出重点关注的工业行业。

例如，在所参加的某城市水生态安全保障研究中，选择了新水消耗、能源消耗作为工业系统的环境负荷，选择各行业的工业增加值作为经济产出，同时还考虑了用水付费，基于统计数据获得了各行业对工业总量的贡献水平定量结果，如图 12-2 所示。

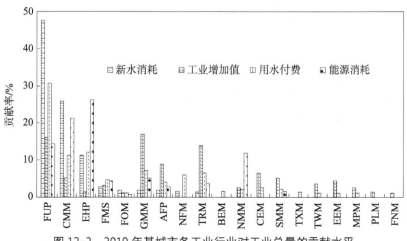

图 12-2　2019 年某城市各工业行业对工业总量的贡献水平

三、辨识重要行业

1.定量结果分析示例

由图 12-2 可知，不同行业在不同环境负荷或服务属性方面的贡献水平差异巨大。在新水消耗方面，取水量最大的行业一是以代码 FUP 表示的石油加工、炼焦及核燃料加工业，占工业取水总量的近 50%；二是以代码 CMM 表示的化学原料及化学制品制造业，约占工业取水总量的 25%；三是以代码 EHP 表示的电力、热力的生产和供应业，占工业取水总量的 11%。上述这些合计约占工业取水总量的 85%。然而，在能源消耗方面，有四个工业行业的贡献率超过 10%，包括 EHP、CMM、FUP 和非金属矿物制品业（NMM），贡献率分别为 26%、21%、14% 和 12%。因此，这四个工业行业的能源总消费占工业能源总消费的 73%。以类似的方法可找出在工业增加值、购水付费等方面的重要行业。

2.筛选重要工业行业示例

由于各个行业在不同性能方面的表现各异，需要在不同性能间进行权衡。为此，研究者通常结合当地发展需求，面向政府管理者、技术专家、社会公众等设计调查问卷，征询其对不同性能的重要程度的意见，借助打分结果，设定不同性能的权重，从而估算不同行业重要程度等级。例如，综合考虑各工业行业在资源消耗和经济中的地位，分别按新水消耗、能源消耗和工业增加值分配权重，得到各工业行业的综合贡献率，从而筛选出重点工业行业，如表 12-3 所示。依据表 12-3 中的重要工业行业，可进一步开展行业生态升级技术改进等工作。

表 12-3　某城市工业行业重要等级筛选结果

重要程度排序	行业名称	综合贡献率 /%
1	石油加工、炼焦及核燃料加工业（FUP）	26.0
2	化学原料及化学制品制造业（CMM）	17.5
3	电力、热力的生产和供应业（EHP）	12.9
4	通用设备制造业（GMM）	7.9
5	交通运输设备制造业（TRM）	6.3
6	非金属矿物制品业（NMM）	5.0
7	农副食品加工业（AFP）	4.4
8	黑色金属冶炼及压延加工业（FMS）	3.4
	总计	83.5

注：按新水消耗、能源消耗和工业增加值分别占 1/3 赋权计算行业贡献率，并选出累计贡献已超过 80% 的行业。

四、其他常用筛选方法示例

1. 示例 1：借助污染源普查确定重点污染物和重点领域

防污治污是环境管理的工作重点之一。污染源普查是弄清有哪些污染物、污染物来自哪些部门等问题的重要方法。

我国已于 2007 年、2017 年分别开展了两次全国污染源普查。从 2007 年的普查结果中确定了我国重点污染物及其排放数量：废水中化学需氧量为 3 028.96 万 t，氨氮为 172.91 万 t，重金属为 0.09 万 t，总磷为 42.32 万 t，总氮为 472.89 万 t；废气中二氧化硫为 2 320.00 万 t，氮氧化物为 1 797.70 万 t，烟尘为 1 166.64 万 t，工业粉尘为 764.68 万 t；工业固体废物为 4 914.87 万 t；工业危险废物为 3.94 万 t。同时还锁定了我国重点污染物的源头工业领域：造纸、纺织等 8 个行业的 COD、氨氮排放量分别占工业排放总量的 83% 和 73%；EHP、NMM 等 6 个行业的二氧化硫、氮氧化物排放量分别占工业排放总量的 89% 和 93%。在此基础上，我国有的放矢地实施了一系列防污控污措施，使得环境整体状况得以改善。

2017 年的全国污染源普查结果显示，全国各类污染源有 358.32 万个（不含移动源），其中广东、浙江、江苏、山东、河北五省各类污染源数量占全国总数的 52.94%。从各类污染源的排放情况来看，全国水污染物中，排放化学需氧量 2 143.98 万 t、总氮 304.14 万 t、氨氮 96.34 万 t；大气污染物中，排放氮氧化物 1 785.22 万 t、颗粒物 1 684.05 万 t、二氧化硫 696.32 万 t。整体来看，多项污染物排放量较 2007 年明显减少。从行业来看，金属制品业、非金属矿物制品业、通用设备制造业、橡胶和塑料制品业、纺织服装服饰业等五个行业的污染源数量占全国工业污染源总数的 44.14%，这些行业成为后续管理的重要行业。

2. 示例 2：筛选重点工业行业

在区域环境管理中，常常需要权衡经济发展与环境保护，而经济发展和环境保护又都与当地民生密不可分。这种情况下，可借助专家评议、公众参与等机制，选出关注的社会经济与环境保护事项，并对各项事务赋权打分，然后对相关行业部门进行排序，筛选出重点工业行业。

例如，在某流域筛选重点工业行业的生态规划中，经过调研，选择了工业增加值、新水消耗、废水及其污染物排放三大影响因素，并确定了以上三类要素的权重分别为 0.3、0.3、0.4（废水排放量、COD 排放量、氨氮排放量各占 0.13），对各工业行业按排序赋分加权，确定出该流域十大工业行业，如表 12-4 所示。该十大工业行业在工业增加值、新水消耗量和氨氮排放量方面分别约占该流域总量的 75%

左右，而在废水排放量和 COD 排放量方面均约占 92%，是该流域环境管理的重点
工业行业。

表 12-4   重点工业行业筛选示例

	工业增加值 / 亿元	新水消耗量 /10^6 t	废水排放量 /10^6 t	COD 排放量 /万 t	氨氮排放量 /t
某子流域	448.60	106.41	67.35	1.77	96.05
造纸及纸制品业	39.34	36.09	29.17	1.62	0.08
化学原料及化学制品制造业	30.02	5.83	2.05	—	8.53
交通运输设备制造业	80.27	2.86	2.44	—	—
纺织业	30.36	22.97	17.85	—	—
电气机械及器材制造业	74.32	1.98	1.03	—	—
皮革、毛皮、羽毛（绒）及其制品业	13.58	9.75	7.67	—	57.02
橡胶制品业	13.38	1.26	0.95	—	—
非金属矿物制品业	18.72	0.42	0.15	—	—
化学纤维制造业	7.05	0.69	0.28	—	—
通信设备、计算机及其他电子设备制造业	25.66	0.57	0.48	—	3.90
十大行业总量	332.7	82.42	62.07	1.62	69.53
十大行业占比 /%	74	77	92	92	72

资料来源：毛建素，徐琳瑜，李春晖，等 . 循环经济与可持续发展型企业 [M]. 北京：中国环境出
版社，2016。

3. 示例 3：调查问卷法

在无可得数据情况下，还常常选择各方人员关心的环境事项，设计调查问卷，
请研究区域当地相关人员进行打分。

如某科技支撑项目中，将生态环境问题分为环境污染、资源短缺和生态破坏
3 个类型。通过实地勘察当地采煤塌陷区、产业集聚区、热电厂等敏感区，分析该
地社会经济发展规划、生态环境保护规划、城市总体规划纲要专题研究报告、矿产
资源规划、工业战略支撑产业发展规划等材料，初步确定了该地生态环境问题种类
及其可能成因。如环境污染型问题包括水污染、大气污染、土壤污染、固体废物污
染等；资源短缺型问题包含水资源短缺、能源短缺、土地资源短缺、森林资源短缺

等，但孰轻孰重，尚未可知。为此设计调查表，如表 12-5 所示。

表 12-5　某地可能的生态环境问题及成因调查

类型	生态环境问题细类	专家打分1	可能的形成原因	专家打分2
环境污染型	大气污染		燃煤率高	
			交通运输	
	水污染		工业废水	
			畜禽养殖	
			工业废渣液	
			农药、化肥	
	固体废物污染		工业固体废物的堆积	
			生活垃圾排放	
			工业危险废物	
			污泥堆积	
	土壤污染		工业"三废"排放	
			农药、化肥施用	
			养殖业	
资源短缺型	水资源短缺		用水量大	
			水资源的污染	
			生活用水量增加	
			农业用水量大	
	森林资源短缺		乱砍滥伐	
			旅游用地	
	能源短缺		能源消耗量大	
			能源利用率低	
			煤炭开采条件差	
	矿产资源短缺		需求大	
			城市化发展加速	
	土地资源短缺		建设用地集约利用水平不高	
			耕地破坏	
			农村居民点用地粗放	

续表

类型	生态环境问题细类	专家打分1	可能的形成原因	专家打分2
生态破坏型	地下水漏斗		煤炭开采	
			工业用水量增加	
			生活需水量增加	
	地表塌陷		煤炭开采	
			矿山开采	
	植被退化		煤炭开采	
			矿山开采	
			旅游业发展	
	水土流失		矿山开采	
			煤炭开采	
			旅游业发展	
	全球变暖		化石燃料的燃烧	
			土地利用变化	
			森林破坏与锐减	
	生物多样性减少		乱捕滥杀	
			乱砍滥伐	
			人口增长快	
			旅游业发展	
			围滩造田	

注："专家打分1"为专家针对生态环境问题的严重程度，从重到轻按照100～0打分，分数越高，表示生态环境问题越严重。"专家打分2"为专家依据形成原因的主次性，从主要到次要按照100～0打分，分数越高，表示该形成原因对于此类生态环境问题的影响越大。

设计主要生态环境问题调查问卷及生态环境问题主要形成原因调查问卷，邀请政府类、科研类专家参与问卷调查，选定若干个主要的生态环境问题及其对应的成因。其中，政府类专家来自拟调查城市环境保护局污控科、生态科、开发科、计划科、监察大队等；科研类专家为相关高等院校的教授、博士研究生及专业科研机构的研究人员。

主要生态环境问题调查问卷是基于生态环境问题的严重程度，从很严重到很轻，按照100～0打分，即表12-5中的"专家打分1"，并将最后的结果进行加权；分数越高，表示生态环境问题越严重，结果如表12-6所示。

表 12-6　基于问卷调查的某地生态环境问题严重程度评价结果

序号	生态环境问题	总分数	序号	生态环境问题	总分数
1	大气污染	72.7	9	能源短缺	54.5
2	水污染	72.7	10	矿产资源短缺	49.1
3	地表塌陷	70.9	11	土地资源短缺	49.1
4	固体废物污染	65.5	12	植被退化	47.3
5	水资源短缺	63.6	13	水土流失	45.5
6	地下水漏斗	61.8	14	全球变暖	41.8
7	土壤污染	60	15	生物多样性减少	32.7
8	森林资源短缺	58.2			

考虑需要重点识别并针对当地的主要生态环境问题，研究者选定了前面 9 种总分数大于 50 的生态环境问题，设计调查问卷，并邀请同一批政府类、科研类专家，基于形成原因与生态环境问题的主次关系，从主要原因到无关原因，按照 100～0 打分，并将最后的结果进行百分制加权；对于同一种生态环境问题，分数越高，代表该形成原因对生态环境问题的影响力越大。

可以看出，每个生态环境问题多个可能形成原因的得分差距较大，如引起水污染的形成原因中，工业废水得分为 63.6，农药、化肥得分仅为 40.9。因此，在综合考虑的前提下，为增强所建立指标体系的针对性，仅选择了表征每个生态环境问题的前 2 个形成原因，作为指标体系建立的基础。

第三节　企业生态管理

现在让我们在了解企业角色的基础上，探讨如何依据产业生态学原理在企业层面进行生态管理。

一、企业的角色

本书第三章中分享了"企业"的定义，企业是"从事生产、流通或服务活动的独立核算经济单位"，是从经济学角度界定的。从系统论、生态学角度来看，企业是构成产业系统的基本单元，与相邻其他产业部门、社会经济和资源环境间存在着物质、能量、价值等多方面的内在联系。主要表现为：①从社会经济角度来看，人类社会生活和经济生产中所需的各种产品或服务大都是从产品生产企业或服务企业购买得来的，因此企业扮演着产品或服务的提供者角色，其也是经济活动的基本实体单位。②从资源环境角度来看，企业承担着将资源转变为特定产品或服务的功能，在其转变中又消耗化石能源等自然资源，是自然资源的消费者；与此同时，资源转变过程中未能进入预期的产品且又不能被其他部门使用的物质和能量将以废物、污染物形式释放进入环境系统，企业是环境污染物的源头排放者。③从人类活动与外部资源环境间作用关系来看，企业以物质流、能量流、价值流等方式，连接起社会经济与资源环境之间的内在联系，承担着两者联系的"中介"作用，又是产业系统内部的基本组分，在系统内部物质、能量、价值关系网中起着"枢纽"或"节点"的作用，是开展定量分析的基本单位。

现实中常常见到，某地资源面临枯竭时，可追溯若干相关资源的开采企业；某地环境污染严重时，又可溯及若干特定的环境污染物排放企业。这意味着，要想推动可持续发展战略，实施产业系统升级改善，需要针对企业进行生态管理。

二、生态管理对企业的要求

由于企业是连接产业系统各组分基本关系的枢纽，因此产业系统的生态进化对企业有一些要求，主要包括以下几个方面：

（1）要求企业生产环境友好的产品或服务。如前所述，企业向社会提供某特定产品或服务；对企业进行生态升级，首先就要求企业能向社会提供环境友好的产品或服务，即生产过程和产品本身具有节能、节水、低污染、低毒、可再生、可回收等性质的一类产品或服务，又称作绿色产品或绿色服务。以产品的环境友好属性赢取用户，获得市场竞争力。

（2）要求企业优化其与其他企业、行业间的基本关系。传统企业较多地关心自身生产的品种、生产技术、物流供应、销售渠道，而较少考虑与当地其他企业间的物质、能量等内在联系。对企业进行生态升级，要求企业应用产业生态学原理，建立与其他企业间的产业链、产业生态网络，通过产业共生、废物交换等，实现资源、能源的高效利用，减少企业废物排放。

（3）要求企业将环境绩效纳入企业管理范围。传统企业较多地关心企业经济效益和向社会提供的服务，而轻视环境方面的影响，而产业系统的生态建设要求企业将其运行中的环境影响纳入管理范围，不仅包括其生产产品的全生命周期，而且包括其所用的生产工艺、设备、基础设施的全生命周期，减少一切环节可能造成的环境影响。由此，企业的管理领域范围从经济效益和社会效益两类扩展为社会服务、经济效益和环境效益三类。

三、企业生态管理措施

为达到前述的生态管理基本要求，企业内部势必需要开展一系列生态管理改革，涵盖企业文化、产品认证、管理机制等诸多方面，这些方面都对企业生态升级管理具有重要指导作用。这里分享若干典型措施，供同学们参考。

1. 企业文化改革

企业文化反映着企业发展理念，是形成员工凝聚力并打造企业社会形象的基础。为促进企业生态升级，首先需要企业管理者充分认识生态文明建设的重要性，然后选择具有生态环境专业背景、熟悉企业生产过程并愿意承担风险、锐意带领企业生态改革的员工进入企业管理团队。针对企业员工开展生态管理进行研讨和培训，引导员工树立生态环境保护意识，并积极学习生态管理基本理论，形成面向社会、经济和环境三方共赢的新的企业文化氛围。引导员工在各自工作岗位上，从设计角度、生产角度、物料供应、废后处置、产品销售等不同角度，辨识环境不利因素，并挖掘可能实施的生态改善措施。

2. 开展 ISO 14000 环境管理认证

20 世纪下半叶全球范围内开展绿色革命以来，各国构建了环境管理国家标准体系，且 ISO 已陆续颁布几十项国际标准，包括环境管理体系（Environmental Management System，EMS）ISO 14001～ISO 14009、环境审核（Environmental Auditing，EA）ISO 14010～ISO 14019、环境标志（Environmental Label，EL）ISO 14020～ISO 14029、环境绩效评价（Environmental Performance Evaluation，EPE）ISO 14030～ISO 14039、生命周期评价（Life Cycle Assessment，LCA）ISO 14040～ISO 14049、物流成本审计（Material Flow Cost Accounting，MFCA）ISO 14050～ISO 14059、温室气体管理相关事宜（Greenhouse Gas Management and Related Activities）ISO 14060～ISO 14069、水生态足迹（Water Footprint）ISO 14070～ISO 14079 等。这些国际标准针对当今环境重要议题，系统地规定了环境管理中所用术语、环境审核的方法、评估结果的表达等。ISO 14000 系列标准是指导各类企业取得良好环境绩效的重要依据。

3. 绿色产品与环境标志

绿色产品是指生产过程及产品本身具有节能、节水、低污染、低毒、可再生、可回收等性质的一类产品。绿色产品符合可持续发展原则，也是绿色科技应用的最终体现。

为促进绿色产品的广泛应用，各国政府规定了绿色产品的认证管理模式，对于符合可持续发展原则，按照特定生产方式完成生产过程的绿色产品，在通过国家产品管理专门机构的认定后，可授权使用环境标志。

环境标志与绿色产品密不可分，环境标志是绿色产品认证结果的表现。环境标志又称"生态标志""绿色标志""环境标签"等，是由政府环境管理部门依据有关的法规、标准，向一些商品颁发的一种张贴在产品上的图形，用以标识该产品从生产到使用以及回收整个过程都符合环境保护的要求，对生态环境无害或危害极小，并易于进行资源的回收和再生利用。应用中，可通过观察某产品是否标有环境标志来辨认该产品是否属于绿色产品。

4. 生产者责任延伸（EPR）

为促进环境整体改善，将企业的责任由原来单纯的产品设计和生产责任，延伸到产品的维护或报废回收及废物处理等方面，称为生产者责任延伸。借助生产者责任延伸制度，要求企业对其生产产品承担全生命周期的环境保护责任，在服务社会的同时履行保护环境的义务。生产者所应承担的责任包括：①生产无毒无害产品责任。在 2016 年国家发展改革委、中宣部等部门联合发布的《关于促进绿色消费的指导意见》中指出"健全生产者责任延伸制，推动生产企业减少有毒、有害、难降解、难处理、挥发性强物质的使用"。②负责产品的回收与利用。可由生产者设置专门的产品回收与再生部门来完成废弃物循环再生，也可以将该责任分派给第三方，比如由销售商回收废后产品，生产者仅负责循环利用。③信息责任。生产者有义务在产品说明书或产品包装上说明商品的材质及回收途径等事项。在《关于促进绿色消费的指导意见》中要求企业主动披露产品和服务的能效、水效、环境绩效、碳排放等信息，推动实施企业产品标准自我声明公开和监督制度。④分担废弃产品的回收处置费用。可根据回收企业处理废弃物的成本、处理速度、处理能力和生产者的产品产量等因素决定，按比例在生产者和回收者之间进行分配。

第四节　功能区域层面产业生态管理

为便于统一管理，常常根据资源环境条件和社会经济发展状况，将某地在空间上划分成不同的功能区，如居民区、文化区、工业区。这使得同一区域内的产业系统具有某些共同属性，也为提升其生态管理水平提供了重要条件。这里以工业区为例，分别针对工业园区和行业体系，分享生态规划管理措施。

一、生态产业园

最著名的生态产业园坐落在丹麦卡伦堡。规划生态产业园，通常将辨识该地区最重要的物质，然后根据物质流动分析，将使用同种物质的不同工厂连接起来，然后顺次核查，从资源供应到加工，再到产品使用，以及寿命终结后的处置。以便把不同工厂组织起来，形成一个生态产业系统。

1.什么是生态产业园？

较小的区域尺度上，产业系统通常由特定工厂主导。如果以某特定主导企业为核心，根据生态系统中物质循环或能量流动原理，把其他相邻的工厂或企业连接起来，形成资源共享、副产品或废物互换的产业共生关系，则可称其为生态产业园（Eco-Industry Parks，EIPs）。在企业运行中，园区主导企业的废物或副产品将成为另一家企业的原料或能源，甚至一定程度上实现物质资源在园区内的闭环循环利用、能量梯级利用，同时获得环境废物量的最小化。

生态产业园中的产业共生与自然生态系统中物种间共生的最大区别是两者的成因不同：自然生态系统中物种间的共生是物种自然进化的结果，而产业共生多通过产业生态规划形成，也有园区是在市场机制作用下形成的。但经过生态规划形成的生态产业园对环境更加友好。

2.生态产业园有哪些构建模式？

从国内外的实践来看，通常有以下几种模式来构建生态产业园。

（1）企业主导型：以原有某企业或几个企业为核心，吸引产业生态链上相关企业入园来建设的生态产业园区，如最经典的丹麦卡伦堡生态产业园（详见"生态产业园示例"）；或者以企业集团为主，集团内部企业根据工业生态学和循环经济原理建成的生态产业园区，如中国某石化企业集团所建生态工业园，形成了磷铵副产磷石膏制硫酸联产水泥、海水"一水多用"、盐碱电联产三条高相关度的生态产业链。

（2）产业关联型：将关联度较高的相关产业以生态的观念联合在一起，充分发挥互补效应的园区。如以加强农业与工业之间的产业关联、促进可持续工农业发展为主的农业生态产业园。在中国广西某地形成了以甘蔗制糖为核心，"甘蔗—制糖—废糖蜜制酒精—酒精废液制复合肥"以及"甘蔗—制糖—蔗渣造纸—制浆黑液碱回收"等产业生态链，就是按这一模式建设的生态产业园。

（3）改造重构型：在原有的工业园区、高新技术园区的基础上进行改造，重新构架，创建生态企业集聚的升级生态产业园。

3.生态产业园示例

以丹麦卡伦堡生态产业园为例。如图 12-3 所示，该生态产业园围绕卡伦堡已有火电厂、炼油厂、石膏板厂和制药厂等几个核心企业，借助物质交换或能源梯级利用，在卡伦堡城市层面形成了煤、粉煤灰、硫等资源的充分利用和蒸汽、余热等能源的梯级利用，也因此成为生态产业园的经典案例。

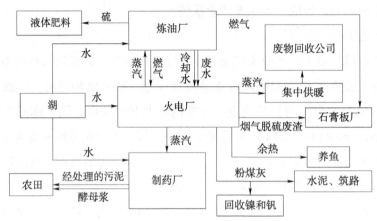

图 12-3　丹麦卡伦堡生态产业园的资源流

二、生态产业体系构建

1.生态产业体系规划方法

对产业体系进行生态规划是实现区域产业生态进化的重要途径，也是付诸实施的工作基础。生态产业体系规划是根据生态学中的物质循环原理，结合特定区域的产业系统中的物质流动状况，构建以优势产业或主导产业为核心，以现有上下游产业为枝干的产业网络体系，促进区域产业在物质流动方面向封闭循环理想状况演进的技术手段。

规划生态产业体系，首先需要对研究区域的产业体系进行深入的调研，了解当地的优势产业或主导产业，以及这些产业的主要物质来源、物质流动过程、产业技术水平；了解所用资源在当地的资源支撑能力和环境容量状况。其次，分析物质在整体产业系统中不同生命周期阶段、不同产业子系统之间的流动关系，包括流动方向、数量分配、形态转变、空间转移等，并找出其中的不和谐环节（如在物质流方面产业之间的断点）和因素（如数量上不匹配）。再次，通过引进新型产业、弥补生态产业网络缺陷，提高区域产业间的关联度；适当调整各行业生产规模，促进资源利用的合理分配；通过产品维修与维护手段，促进产品再使用，延长产品的使用寿命，降低产业系统对物质原料的消耗强度；通过报废产品的拆解和部件回用，减少物质原料的消耗量；通过废物再资源化，减少废物排放量和自然资源消耗量。整体上实现"少投入、高产出、低排放"、与外部资源和环境系统协调共融的效果。最后，在构建的生态产业体系框架下，对优势产业的主要物质和产品进行系统管理，包括"为环境而设计"（Design for Environment，DfE）、产品开发与功能替代、绿色制造、EPR、绿色包装与输运、产品报废后的回收及再资源化等。由于产品不同生命周期阶段分属不同的管理部门，因此要求根据规划的生态产业系统，重新整合管理体系，提升综合管理水平。

与生态产业园相比，生态产业体系往往在比生态产业园尺度稍大的区域层面上开展，因为生态产业体系需要多个不同的企业之间形成产业共生，可在城市尺度上或者城市某功能区尺度上开展建设工作。

2. 生态产业体系示例

以笔者所承担的某城市生态产业规划项目为例。

通过前期调研，发现电子通信业是该城市的支柱产业之一。在构建电子与信息服务生态产业体系中，以某笔记本电脑生产企业为核心，以原有电子工业为基础，联合信息服务业，同时延伸电子工业在其产品使用期间的维修服务功能，补充电子产品的报废回收、用后处置产业，共同构成电子产品的"半生命周期"产业体系。如图 12-4 所示。

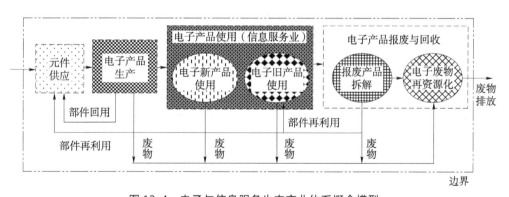

图 12-4　电子与信息服务生态产业体系概念模型

来源：毛建素. 城市生态产业规划研究 [R]. 北京：北京师范大学，2006。

图 12-4 表示，完善的电子与信息服务生态产业体系主要包括电子元件供应、产品生产、产品使用、报废与回收等生命周期阶段。图中采用颜色的深浅程度表示现有产业的完善程度，颜色越深，代表相关产业部门的发育越完善。这个概念模型为下一步提出建设与管理措施提供了重要依据。

若根据电子产品的类别进一步细化，图 12-4 还可分解出计算机与网络产品链、通信等资讯产品链、数字技术产品和"多位一体"的家用智能中心产品链。

第五节　城市层面产业集群构建

城市具有较大的空间尺度和较长的发展历史，也具有更为繁荣的产业系统，为更复杂的生态产业体系构建与产品群落构建提供了契机。下面结合笔者曾承担的某城市生态规划工作进行分享。

一、城市层面的产业共生体系规划

通常，城市产业系统由多种主导产业组成，还涉及更多资源、能源种类。在这种情况下，为促进城市产业生态升级，常常规划更为复杂的生态产业共生体系。

类似地，规划复杂生态产业共生体系仍是按照生态学原理，将物质、能量联系密切（流量大）的企业按照产品生命周期过程或物质人为流动过程连接起来，形成相互交织的产业链、产业网状关系，整体上实现多种资源的高效利用和废物量最小化。

如在笔者承担的某城市生态产业规划项目中，经调研，该城市在矿产资源、工业产业基础等方面具有显著优势。其中在矿产资源方面，具有较丰富的铁矿、有色金属矿、稀土矿、煤矿等资源，而在工业产业中，有钢铁加工制造、煤化工、稀土采掘等主导与特色产业。为此，规划设计了该城市的产业共生体系，如图 12-5 所示。

图 12-5 显示，该规划中具有钢铁产业和稀土产业两个主导产业链，有色金属和煤化工两个辅助产业链，同时煤炭还用于能源转换，向各类生产企业提供能源动力，形成能源梯级利用系统。整体上，钢铁、有色金属、稀土、煤等多种资源支撑着金属加工制造业，形成了复杂的产业共生关系。

在此框架下，结合当地发展现状，辨识已有产业、待建产业。基于已有的实力强大的金属制造业，确立重点打造钢铁产业及其延伸产业的物流产业链；针对当地丰厚稀土资源的利用尚未完善的情况，确立了加大稀土产业科研开发力度，在经过充分的技术经济论证和风险预防基础上，建议审慎、适度地发展稀土物流产业链。

二、城市层面的产品群规划

伴随城市产业生态系统的成熟发展，最终城市层面将获得更为丰富的产业产品或社会服务。而这些产品或服务间势必有着千丝万缕的内在的物质与能量联系。如果将产业共生体系中生产的产品集聚起来，则形成该区域的产品群，图 12-6 所示是对应图 12-5 中产业共生体系的产品群。

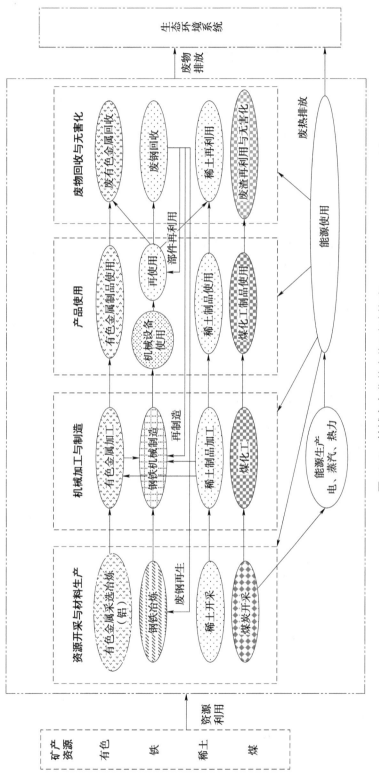

图 12-5 某城市产业共生体系规划框架

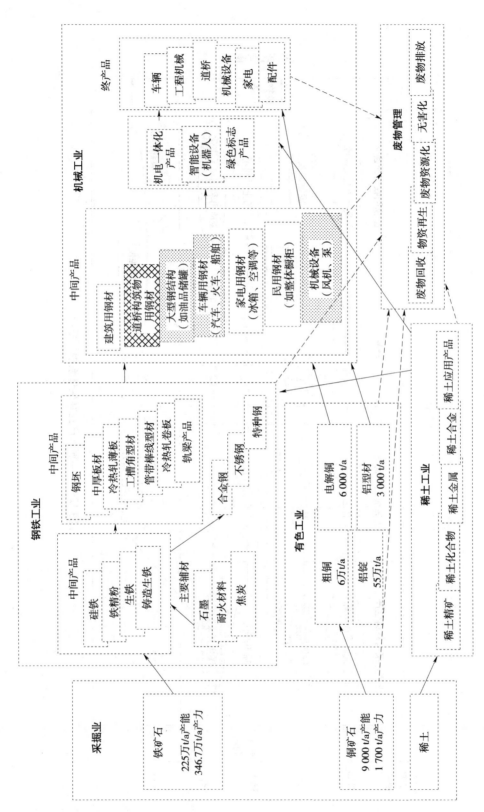

图 12-6 某城市主导产业产品群构建框架

图 12-6 表示，以资源开采、冶炼、加工利用直至废物的无害化处理和排放的生命周期为主线，从铁矿石、铜矿石和稀土矿石开采开始，经过各行业加工制造形成各种初级中间产品，如铁精粉、粗铜、铝锭等。这些初级中间产品能够被其他企业进一步使用，如铁可以制成板、管、轨、线以及其他各种钢制品，再经过机械制造业加工生产建筑用材、车辆用材及家电用材等，联合有色工业、稀土工业产品，最终制成具有直接利用价值的工业制成品。各种中间产品具有联合使用的价值，连接成网状的产品群结构。

第六节　水资源梯级利用案例分析

水是生命之源，也是产业系统的生命之源。本节选择若干典型系统，分享水资源高效利用规划的方法。

一、室内水系统

以单体居民建筑为例。传统的单体建筑用水系统设计三种子系统：一是生活给水系统，二是消防给水系统，三是污水排放系统，如图 12-7 中模式 A 所示。为实现建筑内水的梯级利用，将现有室内生活用水单线路供水系统改为生活用新水和再生循环水双线路供水，如图 12-7 中模式 B 所示。其中新水用于水质要求高的饮、炊等，再生循环水用于水质要求稍低的房间清洗、冲盥等，如图 12-7 所示。若假定该单体建筑居住人口为 2 000 人（25 层塔楼，每层 16 户，每户 5 人），则在分析不同用途的用水水质要求和现有水处理技术水平的基础上，可初步确定循环水可达总用水的 30%～60%，这意味着将节省 30%～60% 的新水。

二、社区室外水系统

在社区层面，传统的水系统设计生活给水和消防给水两条供水管线、一条污水排放管线，如图 12-8 中模式 A 所示。为实现社区内各建筑的室内新水、生活用新水和再生循环水的双线供应，在社区室外增设污水再生系统，一方面收集社区内的生活污水，并在社区内就地处理，形成再生循环水，送往社区内建筑以供应循环水二次使用，还可用于社区内地面清洗、社区消防、景观用水等，由此形成社区内新的再生循环水供水管线，如图 12-8 模式 B 中的中长虚线所示。这样一来，大大降低了社区的城市市政供水需求量，也大大减少了排向市政系统的污水量。若以 2 万人居住的典型社区为例，假定含 10 栋相同的单体建筑，初步估算可知，采用新水和循环再生水的双线供水模式，循环再生水可达到总用水的 50%～80%，意味着可节省 50%～80% 的新水。

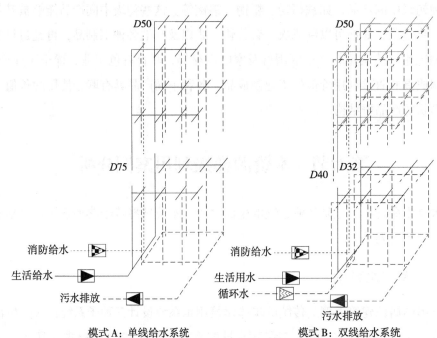

模式 A：单线给水系统 模式 B：双线给水系统

图 12-7 室内给排水系统模式对比

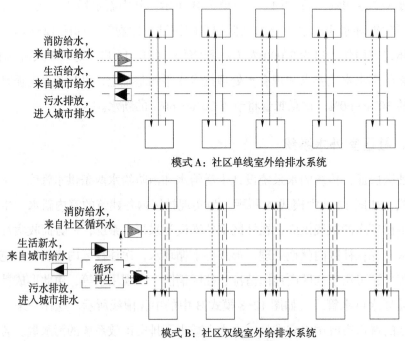

模式 A：社区单线室外给排水系统

模式 B：社区双线室外给排水系统

图 12-8 社区室外给排水系统模式对比

三、城市水网规划模式

在城市层面，水资源通常包括地表水、地下水、海水、雨水等，用水系统包括从一次水生产与供应，直到末端用户及其废水处理与再生的各个环节。从水的使用角度来看，城市涵盖多种功能区，而不同功能区又进一步包含多种同类而不同质的产业或生活部门，不同部门对水质的要求也各不相同，为水的梯级利用提供了条件。在水网规划中，首先应在协调农业用水、工业用水、生活用水和生态用水之间关系的基础上，优先考量各功能区内部水的梯级利用；其次统筹不同功能区之间的梯级利用；最后收纳来自各功能区的污废水，利用废水深度处理技术实现无害化，进而排向环境系统。模型框架如图 12-9 所示。

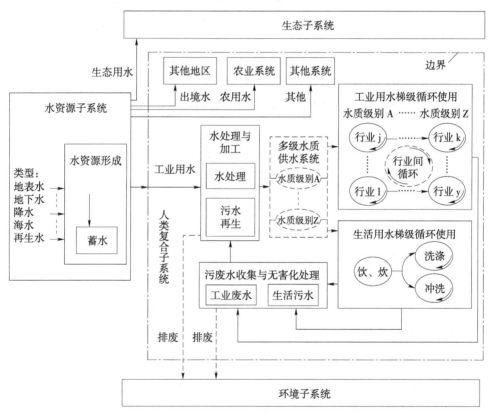

图 12-9　基于水质梯度的多级水资源梯级利用模型框架

除以上分享的内容外，我国制定了相关的环境保护法律法规、保障制度，如《中华人民共和国环境保护法》、《中华人民共和国循环经济促进法》、重点污染物排放总量控制制度、环境监测制度、环境保护目标责任制和考核评价制度等。感兴趣的同学可自行查找，作为企业生态管理的重要依据。

推荐阅读

［1］YANG Z F. Eco-Cities: A Planning Guide[M]. Boca Raton: CRC Press, 2012.

［2］中华人民共和国国民经济和社会发展第十四个五年规划和 2035 年远景目标纲要 [EB/OL]. http://www.gov.cn/xinwen/2021-03/13/content_5592681.htm.

［3］习近平 . 高举中国特色社会主义伟大旗帜　为全面建设社会主义现代化国家而团结奋斗——在中国共产党第二十次全国代表大会上的报告［EB/OL］. http://www.gov.cn/xinwen/2022-10/25/content_5721685.htm.

参考文献

［1］MAO J S, LI C H, PEI Y S, et al. Circular Economy and Sustainable Development Enterprises[M]. Singapore: Springer, 2018.

［2］杜艳春，姜畔，毛建素 . 基于 P-S-R 模型的焦作市生态安全评价 [J]. 环境科学与技术，2011，31：280-285.

［3］杜艳春，姜畔，毛建素，等 . 焦作市工业行业的生态效率 [J]. 环境科学，2011，32(5): 1529-1536.

［4］杜艳春，毛建素，徐琳瑜 . 基于 SPR 的焦作生态安全评价指标体系构建 [J]. 环境科学与技术，2011，34(S12): 332-337.

［5］葛察忠，蒋洪强 . 工业污染控制与环境友好企业 [M]. 北京：中国环境科学出版社，2010.

［6］陆钟武 . 穿越 "环境高山" ——工业生态学研究 [M]. 北京：科学出版社，2008.

［7］毛建素 . 城市生态产业规划研究 [R]. 北京：北京师范大学，2006.

［8］毛建素，徐琳瑜，李春晖，等 . 循环经济与可持续发展型企业 [M]. 北京：中国环境出版社，2016.

［9］毛建素，曾润，杜艳春，等 . 中国工业行业的生态效率 [J]. 环境科学，2010，31(12）: 269-275.

［10］徐琳瑜，杨志峰，章北平，等 . 城市水生态安全保障 [M]. 北京：中国环境出版集团，2021.

［11］杨志峰，徐琳瑜，毛建素 . 城市生态安全评估与调控 [M]. 北京：科学出版社，2013.

课堂讨论与作业

一、课堂练习与讨论

1.选择某一熟悉的产品或服务，设想你是其生产企业的管理者，讨论应如何对该企业实施生态管理。

2.选择家乡某一典型企业，设计企业调研方案，提出生态改善技术措施。

二、作业

基于课堂讨论的产品或企业，查询一篇与生态管理相关的研究论文，以课堂报告形式分享，或写成1 500字左右的短文。要求体现研究小组预想研究方案、他人实际研究中论文主题与各重点环节间逻辑关系，并简单对比两者差异。整理成8～10分钟PPT汇报，下次课程中进行课堂分享。评分标准见表T12-1。

表 T12-1　课堂小组汇报评分表

选题理由（满分10分）	预想研究方案（满分10分）	论文分享（满分10分）	重点环节（满分10分）	评价与感受（满分10分）	表达与规范（满分10分）	总分

第十三章　产业生态管理指标

本章重点：产业系统管理指标的构建方法。

基本要求：了解产业系统管理指标的重要性，掌握主要管理框架及其管理指标构建原理，熟悉压力（pressure）–状态（state）–响应（response）管理框架及其指标体系。掌握总量控制及其任务分解下管理指标在国家、区域、行业与个体等层面的多级指标体系构建。了解我国企业、行业、生态文明建设试点等层面的现行指标体系，引导学生针对感兴趣企业、行业、区域构建产业生态管理指标体系。

第一节　核心议题的提出

第十二章中分享了产业系统生态管理的若干方法，主要是学会辨识产业系统中的薄弱环节，应用产业生态学原理，从企业、行业、区域等各层面的规划与综合管理角度，促进产业系统的生态进化。然而，前述内容大多偏于定性的管理思路、技术方法，如同"产业系统越生态，就越有机会与环境协调发展"，并无从判断产业系统的生态水平。为此，需要研讨如何判定产业系统生态水平？应如何并建立怎样的评判指标？有了上述问题的答案，才能了解产业系统现状，并对产业系统生态化过程进行有效管理。

本章将在介绍管理指标的概念与分类的基础上，分享若干管理指标体系的构建方法。结合我国生态文明建设，分享企业、园区、市区等层面的现行管理指标体系与标准，引导同学们针对感兴趣区域构建产业生态管理多级指标体系。

第二节　生态管理指标概述

为什么管理中需要定性指标和定量指标？这是我们需要回答的第一个问题。

一、什么是产业生态管理指标

作为学生，在学习过程中要经历小学、中学、大学等多个阶段，每一阶段通常都有特定的学习目标，在实现这一目标的学习过程中，又往往需要清楚地知道有哪些学科、各科有什么要求、自己的成绩怎样，从中了解差距，确定重点提升内容，以此逐步达到预期的学习目标。其中的科目、各科要求、成绩构成了学习过程管理的指标体系。

类似地，产业生态管理指标是以产业系统为研究对象，评判产业系统生态化水平的标准，反映产业系统与外部环境的基本关系。例如，第二章的 ISE 方程应用于管理产业系统时，就可提取并界定该产业系统的具体环境负荷、服务产出、生态效率作为其管理指标类型。根据其现状数值，就能确定其在环境管理曲线中所处的位置，从而判定该系统的状态。若将环境负荷、服务产出、生态效率的各类指标进一步细化，如环境负荷考虑某些矿产资源 $R_1 \sim R_n$ 和某些污染物 $W_1 \sim W_n$，服务产出考虑产品实物、经济产出等多种服务 $S_1 \sim S_n$，在这种情况下形成管理指标体系。

产业生态管理指标是评判产业系统生态水平的"抓手"，也是对产业系统进行生态管理的有效手段。

二、指标分类

由于产业系统的复杂性，产业生态管理指标有多种分类方法。按照是否能直接量化描述产业系统的性能，分为定性指标和定量指标两种类型。其中，定性指标是不能直接量化，而需要通过其他途径来实现量化的评估指标，如某冶炼技术水平低、某矿物资源属于耗竭型资源、某物种被列为濒危物种等。定量指标则可用准确数量来表征产业系统性能，如某市区的单位 GDP 能耗为 0.45 t 标准煤 / 万元。按照定量指标的数值表达方式，可分为绝对性指标和相对性指标；其中，绝对性指标多反映产业系统的规模，而相对性指标多反映产业系统不同组分间的相对关系或资源（环境）效率。按照指标所反映的产业系统与资源环境间的关系，可分为产业系统的内部指标和外部指标；其中，外部指标是指产业系统与资源、环境的影响性指标，而内部指标是指产业系统内部各子系统或各组成的生命周期阶段之间的联系指标。

无论是定性指标还是定量指标，都是评估系统基本性能和运行状态的重要方法。为了实现不同系统间评估指标的可比性，通常还要严格界定指标的概念、评价标准、信息来源、管理目标和考核者。例如，为应对气候变化，我国确定了二氧化碳排放力争于 2030 年前达到峰值、努力争取 2060 年前实现碳中和的管理目标。相应地，在钢铁企业中，选择二氧化碳排放强度作为定量指标，并确定每吨钢铁的 CO_2 排放量作为管控定量指标。又如针对不同行业或园区，设定国家级评估标准等，借此评定企业的生态水平等级。详见后续评估指标体系示例。

第三节　如何构建产业生态管理指标体系

现在让我们在了解企业角色的基础上，探讨如何依据产业生态学原理在企业层面进行生态管理。

一、指标体系构建原则

为了更有效地服务产业系统管理，构建产业生态管理指标体系应遵守以下基本原则。

（1）目的性原则：要紧密围绕促进产业系统生态进化这一目标构建指标，所建指标应该能够反映产业系统的生态化水平。如环境综合管理曲线（图2-9）中，某年份的环境负荷、社会服务、生态效率三项指标形成该年份环境管理的状态点，与恢复点（图2-9中D点）的差异反映该系统的生态化水平。

（2）科学性原则：指标应具有明确的定义和内涵，能客观反映产业系统的结构、功能、运行与演进的基本关系，从内因驱动到外部影响，深入刻画产业系统各组分间的作用机理和变化机制，各指标间蕴含着特定的定量关系。如物质人为流动研究中，获得了生态效率随各参数的变化关系，其中涉及的参数都可作为物质人为流动管理的指标。

（3）系统性原则：指标体系要反映产业系统的系统性，某一系统的表征指标应能反映与其所属母系统、所含子系统的表征指标的逻辑关系，并与系统整体指标协调一致。如第三章、第十一章中分别针对产业系统资源流动和能量流动，把产业系统分解为串联式、并联式结构，使得产业系统的整体性能与各行业性能之间产生某特定关系，反映着不同系统指标的层次关系。

（4）时效性原则：指标要反映产业系统的动态特征，既能表征某特定时间节点下的状态，又能反映更长时间尺度下的历史变化和未来趋势，还能反映产业系统变化产生的社会经济效果，不断适应生态文明建设需要。

（5）可操作性原则：指标应通俗易懂，适于相关人员在现行产业技术水平下采集信息、处理数据并获得指标结果。同时，便于公众理解并形成社会共识，引导各界付诸行动，形成发展动力。

（6）政令性原则：指标要体现我国产业系统发展的方针政策、法律法规与技术标准，以便通过管理指标推进产业系统管理水平，同时验证管理政策的实施效果，促进政策调整，以更加适应产业系统生态进化需求。

（7）可比性原则：同类指标间应具有相同的计量方法和计量范围，以便不同产业系统的同类指标可进行对比分析。

（8）定性与定量相结合原则：受到认知水平和计量技术的限制，并非产业系统的生态属性都能直接定量刻画。优先设置定量指标来准确表征已确认的产业系统生态特征，对不能实现直接定量表达的，基于对事物的认识设定定性指标，反映可能存在的内在机理。主辅相称，提升产业系统管理水平。

二、指标体系构建方法示例

构建产业系统管理指标体系，通常与管理目标、管理对象及其运行规律密切相关。这里示例两种构建方法。

1. 基于物质人为流动规律

当针对某一物质进行人为流动管理时，本书在第七章至第九章中构建了物质人为流动分析框架，包括追踪物质流动过程的追踪法和关注特定区域的定点法。基于以上分析框架，即图 7-1、图 7-4、图 8-2、图 8-4 等，可获得物质在社会经济系统中各环节间以及系统与外部环境系统间的定量联系，即式（7-9）、式（7-12）～式（7-16）等。基于以上认知，可构建物质人为流动系统的管理指标，主要指标如表 13-1 所示。

表 13-1　物质人为流动管理指标示例

分类方法	指标类别	指标示例	物理含义
按数值的表达方式	绝对性指标	资源消耗量	某统计期产品系统消耗的自然资源数量
		污染排放量	某统计期产品系统向环境排放的废物、污染物数量
		社会服务量	某统计期产品系统向社会提供的服务量
	相对性指标	资源效率	产品系统消耗单位自然资源可向社会提供的服务量，或某统计期产品系统社会服务量与其自然资源消耗量之比
		环境效率	产品系统向社会提供的服务量与同期向环境排放的废物、污染物的数量之比，或某统计期产品系统排放单位环境废物、污染物情况下所能提供的社会服务量
		循环率	包括大循环率和小循环率。其中，大循环率指产品报废后返回物质再生阶段的物质所占的比例；小循环率指产品加工制造阶段所产生的废物返回物质再生阶段的物质数量与同期终产品产量之比
		废物排放率	某统计期产品系统排放的环境废物、污染物数量与同期终产品产量之比

续表

分类方法	指标类别	指标示例	物理含义
按研究系统与外部间关系	外部指标	资源开采量	某统计期产品系统开采的自然资源数量
		废物排放量	某统计期产品系统向环境排放的废物、污染物数量
		贸易率	对应于定点法物流分析。指某统计期产品系统的贸易数量占该期产品产量的比例
	内部指标	循环率	包括大循环率和小循环率。其中，大循环率指产品报废后返回物质再生阶段的物质所占的比例；小循环率指产品加工制造阶段所产生的废物返回物质再生阶段的物质数量与同期终产品产量之比
		蓄积率	对应于定点法物流分析。指某统计期产品系统净流入在用库（in-use stock）的物质数量与同期投入使用的物质数量的比值
		废物排放率	某统计期产品系统排放的环境废物、污染物数量与同期终产品产量之比
		物质消费结构系数	表示用于制作第 i 种产品的物质量占消费总量的比例，可借助物质的消费结构统计数据估算
		物质加工利用率	表示加工阶段转换成为产品组分的物质数量占该阶段物质投入量的百分比
		废物回收量	某统计期产品系统产生的各类废物中得以回收的物质数量
		产品寿命	产品从投入使用到报废的时间差
	内外部联系指标	资源效率	产品系统消耗单位自然资源可向社会提供的服务量，或某统计期产品系统社会服务量与其自然资源消耗量之比
		环境效率	产品系统向社会提供的服务量与同期向环境排放的废物、污染物的数量之比，或某统计期产品系统排放单位环境废物、污染物情况下所能提供的社会服务量
		保证使用年限	以当前矿产开采量估算的现有资源储量可以保证使用的年数
		污染物人为流动超出倍数	某种环境污染物的人为流率（单位时间内的人为环境排放量）与其自然流率（单位时间内的自然循环数量）之比

　　表 13-1 中绝对性指标多反映物质流动的规模，而相对性指标多反映资源使用效率或物质回收、污染物排放等比率。物质人为流动管理指标又可根据研究对象的边界，分为物质人为流动系统的内部指标和外部指标，内部指标用于描述系统内部各子系统或各组成之间的结构与物质联系，而外部指标用于描述系统对边界以外环境的影响。除表 13-1 中所列指标外，还可纳入第八章、第九章涉及的其他管理指标，以及伴随认识的提高所获得的其他评价指标，供物质人为流动管理者参考使用。

2. 基于 PSR 框架构建

（1）压力－状态－响应管理框架

基于 A. Hammond 等人于 1995 年构建的 PSR（Pressure-State-Response）分析框架（图 13-1），T. E. Graedel 创建了产业系统的指标体系。

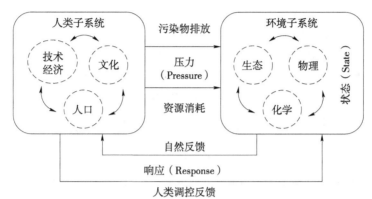

图 13-1　压力－状态－响应（PSR）管理框架

资料来源：GRAEDEL T E, ALLENBY B R. Industrial Ecology[M]. 2nd ed. 北京：清华大学出版社，2004.（毛建素更新。）

HAMMOND A, ADRIAANSE A, RODENBURG E, et al. Environmental Indicators[M]. Washington, DC: World Resources Institute, 1995.

在图 13-1 框架中，人类子系统由人口、文化和技术经济系统构成，人类活动过程中向环境子系统索取自然资源，同时排放环境污染物，形成人类子系统对环境子系统的压力。当环境子系统受到来自人类的压力作用后，环境状态发生变化。环境状态的变化又制约人类子系统的发展，形成自然系统向人类系统的反馈；人类为应对这些变化，调整人类活动强度，并针对受损环境进行生态修复，形成人类对环境子系统的调控反馈。

（2）压力－状态－响应指标体系示例

基于图 13-1 的管理框架所构建的指标体系中包含以下三类指标：①压力指标，反映人类活动对环境造成的压力，通常表达为某统计期内向环境排放的污染物数量或从环境索取的自然资源数量，如温室气体排放量、矿产资源开采量；②状态指标，反映环境质量状况，通常根据环境问题形成机理，选取环境状态代表性参数来表征，如对全球变暖，采用大气中温室气体浓度并折算为 CO_2 当量数表示；③响应指标，反映人类为应对某特定环境问题所采取的措施，如针对臭氧层破坏环境问题，1987 年签署《关于消耗臭氧层物质的蒙特利尔议定书》（*Montreal Protocol on Substances that Deplete the Ozone Layer*），将 CFC-11、CFC-12、CFC-113、CFC-114、CFC-115 五种氟氯碳化物列为第一类控制物质，将 halon 1211、halon 1301、halon 2402 三种哈龙列为第二类控制物质。若干常用环境问题的 PSR 管理指标体系如表 13-2 所示。

表 13-2　基于 PSR 框架构建的管理指标体系示例

环境问题类型	压力指标	状态指标	响应指标
全球变暖	温室气体排放		
平流层臭氧耗竭	卤代烃排放	氯气浓度	《关于消耗臭氧层物质的蒙特利尔议定书》
富营养化	含 N、P 的污废水排放	水体中 N、P 浓度	含 N、P 的污废水处理投资与成本
酸化	SO_x、NO_x、NH_3 大气排放	酸性物质浓度	酸削减技术开发与设备投入
水资源短缺	产业取水与使用	产业需水与供水的比值	用水付费、梯级水价、节水
土壤污染	重金属、持久性有机污染物等环境污染物排放	土壤中重金属、持久性有机污染物浓度	废物再生、无害化处理技术投入、土壤修复

资料来源：GRAEDEL T E, ALLENBY B R. Industrial Ecology[M]. 2nd ed. 北京：清华大学出版社，2004.

应用中，可根据研究区域的环境状况和管理目标对 PSR 框架进行灵活调整。如对于环境质量已经恶化的地区，基于环境质量恶化程度，设定环境质量恢复目标，按照环境质量现状分析到辨识环境问题成因、再到形成管理对策的思路，构建状态 – 压力 – 响应（SPR）管理指标体系。对于尚未显现环境问题，但人类活动日趋加剧的地区，可以避免未来发展中出现环境问题为管理目标，基于该地区未来发展规划，预测可能形成的环境压力（压力），以及这些压力对环境造成的影响结果（状态），并提前采取防御措施（响应），由此构建压力 – 状态 – 响应（PSR）管理指标体系。

另外，欧洲环境署（European Environment Agency，EEA）将人类活动驱动因素（Driving forces，D）和环境变化对人类社会经济的影响因素（Impact，I）纳入 PSR 框架，形成 DPSIR 管理框架。近年来广泛应用于各尺度的人类与环境协同管理中。参见推荐阅读。

第四节　总量控制与多级指标分解

产业系统由多层级子系统组成，使得管理工作中既可针对产业系统整体进行管理，也可对其子系统进行定点管理。在这种情况下，产业系统总体指标与其子系统的分项指标就形成总量指标与分量指标的内在关系。下面结合我国近年来的环境管理方法，分享总量控制指标与多级分解指标的基本关系。

一、总量控制

1. 总量控制制度与排污许可制度

为保护环境，我国于 1989 年颁布了《中华人民共和国环境保护法》，并于 2014 年修订；还针对我国环境污染问题，在环境保护法基础上，实施总量控制制度与排污许可制度。

总量控制制度是指国家环境管理部门依据所勘定的区域环境容量，决定区域中的污染物排放总量，根据排放总量削减计划，向区域内的企业分配各自的污染物排放额度的一项法律制度。通常针对前期重点污染控制的地区和流域，如酸雨控制区，重金属污染严重的辽河流域，富营养化严重的太湖、巢湖流域。基本程序是：①国家环境管理部门在各省、自治区、直辖市申报的基础上，经全国综合平衡，编制全国污染物排放总量控制计划，将主要污染物排放量分解到各省、自治区、直辖市，作为国家控制计划指标；②各省、自治区、直辖市将省级控制计划指标分解下达，逐级实施总量控制计划管理；③编制年度污染物削减计划，付诸实施。

排污许可制度主要体现在 2021 年颁布的《排污许可管理条例》中，规定了实行排污许可管理的企事业单位和其他生产经营者申请并取得排污许可证才能排污。同时，根据污染物产生量、排放量、对环境的影响程度等因素，对排污单位实行排污许可分类管理：①污染物产生量、排放量、对环境的影响程度较大的排污单位，实行排污许可重点管理；②污染物产生量、排放量、对环境的影响程度都较小的排污单位，实行排污许可简化管理。

2. 排污许可制度如何实现污染物总量控制相关要求

排污许可制度是落实企事业单位总量控制要求的重要手段，是通过排污许可制度改革，改变由上向下分解总量指标的行政区域总量控制制度，建立由下向上的企事业单位总量控制制度，将总量控制的责任回归到企事业单位，从而落实企业对其排放行为负责、政府对其辖区环境质量负责的管理措施。

排污许可证载明的许可排放量即为企业污染物排放量的最高限值，是企业污染物排放的总量指标。通过在许可证中载明，使企业知晓自身责任，政府明确核查重点，公众掌握监督依据。一个区域内所有排污单位的许可排放量之和就是该区域固定源总量控制指标，总量削减计划即是对许可排放量的削减；排污单位年实际排放量与上一年度的差值即为年度实际排放变化量。

改革现有的总量核算与考核办法，总量考核服从质量考核。将总量控制污染物逐步扩大到影响环境质量的重点污染物，总量控制的范围逐步统一到固定污染源，对环境质量不达标地区，通过提高排放标准等，依法确定更加严格的许可排放量，从而服务改善环境质量的目标。

3. 总量控制指标示例

（1）区域总量控制指标示例

黑龙江省印发《黑龙江省"十四五"节能减排综合工作实施方案》（以下简称《方案》），部署了重点行业绿色升级工程、农业农村节能减排工程、重点区域污染物减排工程、环境基础设施水平提升工程等十大重点工程，并提出"到 2025 年，全省单位地区生产总值能源消耗比 2020 年下降 14.5%，能源消费总量得到合理控制，化学需氧量、氨氮、氮氧化物、挥发性有机物重点工程减排量分别达到 7.14 万 t、0.2 万 t、5.02 万 t、0.74 万 t"的目标。

（2）行业总量控制指标示例

稀土是我国重要的战略资源。2019 年，《工业和信息化部　自然资源部关于下达 2019 年度稀土开采、冶炼分离总量控制指标及钨矿开采总量控制指标的通知》规定了稀土开采、冶炼生产中的总量控制指标，如表 13-3 所示。

表 13-3　2019 年度稀土集团开采、冶炼分离总量控制指标示例　　　单位：t

序号	6 家稀土集团	矿产品（折稀土氧化物）		冶炼分离产品（折稀土氧化物）
		岩矿型稀土（轻）	离子型稀土（以中重为主）	
1	中国稀有稀土股份有限公司	14 350	2 500	21 879
	其中：中国钢研科技集团有限公司	4 100	—	1 500
2	五矿稀土集团有限公司		2 010	5 658
3	中国北方稀土（集团）高科技股份有限公司	70 750		60 984
4	厦门钨业股份有限公司	—	3 440	3 963
5	中国南方稀土集团有限公司	27 750	8 500	23 912
	其中：四川江铜稀土参控股企业	27 750	—	16 320
6	广东省稀土产业集团有限公司	—	2 700	10 604
	其中：中国有色金属建设股份有限公司			3 610
	合计	112 850	19 150	127 000
	总计	132 000		127 000

二、多级分解指标体系

1. 多级指标结构

如前所述，总量指标与分量指标之间存在着特定的数量关系。由于系统的多层次性，总量与分量管理指标体系也形成多级指标结构，如图 13-2 所示。

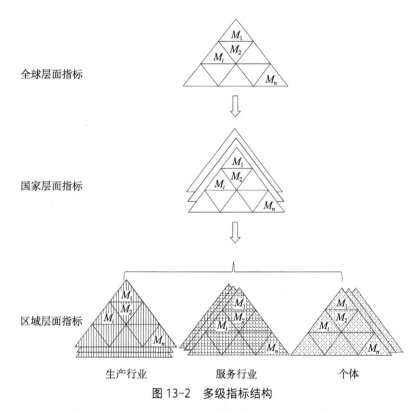

图 13-2　多级指标结构

资料来源：GRAEDEL T E, ALLENBY B R. Industrial Ecology[M]. 2nd ed. 北京：清华大学出版社，2004.（毛建素更新。）

2. 多级定量指标分配示例

《工业和信息化部　自然资源部关于下达 2019 年度稀土开采、冶炼分离总量控制指标及钨矿开采总量控制指标的通知》中除规定了稀土开采、冶炼生产中的总量控制指标外，还规定了省（区）级层面的资源开采控制指标（如表 13-4 所示），与国家层面指标形成国家总量与省（区）分量间的控制管理关系。而对于特定省（区），通常还存在多个矿产开采企业，将从所在省（区）分得企业层面的控制指标，由此形成稀土矿开采的国家—省（区）—企业的多级指标体系。

表 13-4   2019 年度省（区）稀土矿、钨矿开采总量控制指标   单位：t

序号	省（区）	稀土矿（折稀土氧化物）		钨精矿（三氧化钨 65%）	
		岩矿型稀土（轻）	离子型稀土（以中重为主）	主采	综合利用
1	内蒙古	70 750	—	1 200	800
2	黑龙江	—	—	—	1 900
3	浙江	—	—	500	150
4	安徽	—	—	900	—
5	福建	—	3 500	2 730	1 000
6	江西	—	8 500	36 050	3 400
7	山东	4 100	—	—	—
8	河南	—	—	—	11 750
9	湖北	—	—	—	300
10	湖南	—	1 800	20 900	4 100
11	广东	—	2 700	3 300	1 060
12	广西	—	2 500	3 000	1 000
13	四川	38 000	—	—	—
14	云南	—	150	5 850	750
15	陕西	—	—	1 300	—
16	甘肃	—	—	2 090	—
17	新疆	—	—	330	640
	合计	112 850	19 150	78 150	26 850
	总计	132 000		105 000	

第五节   生态管理指标体系示例

为促进环境质量全面提升，近年来我国陆续构建多种生态管理指标体系。这里选择若干典型示例予以分享。

一、行业供应链管理企业评价指标示例

行业是产业系统的主要组成部分，从行业层面开展生态管理对提升产业生态水平具有重要意义。电子电器行业、机械行业、汽车行业是我国重要主导行业，也是产业生态管理的重点行业。基于《工业绿色发展规划（2016—2020 年）》《绿色制造工程实施指南（2016—2020 年）》，2019 年，工业和信息化部制定了《机械行业绿色供应链管理企业评价指标体系》《汽车行业绿色供应链管理企业评价指标体系》

和《电子电器行业绿色供应链管理企业评价指标体系》，以加快构建绿色制造体系，推动绿色供应链发展。这里以近年发展迅猛的电子电器行业为例进行分享。

《电子电器行业绿色供应链管理企业评价指标体系》规定了电子电器行业绿色供应链管理的总体要求，包括绿色供应链管理战略、实施绿色供应商管理、绿色生产、绿色销售与回收、绿色信息平台建设及信息披露五个方面。适用于电子电器行业终端产品生产制造企业进行绿色供应链管理水平的自评估、第三方评价、绿色供应链管理评审、绿色供应链管理潜力分析等。

根据电子电器行业绿色供应链的特点、法规标准要求及指标的可度量性进行指标选取。根据评价指标的性质分为定量指标和定性指标两种。定量指标选取有代表性的、能反映环境保护和资源节约等有关绿色供应链管理目标的指标，综合考评企业实施绿色供应链管理的状况和程度。定性指标根据国家推行绿色供应链管理的相关政策文件、资源环境保护政策规定以及行业发展规划选取，用于评价企业对有关政策法规的符合性及其绿色供应链管理的实施情况。其中若干指标如表 13-5 所示。

表 13-5　电子电器行业绿色供应链管理企业评价指标体系示例

一级指标	二级指标	
	名称	评分依据
绿色供应链管理战略	纳入公司发展规划	企业公开发布的公司愿景、战略规划中，有绿色供应链管理的内容；企业内部战略规划中，有绿色供应链管理的内容
	分年度制定绿色供应链管理目标	围绕绿色供应商管理、绿色生产、绿色销售与回收、绿色供应链信息系统建设、绿色信息披露五个关键环节制定可量化的年度目标
	设置管理机构和人员	有负责企业绿色供应链管理实施、考核及奖励的部门和人员
实施绿色供应商管理	有完善的绿色采购制度方案	要包含《企业绿色采购指南（试行）》中的 8 个要素内容，即绿色采购目标、标准，绿色采购流程，绿色供应商筛选、认定的条件和程序，绿色采购合同履行过程中的检验和争议处理机制，绿色采购信息公开的范围、方式、频次等，绿色采购绩效的评价，实施产品下架、召回和追溯制度，实施绿色采购的其他有关内容
	对供应商提出绿色要求	要求供应商建立、实施并保证满足 GB/T 19001 要求的质量管理体系、GB/T 28001 要求的职业健康安全管理体系、GB/T 24001 要求的环境管理体系和 GB/T 23331 要求的能源管理体系；要求供应商进行生态设计；要求供应商对自身资源能源消耗、污染物排放、有害物质使用等进行有效管理；要求供应商对上级供应商的环境绩效、资源能源消耗、有害物质限制使用等方面进行管控

续表

一级指标	二级指标	
	名称	评分依据
实施绿色供应商管理	建立供应商绩效评估和分类管理制度	要求供应商绩效评估表中包括：供应商近三年内未发生过质量、安全、环境事故；供应商质量、环境、职业健康安全、能源管理体系建设；供应商使用绿色物料，减少有害物质使用；供应商产品易于再生利用；供应商采用绿色包装；对供应商进行分类管理，有对应的管控措施
	建立供应商培训和合作机制	企业有供应商培训制度和合作机制的文件，每年对供应商进行培训（包括供应商大会）
	低风险供应商占比	低风险供应商指三年内没有出现违规违法情形、在供应商绩效评估中属于中等以上水平的供应商。基准值为80%
绿色生产	生产企业遵守国家法律法规	生产企业近三年内未发生过质量、安全、环境事故；国家企业信用信息公示系统及地方工商、环保、安监、质检等部门网站没有企业在近三年内受到相关处罚或违规的信息和记录
	着眼产品全生命周期推行绿色设计	不使用或减少使用有毒有害物质，开发使用安全无毒害、低毒害的替代物质；通过采用模块化设计，元（器）件和零（部）件的寿命趋同设计，易维修、易升级设计等，延长产品的使用寿命；减少使用材料的种类，多使用易回收利用材料，采用国际通行的标识标准对零（部）件（材料）进行标识，采取有利于废弃产品拆解的设计和工艺，提高废弃产品的再利用率；通过标准化使产品的通用零（部）件在不同品牌或同一品牌的不同型号之间实现互换；采取易于回收和再利用或易处理的包装材料；选择绿色物料，使用可再生材料
	生产绿色产品	主要包括：节能产品，即能效等级为一级、二级的电器电子产品；中国环境标志认证的电器电子产品；国家统一推行的RoHS认证的电器电子产品；列入工业和信息化部发布的绿色设计产品名录的电器电子产品
	技术工艺设备先进	采用国家鼓励的技术工艺和设备，优化工艺环节，降低能耗以及减少废弃物产生
绿色销售与回收	开展绿色产品促销	定期针对绿色产品开展以旧换新活动
	回收体系建设	依托销售渠道、维修网点等逆向物流优势，建立废旧电器电子产品回收体系或委托第三方机构对产品进行回收
	回收产品得到规范处理	选择具有废弃电器电子产品处理资质的处理企业或列入临时名录的电子废物拆解利用处置单位建立合作伙伴关系，对回收的废弃电器电子产品进行拆解处理；生产企业提供符合要求的合作处理企业合作合同

续表

一级指标	二级指标	
	名称	评分依据
绿色信息平台建设及信息披露	绿色供应链管理信息系统完善	至少包括供应商管理信息系统、绿色物料数据库、产品溯源系统、产品回收系统
	采购及供应商有关信息披露	披露企业绿色采购、供应商培训与合作、供应商管理等信息
	有害物质在供应链中的流向披露	披露有害物质在供应链中的流向
	发布社会责任报告	逐年连续发布，环境责任内容要独立成篇，涵盖企业绿色采购、绿色产品生产与销售、供应商管理、节能减排与环境保护、回收及资源再利用等与绿色供应链建设相关的信息

来源：工业和信息化部. 电子电器行业绿色供应链管理企业评价指标体系 [EB/OL]. 2019-01-07. https://www.miit.gov.cn/jgsj/jns/wjfb/art/2020/art_43d5fe4ade6a444d92089435cdaab706.html.

二、生态文明试点示范县（含县级市、区）建设指标示例

产业系统生态管理有效促进了区域环境改善，但毕竟产业系统仅是人类系统之一，还需要更广泛的社会、经济等多种系统的生态升级。近年来生态文明建设不断推进，并陆续出台省级、市级、园区级等不同层面的建设指标。这里以县级为例，分享生态文明建设试点建设指标。

1. 申报基本条件

县是我国行政区划之一，也是生态文明建设的重要单元。环境保护部于 2013 年颁布了《国家生态文明建设试点示范区指标（试行）》，规定了申报生态文明建设试点须具备以下基本条件：

（1）建立生态文明建设党委、政府领导工作机制，研究制定生态文明建设规划，通过人大审议并颁布实施 4 年以上；国家和上级政府颁布的有关建设生态文明，加强生态环境保护，建设资源节约型、环境友好型社会等相关的法律法规、政策制度得到有效贯彻落实。实施系列区域性行业生态文明管理制度和全社会共同遵循的生态文明行为规范，生态文明良好社会氛围基本形成。

（2）达到国家生态县建设标准并通过考核验收。所辖乡镇（涉农街道）全部获得国家级美丽乡镇命名。辖区内国家级工业园区建成国家生态工业示范园区；50%以上的国家级风景名胜区、国家级森林公园建成国家生态旅游示范区。县级市建成国家环保模范城市。

（3）完成上级政府下达的节能减排任务，总量控制考核指标达到国家和地方总

量控制要求。矿产、森林、草原等主要自然资源保护、水土保持、荒漠化防治、安全监管等达到相应考核要求。严守耕地红线、水资源红线、生态红线。

（4）环境质量（水、大气、噪声、土壤、海域）达到功能区标准并持续改善。当地存在的突出环境问题和环境信访得到有效解决，近三年辖区内未发生重大、特大突发环境事件，政府环境安全监管责任和企业环境安全主体责任有效落实。区域环境应急关键能力显著增强，辖区中具有环境风险的企事业单位有突发环境事件应急预案并进行演练。危险废物的处理处置达到相关规定要求，实施生活垃圾分类，实现无害化处理。新建化工企业全部进入化工园区。生态灾害得到有效防范，无重大森林、草原、基本农田、湿地、水资源、矿产资源、海岸线等人为破坏事件发生，无跨界重大污染和危险废物向其他地区非法转移、倾倒事件。生态环境质量保持稳定或持续好转。

（5）实施主体功能区规划，划定生态红线并严格遵守。严格执行规划（战略）环评制度。区域空间开发和产业布局符合主体功能区规划、生态功能区划和环境功能区划要求，产业结构及技术符合国家相关政策。开展循环经济试点和推广工作，应当实施清洁生产审核的企业全部通过审核。

2. 建设指标

将建设指标按所服务的子系统分为生态经济、生态环境、生态人居、生态制度、生态文化五大类。挑选其中与产业关系密切的若干指标，列入表 13-6。

表 13-6　生态文明试点示范县（含县级市、区）建设指标节选

系统	指标	单位	区域类型	指标值	指标属性
生态经济	资源产出增加率	%	重点开发区	≥15	参考性指标
			优化开发区	≥18	
			限制开发区	≥20	
	单位工业用地产值	亿元/km²	重点开发区	≥65	约束性指标
			优化开发区	≥55	
			限制开发区	≥45	
	再生资源循环利用率	%	重点开发区	≥50	约束性指标
			优化开发区	≥65	
			限制开发区	≥80	
	碳排放强度	kg/万元	重点开发区	≤600	约束性指标
			优化开发区	≤450	
			限制开发区	≤300	

续表

系统	指标		单位	区域类型	指标值	指标属性
生态经济	单位 GDP 能耗		t 标准煤 /万元	重点开发区	≤0.55	约束性指标
				优化开发区	≤0.45	
				限制开发区	≤0.35	
	单位工业增加值新鲜水耗		m³/ 万元		≤12	参考性指标
	农业灌溉水有效利用系数		—		≥0.6	
	节能环保产业增加值占 GDP 比重		%		≥6	参考性指标
	主要农产品中有机、绿色食品种植面积的比重		%		≥60	约束性指标
生态环境	主要污染物排放强度*	化学需氧量	t/km²		≤4.5	约束性指标
		二氧化硫			≤3.5	
		氨氮			≤0.5	
		氮氧化物			≤4.0	
	污染土壤修复率		%		≥80	约束性指标
	农业面源污染防治率		%		≥98	约束性指标
	生态恢复治理率		%	重点开发区	≥54	约束性指标
				优化开发区	≥72	
				限制开发区	≥90	
				禁止开发区	100	
生态人居	新建绿色建筑比例		%		≥75	参考性指标
	生态用地比例		%	重点开发区	≥45	约束性指标
				优化开发区	≥55	
				限制开发区	≥65	
				禁止开发区	≥95	
	公众对环境质量的满意度		%		≥85	约束性指标
生态制度	生态文明建设工作占党政实绩考核的比例		%		≥22	参考性指标
	政府采购节能环保产品和环境标志产品所占比例		%		100	参考性指标
	生态文明知识普及率		%		≥95	参考性指标
生态文化	规模以上企业开展环保公益活动支出占公益活动总支出的比例		%		≥7.5	参考性指标
	公众节能、节水、公共交通出行的比例	节能电器普及率	%		≥95	参考性指标
		节水器具普及率			≥95	
		公共交通出行比例			≥70	

注：*主要污染物排放的种类随国家相关政策实时调整。节选自《国家生态文明建设试点示范区指标（试行）》。

3. 指标解释

（1）资源产出增加率

资源产出率指的是消耗一次资源（包括煤、石油、铁矿石、有色金属稀土矿、磷矿、石灰石、沙石等）所产生的地区生产总值，它在一定程度上反映了自然资源消费增长与经济发展间的客观规律。若资源产出率低，则一个区域经济增长所需资源更多的是依靠资源量的投入，表明该区域资源利用效率低。计算公式为

$$资源产出率 = \frac{地区生产总值（万元）}{主要资源消耗总量（t）} \tag{13-1}$$

考虑到区域间经济发展不平衡，各地资源禀赋、城镇化、工业化差异明显，考核资源产出率的绝对值意义不大。因此，本指标体系采用资源产出增加率，即某一地区创建目标年度资源产出率与基准年度资源产出率的差值与基准年度资源产出率的比值。计算方法为

$$资源产出增加率 = \frac{目标年资源产出率 - 基准年资源产出率}{基准年资源产出率} \times 100\% \tag{13-2}$$

（2）碳排放强度

指辖区内某年度单位 GDP 二氧化碳排放量。计算公式为

$$碳排放强度 = \frac{当年二氧化碳排放总量（kg）}{当年GDP总量（万元）} \tag{13-3}$$

二氧化碳排放总量：根据国家发展和改革委员会发布的《省级温室气体清单编制指南（试行）》，二氧化碳排放总量计算公式为

$$二氧化碳排放量 = [燃料消费量（热量单位） \times 单位热值燃料 \\ 含碳量 - 固碳量] \times 燃料燃烧过程中的碳氧化率 \tag{13-4}$$

其中，燃料消费量 = 生产量 + 进口量 - 出口量 - 国际航海（航空）加油 - 库存变化；

燃料消费量（热量单位）= 燃料消费量 × 换算系数（燃料单位热值）；

燃料含碳量 = 燃料消费量（热量单位）× 燃料的单位热值含碳量；

固碳量 = 固碳产品产量 × 单位产品含碳量 × 固碳率；

净碳排放量 = 燃料含碳量 - 固碳量；

实际碳排放量 = 净碳排放量 × 燃料燃烧过程中的碳氧化率。

固碳率是指各种化石燃料在作为非能源使用过程中，被固定下来的碳的比率，由于这部分碳没有被释放，所以需要在排放量的计算中予以扣除；碳氧化率是指各种化石燃料在燃烧过程中被氧化的碳的比率，表征燃料的燃烧充分性。燃料的单位

热值含碳量和碳氧化率参照环境保护部发布的《国家生态文明建设试点示范区指标（试行）》（环发〔2013〕58号），如表13-7所示。

表13-7 燃料的单位热值含碳量与碳氧化率参数节选

类别	名称	单位热值含碳量/（t/TJ）	碳氧化率
固体燃料	无烟煤	27.4	0.94
	烟煤	26.1	0.93
	褐煤	28.0	0.96
	型煤	33.6	0.90
液体燃料	原油	20.1	0.98
	燃料油	21.1	0.98
	汽油	18.9	0.98
	柴油	20.2	0.98
	NGL	17.2	0.98
	石油焦	27.5	0.98
气体燃料	天然气	15.3	0.99

来源：环境保护部《国家生态文明建设试点示范区指标（试行）》。

（3）主要污染物排放强度

主要污染物排放强度指单位土地面积所产生的主要污染物数量，反映了辖区内环境负荷的大小。按照节能减排的总体要求，本指标计算COD、SO_2、NH_3-N、NO_x的排放强度。计算公式为

$$主要污染物排放强度 = \frac{全年COD或SO_2或NH_3-N或NO_x排放总量（t）}{辖区面积（km^2）} \quad (13-5)$$

环境统计污染物排放量包括工业污染源、城镇生活污染源及机动车、农业污染源和集中式污染治理设施排放量。化学需氧量和氨氮的排放量为工业污染源、城镇生活污染源、农业污染源和集中式污染治理设施排放量之和。二氧化硫排放量为工业污染源、城镇生活污染源和集中式污染治理设施排放量之和。氮氧化物排放量为工业污染源、城镇生活污染源、集中式污染治理设施和机动车排放量之和。

污染物排放量的计算通常采用三种方法，即实测法、物料衡算法和产排污系数法。污染物排放量多根据监测数据，首选实测法计算。

①实测法：主要污染物排放量为流量与排放浓度之积。实测法计算所得的排放

量数据必须与物料衡算法、产排污系数法计算所得的排放量数据相互对照验证。

②物料衡算法：主要适用于火电厂、工业锅炉、钢铁企业烧结（球团）工序二氧化硫排放量的测算，公式如下：

$$火电厂（工业锅炉）二氧化硫排放量 = 煤炭（油）消耗量 \\ × 煤炭（油）平均硫分 × 转换系数 × （1-综合脱硫效率） \tag{13-6}$$

$$钢铁企业烧结（球团）工序二氧化硫排放量 = （铁矿石使用量 \\ × 铁矿石平均硫分 + 固体燃料使用量 × 固体燃料平均硫分） \\ × 转换系数 × （1-综合脱硫效率） \tag{13-7}$$

综合脱硫效率根据自动监测数据及投运率确定。

③产排污系数法：主要适用于火电厂、工业锅炉、水泥厂氮氧化物排放量以及化学原料和化学制品制造、造纸、金属冶炼、纺织等行业主要污染物排放量的测算，公式如下：

$$火电厂（工业锅炉）氮氧化物排放量 = 煤炭（油、气）消耗量 \\ × 产污系数 × （1-综合脱硝效率） \tag{13-8}$$

$$水泥厂氮氧化物排放量 = 水泥熟料产量 × 产污系数 × （1-综合脱硝效率） \tag{13-9}$$

综合脱硝效率以自动监测数据及投运率确定。

$$造纸企业化学需氧量（氨氮）排放量 = 机制纸及纸板（浆）产量 × 排污系数 \tag{13-10}$$

$$印染企业化学需氧量（氨氮）排放量 = 印染布（印染布针织、 \\ 蚕丝及交织机织物、毛机织物呢绒）产量 × 排污系数 \tag{13-11}$$

更详细的内容请参见《国家生态文明建设试点示范区指标（试行）》。

除本书介绍的与产业密切相关的几种生态管理指标外，还有许多其他角度的生态管理指标。有兴趣的同学可自行查找学习。

推荐阅读

[1] NERI A C, DUPIN P, SÁNCHEZ L E. A pressure–state–response approach to cumulative impact assessment[J]. Journal of Cleaner Production, 2016, 126: 288-298.

[2] JAMAL M, AMIN S J, MAHMOUD R T, et al. Trend assessment of the watershed health based on DRSIR framework[J]. Land Use Policy, 2021: 10491.

参考文献

［1］HAMMOND A, ADRIAANSE A, RODENBURG E, et al. Environmental Indicators[M]. Washington, DC: World Resources Institute, 1995.

［2］GRAEDEL T E, ALLENBY B R. Industrial Ecology[M]. 2nd ed. 北京：清华大学出版社，2004.

［3］MAO J S, DU Y C, HONG C, et al. Energy efficiencies of industrial sectors for China's major cities[J]. Procedia Environmental Sciences, 2010, (2): 781-791.

［4］杨志峰，徐琳瑜，毛建素．城市生态安全评估与调控 [M]. 北京：科学出版社．2013.

［5］YANG Z F. Eco-Cities: A Planning Guide[M]. Boca Raton: CRC Press, 2012.

［6］杜艳春，姜畔，毛建素．基于 P-S-R 模型的焦作市生态安全评价 [J]. 环境科学与技术，2011, 31: 280-285.

［7］杜艳春，毛建素，徐琳瑜．基于 SPR 的焦作生态安全评价指标体系构建 [J]. 环境科学与技术，2011, 34(S12): 332-337.

［8］葛察忠，蒋洪强．工业污染控制与环境友好企业 [M]. 北京：中国环境科学出版社，2010.

［9］毛建素，徐琳瑜，李春晖，等．循环经济与可持续发展型企业 [M]. 北京：中国环境出版社，2016.

［10］徐琳瑜，杨志峰，章北平，等．城市水生态安全保障 [M]. 北京：中国环境出版集团，2021.

［11］中华人民共和国国民经济和社会发展第十四个五年规划和 2035 年远景目标纲要 [EB/OL]. http://www.gov.cn/xinwen/2021-03/13/content_5592681.htm.

［12］环境保护部．国家生态文明建设试点示范区指标（试行）[EB/OL]. 2013-05-23. https://www.mee.gov.cn/gkml/hbb/bwj/201306/t20130603_253114.html.

课堂讨论与作业

一、课堂练习与讨论

1.选择某一熟悉的企业或行业，小组讨论并构建其生态管理指标体系。

2.选择某一熟悉的区域，围绕生态文明建设，构建生态管理指标体系。

二、作业

1.基于课堂讨论中设定的生态管理指标体系，开展调研，分别获取案例企业、行业、区域的现行生态管理指标体系，与小组拟定的指标体系进行对比；与此同时，根据现状，估算其生态管理水平，提出改进建议。

2.基于课堂讨论选定的案例企业、行业、区域，查找我国相关现行生态管理指标体系，与小组拟定的指标体系进行对比；与此同时，根据现状，估算其生态管理水平，提出改进建议。

以上作业均整理成 2 500 字左右的研究报告，评分标准见表 T13-1。

表 T13-1　研究报告评分表

选题理由 （满分 10 分）	小组指标体系与现行指标体系对比 （满分 20 分）	定量分析与改进建议 （满分 20 分）	表达与规范 （满分 10 分）	总分